QUATRIÈME

VOYAGE AGRICOLE

EN ANGLETERRE

ET

EN ÉCOSSE

FAIT EN 1859

PAR

LE COMTE CONRAD DE GOURCY

PARIS

<table>
<tr><td>Mme Ve BOUCHARD-HUZARD
5, rue de l'Eperon.</td><td>LIBRAIRIE AGRICOLE
DE LA MAISON RUSTIQUE
26, rue Jacob.</td></tr>
<tr><td>E. LACROIX
15, quai Malaquais.</td><td>J. LOUVIER
23, quai des Grands-Augustins.</td></tr>
</table>

1861

VOYAGE AGRICOLE

ANGERS, IMPRIMERIE DE COSNIER ET LACHÈSE.

QUATRIÈME

VOYAGE AGRICOLE

EN ANGLETERRE

ET

EN ÉCOSSE

FAIT EN 1859

PAR

LE COMTE CONRAD DE GOURCY

PARIS

Mme Ve BOUCHARD-HUZARD
5, rue de l'Eperon.

LIBRAIRIE AGRICOLE
DE LA MAISON RUSTIQUE
26, rue Jacob.

E. LACROIX
15, quai Malaquais.

J. LOUVIER
23, quai des Grands-Augustins.

1861

VOYAGE AGRICOLE

EN FRANCE ET EN ANGLETERRE

Parti de Paris le 3 mai 1859 pour commencer mon dernier grand voyage agricole, les récoltes de froment m'ont paru généralement belles tout le long du chemin de fer, depuis Paris jusqu'à Orléans; les quelques champs de colzas que j'ai aperçus n'étaient pas beaux, les avoines avaient l'air d'être mal levées. J'ai remarqué de beaux champs de luzerne, mais j'en ai vu davantage de mauvais, pleins de brômes : on les laisse durer trop longtemps. On m'a dit que les vignes avaient été gelées de manière à ne pas promettre plus de deux pièces par hectare.

En arrivant à Orléans, j'ai pris un cabriolet pour me rendre à la ferme de l'Isle, chez M. Nouel Lecomte; il était malheureusement absent, ainsi que son chef de culture. J'ai vu une quarantaine de grosses vaches à l'engrais placées dans deux étables; on leur donne des topinambours qui sont à leur fin, ils seront remplacés par des betteraves; on les passe par un coupe-racines, pareil à ceux existant dans les distilleries de betteraves, afin de pouvoir très bien mélanger ces parties de racines excessivement minces avec le fourrage coupé, pour que les bêtes ne puissent pas les manger sans le reste de leur nourriture. M. Nouel est fort content d'un instrument nommé *aplatisseur d'avoine*, qui l'écrase au lieu de la concasser. On peut aussi aplatir le seigle, et l'on en passe trois hectolitres par cet instrument dans l'espace d'une heure. Depuis qu'on aplatit l'avoine ici, on ne donne plus que douze litres de cette céréale, au lieu de la ration d'avoine entière, qui était de dix-huit litres, et les chevaux de travail sont en très bon état. M. Nouel a fait construire il y a plus d'un an par un sieur Julien, d'Orléans, un manége pour quatre chevaux, il n'y attelle ordinairement qu'une forte jument pour battre son froment ; mais on ne bat à la vérité que quinze hectolitres dans la journée, et les hommes emploient la soirée à passer ce grain au tarare.

M. Nouel a un troupeau de sept cents bêtes croisées entre béliers de race charmoise et brebis berrichonnes ; il y a deux cents agneaux.

Les magnifiques colzas que j'avais tant admirés chez lui en mars de cette année, ont été gelés lorsqu'ils taient en pleine fleur. Ses fourrages, mélangés de seigle, orge et avoine d'hiver, sont superbes. Ses froments sont moins beaux qu'habituellement ; ses luzernières, ainsi que toutes celles que j'ai aperçues dans la vallée de la Loire, sont de toute beauté. Les trèfles incarnats sont très épais et commencent à fleurir.

M. Nouel cultive le sorgho de la Chine depuis quatre ans, avec le plus grand succès, dans ses terres très sablonneuses, mais en fumant fortement. Il l'a employé exclusivement et sans le moindre inconvénient pour la nourriture de son très nombreux bétail. Il en sème de quatre à cinq hectares, et il vient si beau, qu'il forme la seule nourriture de toutes ses bêtes, depuis le 1er septembre jusqu'à la fin d'octobre, et il emploie des tiges de maïs à cet usage pendant tout le mois de juillet. Cette nourriture est si succulente, qu'il n'y ajoute rien, même pour les bêtes à l'engrais.

Je me suis rendu le 4 mai chez M. Menard, fermier à Huppemeau, à douze kilomètres de Beaugency sur la rive gauche de la Loire, en suivant la route de Romorantin. Il a semé il y a dix-huit ans cent trente hectares de terres de Sologne usées, en pins maritimes, et il en sème toujours, car il a encore une jouissance de vingt-deux ans pour ses semis de bois. Il m'a dit qu'à la distance où il se trouve de la vallée de la Loire, un semis de cette espèce de pins se vend très facilement pour faire des échalas, et avec les branches, des bourrées, qui valent de 8 à 10 francs le cent. M. Menard ajoutait que là où les pins maritimes ne réussissent pas bien, une fois arrivés à un certain âge, cela tient à la trop grande humidité, ou bien à ce qu'on ne les éclaircit généralement que beaucoup trop tard, afin de tirer quelque parti des jeunes plants supprimés. Si on le faisait plus tôt, ils ne pourraient point fournir de bourrées ; triste économie, du moment qu'elle diminue énormément le produit de l'avenir. M. Menard dit que d'après son expérience, qui date de plus de vingt ans dans ce genre de culture, il peut compter sur un revenu moyen de plus de 20 francs pour chaque hectare semé en pins, pendant toute la durée de son bail, qui est de quarante ans ; enfin que les huit cents pieds de pins par hectare semés au commencement et qu'il vendra à la fin du bail, lui vaudront encore plus de mille francs. Il ajoute que s'il achetait une ferme de Sologne, pas trop éloignée de la Loire, il sémerait de suite toutes les anciennes terres en pins maritimes ; que les bruyères défrichées et cultivées pendant quatre ans avec des fumures au noir animal, seraient semées ensuite en pins sylvestres, car cette espèce de pins empêche la bruyère de revenir, tandis que les pins maritimes sont souvent détruits par elle.

M. Menard est maintenant arrivé à créer dans ses anciennes bruyères cinquante hectares de prés dont il arrose tous les ans moitié avec les urines de soixante vaches, des chevaux et de la porcherie, auxquelles on a ajouté les eaux grasses de lessive et les jus de fumier, enfin les vidanges de la ferme, qui ne sont pas éparpillées pour empester les alentours des bâtiments comme cela se fait très souvent. Tous ces engrais liquides peuvent fournir annuellement deux cent cinquante hectolitres pour chacun des vingt-cinq hectares de prés ; il ajoute encore des composts aux parties les plus maigres. M. Menard m'a dit que ses prés traités ainsi lui donnent au moins quatre mille kilogrammes de bon foin par hectare en moyenne. Il a fait monter une pompe de Perraut qui a coûté 150 francs, avec laquelle un homme remplit en six minutes une futaille, montée sur roues, et contenant de six à sept hectolitres. Il peut ainsi arroser un hectare en deux jours dans les prés entourant la ferme.

M. Menard a déjà drainé environ cent dix hectares, et il continue activement cette immense amélioration pour les terres à sous-sol imperméable, car il a vu, même par l'excessive sécheresse des deux dernières années, combien le drainage était profitable. Il m'avait fait voir l'année dernière des froments superbes en mai, qui ont énormément souffert par la sécheresse du mois de juin et dans une grande pièce de terre, dont moitié environ était drainée, cette partie a produit une vingtaine d'hectolitres de froment, tandis que le reste du champ, non drainé, n'en a guère donné que moitié ; cette année, quoique sa récolte de froment soit en général fort belle, les parties drainées sont bien meilleures que celles qui ne l'ont pas encore été.

M. Menard, après avoir drainé une vingtaine d'hectares à un mètre vingt centimètres, avec des tuyaux, trouvant que cette dépense était bien considérable pour un fermier, s'est mis à le faire d'une manière moins dispendieuse. Il a d'abord placé ses rigoles à trente mètres les unes des autres, et a remplacé les tuyaux en terre cuite par des bourrées faites avec des éclaircissages de pins, estimées 10 francs le cent, car elles sont mieux liées que celles vendues dans le pays. Mais l'assainissement fait ainsi, n'ayant pas été complet, il a fait creuser depuis une rigole entre deux ; il paye 15 centimes du mètre courant pour les creuser et remplir : il lui faut deux cent cinquante bourrées par hectare ; on les recouvre d'un peu de bruyère, afin d'empêcher que la terre n'entre dans les fagots. La dépense de ce genre de drainage s'élève à 105 francs par hectare.

M. Menard a fait peser, devant moi, des vaches vendues grasses à un boucher d'Orléans, qui les paya 56 fr. les cent kilogrammes, poids vivant et pesées chez lui ; il m'a dit qu'elles perdront de cinquante à soixante kilogrammes de poids rendues à Orléans. J'ai vu dans cette excellente culture, de fort beaux trèfles incarnats hâtifs et tardifs ; il compte faire dans quinze jours du foin avec la variété la plus hâtive, car la fleur se trouvera alors arrivée à la moitié de son développement, et les tiges seront encore garnies de leurs feuilles bien vertes. Elles donneront ainsi un bon foin, tandis que lorsqu'on attend que la fleur soit arrivée à toute sa longueur, les tiges et feuilles commencent à jaunir , et l'on prétend que cette plante n'est bonne qu'en vert.

M. Menard a fait faire récemment de petites auges en ciment romain entre chaque paire de vaches, afin qu'elles puissent boire pendant leur repas ainsi que toutes les fois qu'elles peuvent en avoir envie, et aussi afin d'éviter de faire sortir en hiver les vaches laitières, car le froid, au sortir d'étables chaudes, leur est très contraire et tend à diminuer le lait. Chaque auge faite en maçonnerie contient une auge en zinc, afin que l'on puisse les nettoyer facilement, car la propreté dans la nourriture du bétail est une chose très essentielle. Il donne à ses soixante vaches, tant laitières qu'à l'engrais, et qui ont été toutes castrées par M. Charlier, cent kilogrammes de tourteaux de colza pulvérisés et bien mélangés avec cinquante kilogrammes d'une farine faite avec moitié seigle et le reste en orge ; il saupoudre avec cette farine les fourrages verts ou secs, après les avoir fait passer par le hache-paille ; il y ajoute deux kilogrammes de pain, fabriqué avec moitié farine de seigle, un quart de farine d'orge et le reste en farine de sarrazin ; on laisse le son avec la farine. Il paie un franc par hectolitre pour la mouture ; en ajoutant la façon du boulanger , ce pain lui revient à douze centimes le kilogramme.

M. Menard sème ses betteraves à la main, c'est-à-dire en paquets. Il fait faire les trous sur les billons après y avoir passé un rouleau très léger, au moyen d'un plantoir formant trois trous d'un coup ; les trois plantoirs n'ont que 6 centimètres de long, sont pointus, mais ont au haut plus de cinq centimètres de diamètre ; l'homme qui tient l'instrument le pose sur le milieu du billon en pesant dessus ; chaque fois qu'on pose le plantoir, cela imprime dans la terre meuble trois trous larges à la surface de la terre, et n'ayant tout au plus que cinq centimètres de profondeur, afin de ne pas trop enterrer la graine. Une femme dépose dans les trous de 4 à 5 graines de betteraves ; une autre portant un panier contenant un compost très fertilisant, mais dont la composition ne doit pas détruire les germes des graines, bouche les trous en y mettant une poignée de ce compost ; celui-ci, tout en activant la végétation de la jeune plante, empêche une pluie battante de plomber et durcir la terre couvrant la graine, qui lève ainsi facilement et prospère plus rapidement.

M. Menard vient d'apporter un changement dans la manière de traiter ses vaches. Comme il éprouvait de la difficulté à réussir ses excellents petits fromages, pendant les chaleurs de l'été, il engraisse maintenant les vaches sans les faire castrer pendant les mois les plus chauds de l'année ; il en achète d'autres en juillet et en septembre pour remplacer les vaches engraissées, il les fait castrer et on les trait jusqu'aux chaleurs, pour les engraisser avec les vaches nouvellement achetées.

Ses avoines d'hiver et de printemps, sont aussi belles que celles semées sur les meilleures terres de la vallée de la Loire que je venais de traverser. Il en est de même de ses froments. Ses jeunes prés ont eu beaucoup à souffrir des déprédations de l'immense quantité de lapins et de lièvres qui infestent cette terre si bien gardée sur une étendue de plus de trois mille hectares, car ces prés ne se trouvent pas dans l'intérieur des quatre-vingt-dix-sept hectares, que M. Menard a été obligé de faire enclore, pour mettre ses récoltes les plus précieuses à l'abri de ces rongeurs, qui détruisaient précédemment plus des trois quarts de ses récoltes.

Je me suis rendu le 5 mai chez M. Adolphe Salvat, au château de Nozieux. Il a de superbes récoltes de grains d'hiver, semées toutes en lignes séparées par vingt-deux centimètres ; je pense qu'il ferait bien de les espacer de moitié en sus, afin de pouvoir, comme M. Gilles, fermier très progressif, demeurant à Thieux, près de Dammartin, se servir du semoir et de la fameuse houe à cheval de Garret, avec lesquels M. Gilles économise un hectolitre de semence par chaque hectare, la distance de 0,30 entre les lignes, lui permettant de sarcler avec cette houe à cheval tout ce qu'il sème avec son semoir. M. Salvat fait semer beaucoup de chanvre à moitié par les vignerons de la commune ; il fait l'avance de cinq cent trente kilogrammes de guano par hectare, dont ils paient moitié sur leur part de récolte ; les vignerons bêchent la terre, sèment et arrachent le chanvre, dont M. Salvat a la moitié, et de plus le guano qui reste en terre pour la récolte de froment de l'année suivante, qu'il sème et récolte pour lui.

M. Salvat vient d'essayer les produits d'une nouvelle fabrique d'engrais récemment établie à Blois ; il a fumé la moitié d'un champ de lin, à raison de six cents kilogrammes de guano, en dépensant 228 fr. par hectare.

Il a mis pour la même somme dudit engrais, intitulé *Musculaire*, dans l'autre partie de ce champ, et il verra s'il doit acheter de ce nouvel engrais, ou bien s'en tenir au guano. L'engrais musculaire lui coûte 20 fr. les cent kilogrammes, et il faut en employer plus du double en poids que de guano.

La très belle vacherie de M. Salvat contient dans ce moment trente-une bêtes, les trois veaux compris : ce sont toutes bêtes Durham de pur sang, qui sont très productives en lait. Il a cinq vaches qui lui donnent au moins vingt litres de lait chaque jour pendant trois mois après vélage. Il va mener au concours régional d'Auxerre, deux taureaux, une vache, deux génisses, et je suis persuadé qu'il y remportera des primes. M. Salvat prépare quatre jeunes bœufs pour le concours de Poissy, deux pour celui de 1860 et deux pour celui de l'année suivante.

Il a trois taureaux à vendre, un de 600 fr., âgé de dix mois, un de deux ans, enfin un âgé de trois ans, qui est le père de la moitié de sa vacherie. C'est pour cela qu'il s'en défait, afin de ne pas donner le père à ses filles, car il fait très beau. Il demande de ces deux derniers taureaux 1,200 fr. par tête. M. Salvat a voulu vendre l'hiver dernier une douzaine de ses bêtes Durham ; mais il n'a trouvé des amateurs que pour moitié ; ce pays n'a pas encore assez de cultivateurs, connaissant le mérite de la race Durham. Je ne suis pas étonné que peu de personnes veuillent élever des Durham de pure race, puisqu'on ne les vend pas facilement ; mais on a grand tort de ne pas se procurer de jeunes taureaux Durham bien écussonnés, ou fils de vaches Durham bonnes laitières ; car en donnant un pareil taureau à de bonnes vaches, de quelque race que ce soit, on obtiendrait des bêtes plus précoces, plus lourdes, des vaches plus laitières, enfin des bêtes qui prendraient facilement la graisse, et se vendraient fort cher, âgées de trois ans, si on les avait bien nourries, mais sans prodigalité, à partir de leur naissance. M. Salvat vend des vaches bonnes laitières, n'étant pas prises dans ses plus belles, dans les prix de 600 fr., et des veaux de quatre mois à 300 fr. Sa vacherie est nourrie maintenant avec des vesces d'hiver mêlées de seigle, auxquelles succédera le trèfle incarnat hâtif qui est ainsi que le tardif, fort beau.

Etant arrivé au château de la Basme, chez ma belle-sœur, j'ai vu avec plaisir que Salmain, un des métayers de cette terre, avait, comme c'est son habitude, d'aussi beaux froments, avoines et trèfles que ceux que j'avais vus dans les terres de la vallée de la Loire, qui se vendent de 3 à 6,000 fr. l'hectare. Le frère cadet de Salmain, venu aussi fort jeune de Belgique avec leur père, mort depuis, occupe une métairie voisine, et a aussi de fort belles récoltes, en céréales, colzas et prairies artificielles dans des terres qui ont été payées en 1823, 300 fr. l'hectare. Si l'on drainait et chaulait ces terres comme il faut, elles produiraient habituellement autant que celles de bien des pays où les terres se vendent de 2 à 3,000 fr.

J'ai visité un propriétaire venu du Nord, fort à son aise, qui ayant été mécontent des fermiers de ce pays, les a renvoyés. Il cultive en grand, de manière à perdre beaucoup d'argent, au lieu d'avoir loué à des fermiers ou métayers du Nord ou de Belgique. S'il lui convenait de cultiver, au moins devrait-il prendre un bon régisseur.

Ce Monsieur a hiverné une cinquantaine de vaches et génisses du pays, qui n'ont reçu, depuis qu'il les a, que de la mauvaise paille en partie gâtée, sans la faire passer par le hache-paille, pour l'arroser ensuite avec de l'eau bouillante dans laquelle on aurait fait dissoudre au moins deux kilogrammes de tourteaux de colza par tête, ce qui les eût entretenues en bon état et eût fait grandir les jeunes bêtes. Au lieu de cela, il n'a que des bêtes d'une maigreur extrême, qu'il ne vend que moitié des prix de l'époque, et le fumier de paille ne contient presqu'aucune fertilité. Il est bien fâcheux qu'un homme, d'ailleurs instruit et spirituel, puisse avoir des idées si fausses en culture, qui est la chose la plus essentielle d'un pays.

Il a fait une bonne chose, en achetant une machine à battre avec son manége pour quatre chevaux, payée à Châteaugontier (Mayenne), 700 fr., chez le fabricant Stubenrauch; elle bat de six à huit hectolitres de froment par heure en récolte ordinaire et malgré une longue paille. Il est décidé à acheter une moissonneuse et faucheuse de Hussey Dray, qui ne coûte que 625 fr. à Londres, mais qui se vend 800 fr. prise chez M. Ganneron à Paris. C'est, je pense, d'après ce que j'ai vu dans plusieurs concours, dans le nord de la France, en Belgique et à Brunswick, la meilleure des cinq moissonneuses que j'ai vues fonctionner. Celle de Mac-Kormick, celle du même, perfectionnée par Burgess et Key, celle de Manny, enfin celle du Dr Mazier, coupent toutes bien les céréales; mais celles qui ont besoin d'un homme pour débarrasser la machine du grain coupé, éreintent cet homme, qui, très pressé lorsque le grain est beau, le mêle, en le jetant à bas de la plate-forme, et les rouleaux à spirales de Burgess et Key bourraient à chaque instant.

Je suis arrivé le 7 mai au charmant château de Montchenin, que M. Allibert a construit dans une délicieuse position, à trois kilomètres de la petite ville de Cormery, et à un quart de lieue de la maison habitée par Mme Allibert, la mère, dont la vue domine aussi la vallée.

M. Catelle, le régisseur belge de M. Allibert, nous a fait voir six bons chevaux de labour, qui mangent du fourrage passé par le hache-paille, qu'il soit vert ou sec, et de l'avoine passée par l'aplatisseur, enfin du seigle bouilli jusqu'à ce qu'il crève, tout cela bien mélangé. Ils sont en fort bon état, ainsi que les douze bœufs, recevant la même nourriture, sauf l'avoine, qui est remplacée par des betteraves; les vaches sont au même ordinaire que les bœufs. Les veaux proviennent d'un taureau durham, qui se trouve à deux lieues de là, et dont je parlerai plus tard. Nous avons visité avec M. Allibert sa bergerie, qui contient 300 bêtes, les agneaux compris. Ces bêtes sont croisées southdown et berrichonnes, du moins en partie, car on n'a pu acheter que trente brebis à la foire du 1er mai à Crevant, non loin de la ville de la Châtre (département de l'Indre). Le bélier est de la race de Jonas Webb, venant des béliers et brebis que M. Hutchison de Montgruy, près de Peterhead, port de mer plus au nord qu'Aberdeen, a achetés il y a sept ou huit ans à Babraham, et dont il ne vend les jeunes mâles d'un an que de cent cinquante à deux cents francs, suivant leur beauté, car il n'existe point de troupeaux de bêtes ovines dans cette partie de l'Ecosse. Les cochons sont d'espèce Essex améliorée.

La ferme contient plus de cent hectares, dont une vingtaine sont des défrichements de bois gâtés par le pâturage, mais dont le fond de terre est de bonne qualité, sauf quelques parties pierreuses, qu'on a fait défoncer pour en extraire d'énormes quantités de pierres de silex. Quelques parties de ces défrichements, qu'on a l'intention d'augmenter, devront être drainées, et le tout fortement chaulé.

J'y ai vu de bons colzas et des vesces d'hiver mêlées de seigle et d'avoine d'hiver, enfin du froment, qui est bon partout où l'arrachage des souches d'arbres et des grosses pierres, n'a pas ramené beaucoup de sous-sol à la surface. La ferme est entourée de vignes qui ont été bien fumées et sont très bien tenues; elles n'ont pas trop souffert de la gelée. Les froments, faits sur les anciennes terres, sont on ne peut pas plus beaux sur les deux tiers de leur surface. Les avoines d'hiver sont extraordinairement belles, hautes et fort épaisses; elles ont des feuilles d'un vert très foncé; elles ont reçu trois cents kilogr. de guano par hectare, de même que les vesces d'hiver, qui ont déjà un mètre de haut. Les luzernes, sainfoins et trèfles incarnats sont admirables, après la même application de cet engrais merveilleux ; il n'y a que les trèfles ordinaires qui laissent beaucoup à désirer, car ils n'ont pas eu leur dose de guano ; les colzas, qui couvrent environ neuf hectares, sont presque partout aussi beaux que ceux qu'on voit en Flandre ou dans les environs de Caen.

M. Allibert avait trouvé ces terres complétement épuisées ; le fermier qui les cultivait y mourait de faim, mais le nouveau propriétaire a fait arracher les roches qui empêchaient les bons labours, il a fait drainer les parties humides, et a eu recours au guano, qui lui a donné surtout de belles récoltes fourragères, avec lesquelles il nourrit bien un nombreux bétail à l'étable ; il fait ainsi beaucoup de bon fumier, véritable moyen d'améliorer les terres usées.

Ce qu'il faudrait maintenant à M. Allibert, ce serait d'acheter une carrière de bonnes pierres à chaux le plus près possible de sa propriété et d'une route (il s'en trouve une à quelques kilomètres), et d'y faire de la chaux dans des trous en terre, de la manière employée dans la terre d'Argys, près Buzançais (département de l'Indre), par M. Bernier, régisseur belge d'une terre de onze cents hectares, achetée, il y a quelques années, par une petite société formée de plusieurs membres d'une même famille de riches industriels des environs de Charleroy, qui fournissent à M. Bernier tout ce qu'il lui faut, pour remettre cette terre en bon état de culture.

Cet habile cultivateur a commencé par chauler ses terres, calcaires ou non, à raison de quatre-vingts hectolitres par hectare, et j'ai vu il y a deux ans, à ma dernière visite, que le froment venu sur une terre calcaire chaulée, valait bien le double de celui venu dans la même pièce, mais qui n'avait pas encore pu recevoir ses quatre-vingts hectolitres de chaux par hectare. Le sous-sol de cette pièce

de terre est composé d'une couche de marne fort épaisse,
dans laquelle M. Bernier a fait creuser deux de ses
fours dormants comme il les nomme. Comme il en a
huit sur cette belle et bonne propriété, la chaux ne lui
revient qu'à soixante-six centimes l'hectolitre, malgré le
prix élevé de son anthracite, qui acheté à Montluçon,
doit suivre le canal du Berry pour arriver à Vierzon, trajet de trente-deux lieues à vol d'oiseau, seize lieues sur
chemin de fer pour arriver à Châteauroux, enfin de sept
à huit lieues de chemin de terre, pour parvenir à ses
fours dormants. Ce prix minime m'a été prouvé par la
comptabilité en partie double tenue par un comptable
ad hoc, cette culture étant entreprise par une société.
Enfin M. Bernier, n'ayant pas une carrière de pierres
calcaires, est obligé de faire fouiller ses terres calcaires
pour en extraire ces pierres, qui se trouvent à une couple
de pieds de profondeur. Toutes les personnes qui ont
l'intention de chauler leurs terres, devraient, avant de
faire la dépense occasionnée par la construction d'un
four à chaux, aller étudier à Argys cette méthode si
économique de faire la chaux, dans des excavations en
terre qu'on nomme des fours dormants.

La culture de M. Allibert gagnerait infiniment par le
chaulage et le marnage des terres qui ont toutes besoin
de calcaire, pour atteindre un haut point de fertilité.

M. Allibert a bien voulu me conduire chez M. Delaville-Leroulx, que j'avais visité, il y a plus de vingt ans,
dans une immense terre qu'il créait alors sur des bruyères achetées il y a plus de trente ans, à quelques lieues
plus loin que la ville de Loches. Sa propriété, qui paraît
très étendue, se trouve sur un sol argilo-siliceux quoique touchant un plateau argilo-calcaire qui paraît plus
fertile. Il nous a dit que les terres de ce pays se vendaient
au détail de deux à trois mille francs l'hectare.

M. Delaville-Leroulx aime tant la campagne, qu'il ne
reste au plus que 4 mois à Paris ; il aime la culture et

s'en occupe depuis plus de trente ans. Il fait exécuter présentement de fort grands drainages. Il a des durham depuis fort longtemps. Il les faisait venir presque tous du haras du Pin, mais il a fait acheter il y a cinq ans trois fort belles vaches de cette espèce en Angleterre. Il avait, avant d'acheter des durham, des vaches hollandaises, cotentines et des schwitz. Il nous a fait voir six taureaux durham en âge de faire leur service dont le plus vieux allait être réformé. Quel dommage de voir tant de reproducteurs de cette excellente race rester improductifs! M. Delaville-Leroulx le fils étant à Paris, je n'ai pu savoir à quel prix on vendrait les taureaux âgés de douze ou quinze mois, ou les veaux de sept ou huit mois qui se trouvaient au nombre de cinq. Un des vieux taureaux fait la monte des vaches du voisinage. Cette étable contient habituellement de quarante à cinquante bêtes à cornes. Je pense que M. Delaville-Leroulx aurait dû faire castrer une partie de ses jeunes taureaux durham, afin d'en faire des bœufs de concours pour Poissy. Cela aurait attiré l'attention des éleveurs sur sa belle étable.

M. Delaville-Leroulx avait, depuis longues années, un troupeau de pure race mérinos très fin, mais il s'est décidé l'an dernier à leur donner des béliers southdowns, qu'il a achetés à la vente faite alors par M. Pioche au château de Neuilly-sur-Marne, où ce monsieur avait réuni un troupeau de deux cents moutons, dont un quart avait été acheté chez le duc de Richemond, et les trois quarts de M. Seller, fermier du duc à Goodwood, qui passe depuis vingt ans pour avoir un fort beau troupeau de southdown.

Mon voyage entre Tours et Angers m'a fait apercevoir beaucoup de terres d'alluvion d'une haute fertilité, mais dont les parties ensablées par de fortes inondations, étaient au contraire misérables.

La malheureuse commune de la Chapelle-sur-Loire, qui avait été en grande partie couverte de plusieurs pieds de sable dans le xviiie siècle, a été abîmée de nouveau en 1856. Une personne d'une commune de ces environs, qui venait de monter en wagon, m'a dit qu'on devait s'attendre à une nouvelle rupture de la digue lors de la première forte inondation, car elle avait été mal réparée.

J'ai remarqué du côté de Saumur des champs de féverolles et de pavots semés en lignes au moyen d'un semoir ainsi que de simples rangs de ceps de vignes séparés les uns des autres, de manière à y cultiver des céréales ainsi que d'autres récoltes.

Ce qui doit choquer tout bon cultivateur qui suit cette direction, c'est de voir ces profondes et excellentes terres d'alluvion des bords de la Loire, qui se louent de 3 à 400 francs l'hectare, et sont vendues jusqu'à 8,000 francs, être encore écorchées par les plus mauvaises araires qu'on puisse rencontrer, et labourées même dans les parties les plus saines en billons, formés par deux traits de charrue ou par un binot. Une autre chose bien incompréhensible aussi, c'est que des malheureux petits cultivateurs qui louent ces terres d'alluvion à de si hauts prix, se trouvent souvent à quelques lieues seulement de bonnes bruyères, dont le prix de l'hectare leur coûterait moins du prix d'une année de loyer de leurs terres d'alluvion. Si ces braves gens réfléchissaient et connaissaient l'effet du noir animal pour les défrichements, et du guano pour toutes les terres, ils achéteraient des bruyères et ne seraient pas longtemps sans y faire d'aussi belles récoltes que celles qu'ils faisaient sur les terres louées si cher. Avec de l'engrais à volonté, on peut faire des miracles dans des terres qui ont du fond.

En passant en 1854 dans ce pays, je m'étais arrêté à la Chapelle-sur-Loire, pour visiter l'enfouissement des sables de l'ancienne inondation, qui avaient plus de deux pieds de profondeur, et qu'on recouvrait d'autant de bonne terre, qui se trouvait sous le sable amené par la rupture de la levée, travail qui coûtait à un riche propriétaire 2,500 francs par hectare. Il avait acquis le terrain ensablé 1,500 francs l'hectare. Une fois débarrassée par l'enfouissement du sable qui se trouvait alors recouvert de deux ou trois pieds de bonne terre, sa terre pouvait se louer de 3 à 400 francs, ou se vendre de 7 à 8,000 francs. Les petits propriétaires et même les petits fermiers, cultivant une couple d'hectares, imitaient dans leur temps perdu, cette immense amélioration. Eh bien ! il paraît que ces pauvres gens ont perdu, par la nouvelle inondation, tout le fruit de leur gigantesque et si courageux travail.

J'ai vu il y a quelques années de bonnes bruyères défrichées depuis seize ans, et des terres achetées il y a une trentaine d'années à 300 francs l'hectare, dont les récoltes de froment étaient du moins en apparence aussi belles que les meilleures de ce riche val de la Loire, qui est si souvent ravagé par les inondations de cette terrible rivière.

Je me suis rendu de bonne heure d'Angers aux Ponts-de-Cé pour visiter la magnifique étable de M. Boutton-Lévêque dont la propriété a été ravagée par la dernière inondation. La digue ou levée de la Loire, s'étant rompue vis-à-vis d'elle, la chute d'eau qui s'en est suivie, a creusé un petit lac très profond dont il cherche à tirer parti comme un embellissement pour le parc qu'il est en train de former autour de la nouvelle et belle habitation qu'il vient de construire. Personne de la famille ne se trouvait sur les lieux. J'ai visité pour la troisième fois la vacherie contenant une trentaine de bêtes adultes dont trois taureaux et une douzaine de vaches sont des durham de pure race. Le reste des vaches sont des croisées durham avec vaches hollandaises ; il y a en outre une quinzaine d'élèves. M. Boutton-Lévêque élève aussi des chevaux de pur sang, car il fait courir.

Les champs de froment que nous avons vus en suivant

la levée étaient si hauts et épais qu'on doit s'attendre à ce qu'ils versent. J'ai vu aussi beaucoup de champs de lin, les uns en fleur, les autres sortant de terre, enfin d'autres pièces de terre qu'on semait en lin vers le 10 de mai. La plante des premiers était bien moins longue que celle des champs de lin que j'ai vus dans le Nord.

On m'avait engagé à demander à M. de Bernard la permission de visiter son très remarquable jardin, et ce Monsieur a eu l'extrême obligeance d'être mon guide dans cette intéressante visite. M. de Bernard m'a dit qu'il avait acheté, il y a onze ans, à la suite d'une faillite, une pépinière dont la contenance était de quatre hectares cinquante ares, pour la somme de 36,000 francs. Le syndic de la faillite s'était réservé les arbres, qui devaient être vendus ou enlevés à une certaine époque, mais comme il n'était pas parvenu à s'en défaire à temps, il fut forcé de les céder à bon marché au nouveau propriétaire. Celui-ci espérant pouvoir acheter du terrain joignant son jardin, a conservé les jeunes arbres rares tels que magnolias grandiflora et autres, cèdres de l'Hymalaya ou déodoras, cèdres du Liban et beaucoup d'autres espèces, quoique fort serrés. Ayant pu enfin acquérir, il y a près de trois ans, environ deux hectares, il les a garnis avec les arbres conservés à cet effet, et j'ai été on ne peut plus étonné en voyant ces transplantations tardives, tellement bien réussies qu'on ne se douterait pas que ces beaux et très vigoureux arbres, aient pu être changés de place. Les déodoras surtout, qui ont de douze à quinze pieds de haut sont extrêmement fournis de branches couvrant la terre à plus de deux mètres du tronc ; leur diamètre vers terre a de quatre à six pouces ; ils sont plus hauts que ceux de M. Leroy, le plus grand pépiniériste qui me soit connu, car ses jeunes arbres couvrent plus de cent cinquante hectares.

Ayant demandé à M. de Bernard ce qu'il avait fait pour empêcher ses arbres transplantés si tardivement de souffrir, il m'a dit qu'il avait arraché les arbres avec le plus grand soin, en leur laissant toutes leurs racines même jusqu'à six pieds de longueur, sans cependant tenir à ce qu'ils eussent des mottes; les trous faits d'avance étaient grands et profonds; on les avait rebouchés presqu'entièrement, en mélangeant soigneusement avec la terre qu'on y rejetait, une forte poignée de guano bien pulvérisé.

Ce jardin contient une superbe source qui, dit-on, était connue du temps des Romains; elle sert à remplir de belles pièces d'eau, et lorsqu'elle n'y suffit pas, un moulin à vent s'orientant lui-même, perché sur une tour, pompe l'eau dans un puits très abondant qui fournit toute l'eau nécessaire tant pour les pièces d'eau que pour les serres et les réservoirs d'arrosage disséminés dans cet énorme jardin. Ce moulin à vent avec la tour et tout son attirail a coûté 4,500 francs. Ce qu'il y a de plus remarquable dans ce jardin, ce sont les nombreuses serres, chaudes et tempérées, dans lesquelles on force les fruits. Le 12 de mai une partie de ces serres ont déjà fourni toutes sortes de fruits en complète maturité, abricots, pêches, raisins, prunes, etc., etc. Il y en a d'autres où ces fruits sont près d'arriver à leur maturité.

J'ai vu de grands châssis appliqués contre les espaliers pour hâter la maturité des fruits, rien que par l'abri et la chaleur du soleil. Ces châssis peuvent changer de place facilement. On m'a fait voir aussi des fraisiers, chargés de fruits superbes, qu'on cueille déjà depuis quelque temps, quoiqu'ils ne soient pas sur couches, mais ils sont seulement couverts de cloches.

J'ai admiré ici comme aussi le long de la route depuis Tours, d'énormes aubépines à fleurs doubles, blanches ou roses, et d'autres à fleurs simples mais d'un rouge très foncé. J'ai remarqué pour la première fois un fort bel arbuste ayant atteint dans une année cinq pieds de hauteur sur à peu près la même largeur; il a un très beau feuillage et beaucoup de fleurs bleuâtres, son nom est *gynerium argenteum :* un autre arbuste plus beau encore et plus rare dans ce pays, est le *gerstroemia indica:* ses fleurs roses sont admirables.

Je suis allé de là chez M. André Leroy qui n'était pas chez lui ; je n'ai donc fait que parcourir son parterre, où j'ai remarqué d'énormes rosiers Bank's de trois variétés ; de beaux rosiers à fleurs jaunes importés de la Chine par Fortuné, de charmants végélias, des cytises à fleurs jaunes en très longues grappes ; le *solanum cestrum* ou arbuste à fleurs violettes comme celles d'une espèce de pommes de terre, le *solanum fastigiatum*, le *solanum jasminoides ;* en fait d'arbres rares, le *sesquoïa gigantea*, âgé de quatre ans et ayant déjà deux mètres de hauteur, et au pied un diamètre de quatre pouces ; cet arbre est très vigoureux ; on vend les jeunes pieds venus de bouture 5 francs, mais venus de semence 15 francs ; l'*abies ponderosa*, le *cupressus taurilosus* sont bien remarquables.

Je suis parti d'Angers pour Segré. J'ai trouvé le pays fort beau entre ces deux villes, et assez généralement fertile ; il n'est pas trop mal cultivé ; les froments sont beaux, il y a très peu d'avoines ainsi que de trèfles, pas de luzernes ; on y voit des vesces et des lupulines. On laisse la terre, après la récolte du froment, se couvrir d'herbes adventices pour servir de pâture aux vaches. Je n'ai pas remarqué de troupeaux de bêtes à laine dans ce pays. J'ai vu de fort mauvaises charrues, dont une était attelée de quatre petits bœufs précédés par deux juments. On voit le long des champs conduits en jachères, beaucoup de composts de chaux, quelques lieues avant d'arriver à Segré, et j'ai remarqué dans cette partie beaucoup de fours à chaux. Elle s'y vend 1 fr. 75 cent. l'hectolitre. On fait là un grand commerce de cendres, lessivées, mélangées de beaucoup de terre et qui, malgré cela, se vendent 3 francs l'hectolitre. Je me suis rendu de grand matin au château de la Lorie, propriété du duc de Fitz-James, qui n'est qu'à deux kilomètres de la ville. Son régisseur, M. Chrétien, qui a dirigé fort longtemps la vacherie impériale dans la ferme-école du Camp, dont il était le directeur, établissement qu'il a quitté pour prendre la régie des deux grandes propriétés du duc de Fitz-James, dont la seconde est dans les environs de Nîmes (Gard), était parti la veille pour se rendre au concours régional de Nantes, où il doit exposer des durham.

Mme Chrétien, dont j'avais fait la connaissance à la ferme-école du Camp, me donna pour guide le chef de culture, ancien élève de cette école. Il m'a fait parcourir une partie des sept fermes de la terre de la Lorie. M. Chrétien s'occupe de faire arracher les haies des petits enclos dont les arbres et têtards, très gros et nombreux, nuisent singulièrement aux récoltes, de manière à former des enclos dont l'étendue sera d'au moins quatre hectares.

La ferme du château qui contient cinquante hectares, n'en conservera que vingt en terres labourables. On transforme le reste des terres en prés ou herbages, et M. le duc fait des élèves de pur sang. Il a pour cela sept poulinières, dont les produits sont vendus d'avance 2,500 francs à M. Reiset, qui les prend lorsqu'ils ont de vingt à vingt-deux mois ; quatre de ces élèves vont bientôt partir. Le duc de Fitz-James vient d'obtenir de l'administration des Haras, un cheval, Pretty Boy, qui a coûté en Angleterre 25,000 francs. Il ne doit sauter cette année que douze juments, à raison de 25 francs.

M. Chrétien a amené un taureau et quelques vaches durham de la ferme du Camp ; il a aussi fait venir une vache hyghland qui a produit, avec le taureau durham, un bœuf de couleur noire destiné à figurer au concours de Poissy.

Les travaux de la ferme se font avec quatre chevaux et six bœufs bretons de couleur fauve, qui malgré leur taille peu élevée conduisent bien à quatre la grande charrue Bodin, et le n° 2 du même fabricant s'attelle avec une paire de ces bœufs, qui sont plus forts qu'on ne le croirait ; ce qui n'empêche pas les métayers d'en atteler à leurs charrues six ou quatre avec deux juments.

Mme Chrétien m'a dit que la terre que le duc de Fitz-James possède à trois lieues de Nîmes et dont l'étendue dépasse un millier d'hectares, contient une énorme quantité de vignes, parmi lesquelles un clos planté en cépages tirés d'Alicante, fournit deux espèces de vins qu'elle m'a fait goûter et que j'ai trouvés excellents. M. Chrétien ayant vu que les cendres lessivées n'étaient nullement estimées à Nîmes, a passé des marchés pour un certain nombre d'années avec toutes les blanchisseuses de cette ville ; il s'est assuré ainsi un excellent engrais à bon compte, environ la cinquième partie du prix auquel on le vend dans ce pays-ci, et il s'en sert même pour fertiliser les vignes. Le foin étant très cher dans le midi, M. Chrétien a semé une grande étendue de luzernières, dont il tire un énorme produit.

Madame la duchesse a fait faire un superbe poulailler, où elle tient séparées dix espèces des plus belles volailles connues.

Les murs du château sont garnis en grande partie de trois variétés de rosiers bank's, qui montent jusqu'aux toitures, et dont les pieds près de terre, ont de cinq à six pouces de diamètre ; on y voit aussi de très beaux pieds de *solanum jasminoides*, et du grand jasmin jaune d'Espagne. Un excellent jardinier qui a travaillé à Paris, ne gagne ici que 500 francs et sa femme 200 : ils sont logés.

Le parc contient un grand nombre de très vieux arbres assez rares, entr'autres un énorme chène liége, de superbes tulipiers, de très gros cèdres de Virginie, le plus gros cèdre de l'Hymalaya que j'aie encore vu, etc., etc.

Il s'y trouve une très belle futaie et un taillis de châtaigniers de cinquante hectares d'étendue ; il est loué

4,000 francs, et s'exploite tous les cinq ans pour faire des cercles.

M. Chrétien emploie du guano avec succès, mais il trouve plus profitable l'emploi des matières fécales de la ville de Segré. Il a fait défoncer à un mètre de profondeur un champ joignant l'avenue du château dont le fond est schisteux, et y a créé un potager. On y a transplanté d'énormes quenouilles ; on y cultive des arbres fruitiers d'après les méthodes les plus perfectionnées, et il s'y trouve de fort beaux légumes.

Mme Chrétien m'a fait conduire au château du Bourg-d'Iré, à quinze kilomètres de la Lorie ; Mme la comtesse de Falloux était partie la veille pour aller soigner son père qui est malade. J'ai revu avec plaisir cette jolie terre, où l'on a créé un parc il y a une dizaine d'années, pour y construire un très-beau château. Les vingt-cinq hectares de prés qu'on a semés pour servir de pelouse à l'habitation, ont besoin de guano, car les prés faits sur d'anciennes terres ne peuvent pas bien réussir s'ils ne sont pas exposés aux inondations d'une rivière qui les fertilise, et ils ont besoin qu'on leur consacre beaucoup d'engrais, après en avoir drainé les parties humides.

M. Lemanceau, ancien élève de la ferme-école du Camp, était aussi parti pour Nantes avec une partie de ses beaux durham.

M. Lemanceau est parvenu à prouver aux métayers de cette terre, qu'ils avaient un grand avantage à employer du guano, tout en en payant la moitié ; ils emploient de la chaux aux mêmes conditions, et les belles récoltes qu'ils ont obtenues en suivant ses bons exemples et conseils, lui ont acquis tellement leur confiance, qu'ils suivent complétement ses ordres.

M. Lemanceau a vingt-cinq durham de pure race et une trentaine de bêtes très avancées dans ce croisement. Il a sept chevaux de travail dont un pour son cabriolet, et onze bêtes de luxe ou poulains. Il tient un petit lot de southdowns de pure race, fort bien choisis, et tout cela est nourri sur une ferme de cinquante hectares de terres de qualité moyenne. Les cinq métairies sont chacune d'environ trente hectares ; les cheptels sont fournis à moitié par le propriétaire et par le métayer, et leur valeur est de 7 à 8,000 francs par domaine. Chaque domaine a un petit lot de brebis et élève des cochons. Les métayers ont près d'une grosse bête par hectare. Les cinq fermes et la réserve avec vingt hectares de terres cultivées, et trente en prés, donnent un produit de 20 à 25,000 francs. Ce revenu fort élevé est en partie le résultat de la remarquable vacherie durham de M. de Falloux, dont les très beaux animaux lui ont fait remporter un grand nombre de primes, ce qui a étendu sa réputation par toute la France, et permet à M. Lemanceau de vendre ses produits de bêtes bovines à des prix fort élevés, non seulement les reproducteurs durham de pure race, mais encore les bêtes croisées durham, qu'on lui paye bien pour en faire des bœufs de concours.

M. Lemanceau a son ménage nourri, 1,500 francs d'appointements fixes, et 10 pour 0/0 sur le produit net de la terre du Bourg-d'Iré, mais tous les produits de la ferme que le château consomme, ainsi que ce qui est employé en œuvres de charité, n'est pas porté en dépense au compte du propriétaire. Le 10 pour 0/0 lui fait de 2,000 à 2,500 francs à ajouter à ses appointements. M. Lemanceau administre aussi une autre terre du comte de Falloux, qui n'est qu'à huit kilomètres de celle qu'il habite ; elle contient trente-six fermes qui sont louées en argent, ainsi que des bois. M. de Falloux les a toutes fait réparer récemment et augmenter les bâtiments de celles qui en manquaient.

Je suis retourné à la Lorie par une autre route, ce qui m'a fait voir sept lieues d'un pays que je ne connaissais pas. Il est assez généralement beau et bon, il y a beaucoup de prés ou herbages, mais infiniment trop de haies pleines de chênes et têtards. Je regrettais d'y voir les chaumes de froment laissés en friches pendant une année pour servir de pâture aux vaches.

Je n'ai pas aperçu dans cette course un seul champ de genêts, plante qui, il y a environ quarante ans, couvrait au moins un tiers des terres de ce pays ; mais arrivé au haut d'une côte assez élevée, j'ai vu avec chagrin une grande étendue de bruyères.

En arrivant à la Lorie, Mme Chrétien me conduisit dans sa laiterie, où elle me fit voir des tables contenant chacune deux grands vases plats en verre blanc, percés dans le milieu du fond d'une ouverture qui contient un bouchon en verre à longue tige, permettant d'ouvrir le vase lors même qu'il est plein de lait. Cette ouverture sert à laisser écouler le lait doux, une fois que la crème est montée, ce qui a lieu en été le matin pour le lait de la veille au soir, et le soir pour celui de la traite du matin. On replace le bouchon au moment où la crème va commencer à couler. On la réunit ensuite facilement pour la faire entrer dans le pot à crème ; cette petite crème fraîche fait du beurre bien meilleur que celle enlevée sur le lait caillé. Le lait écrémé doux est employé pour élever les veaux lorsqu'ils sont âgés de six semaines à deux mois. Avant cet âge ils boivent du lait pur ; on ajoute au lait écrémé, de la farine d'orge mélangée de moitié farine de tourteaux de lin. Les veaux durham reçoivent cette boisson jusqu'à l'âge de cinq à six mois.

Mme Chrétien est enchantée de ses vases à lait en verre, et m'a dit qu'elle en avait six depuis deux ans, sans qu'on lui en ait cassé. Elle m'a montré la manière de les laver ; on ne fait que les soulever d'un côté sans les sortir des entailles pratiquées dans la table pour les contenir, afin d'éviter les accidents On ne doit se servir pour les laver que d'eau tiède qu'on change deux ou trois fois ; après les avoir essuyés on fait passer un linge par le trou en le montant et descendant plusieurs fois, afin que

le dit trou soit très propre et sec ; Mme Chrétien a trois
tables contenant chacune deux vases en verre, qui sont
fabriqués, m'a-t-on dit, dans trois usines : 1° chez MM.
Laganrie et Maumené à la verrerie de Couëron (Loire-
Inférieure) ; 2° chez MM. Leclerc frères à Fougères (Ille et
Vilaine) ; enfin à la verrerie de Javardan près de Pouancé.
Le prix des vases en fabrique est de 5 à 6 fr. Mme Chrétien a acheté des tables dont les couvercles sont garnis
d'une toile métallique afin d'exclure les mouches, 38
francs la pièce, ces vases contenant chacun dix-huit litres
de lait ; il y a des tables dont les vases contiennent quatorze litres chacun, elles coûtent 32 francs ; enfin les tables à vases d'une contenance de dix litres coûtent 30
francs. Son fournisseur est un poêlier du nom de Goudé,
il demeure n° 11, rue des Poêliers, à Angers.

Mme Lemanceau se sert de vases de zinc. Mme Chrétien
fait faire le beurre tous les jours, et assure qu'elle en
obtient ainsi plus qu'en ne le faisant que tous les deux
ou trois jours. Comme elle écrème au bout de douze heures après la traite, il lui faut la crème de quatorze à seize
litres de lait pour faire une livre de beurre, qui m'a
paru parfait.

Le fourrage ayant été peu abondant dans l'année 1858,
M. Chrétien a fait couper pendant quatre mois de l'hiver,
les jeunes pousses d'ajoncs dont les fossés et des côtes rocheuses se trouvent garnis ; il les a fait passer par un petit broyeur de pommes à cidre, et les a employés à former
la moitié de la ration de tout son bétail, les juments et
poulains de sang compris ; ces derniers avaient deux litres
d'avoine aplatie par repas, et les bêtes à cornes des
betteraves.

Je suis parti de bonne heure de la Lorie pour prendre
à Ingrandes le chemin de fer de Nantes. Les environs de
ce château et ceux de Segré, sont plus fertiles que le pays
qu'on parcourt en s'avançant de ce côté. Il y a une quantité de fours à chaux dans la commune de Vern, où se

trouve la seconde terre de M. de Falloux ; plus loin le sol est schisteux et encore moins fertile. Arrivé à la station, j'ai visité en attendant le passage du convoi, un énorme four à chaux, qu'on a fait construire récemment peu loin de la station. Un charretier attaché à cette usine, et qui chargeait du sable de rivière, m'a dit sur ma question, qu'un hectolitre de ce sable pesait 137 kilogram. et 1/2. La pierre à chaux employée là, vient de Montjean, petite ville située sur la rive gauche de la Loire, à quelques lieues au dessous de Chalonnes. Cette pierre est de couleur grise ; elle coûte 18 francs la toise rendue au four. On vend l'hectolitre de chaux en sortant du four 1 fr. 30 cent. ; elle est d'une belle couleur blanche.

Un des charretiers du four m'a dit qu'il fallait quatorze de ses tombereaux attelés de deux chevaux pour monter la toise de pierres à la gueule de cet énorme four, et qu'on la prenait à la sortie du bateau ; il en montait deux toises dans les grands jours. On m'a dit que ce four cuisait trois cents hectolitres de chaux par vingt-quatre heures ; on la tire du four par trois bouches. On a placé au bas de chacune de ces ouvertures une énorme plaque en forte tôle, afin que les grandes pelles de fer employées à la charger dans des hectolitres aussi en tôle, puissent glisser facilement sous la chaux. Les mesures d'hectolitres sont fixées sur des brouettes qu'on pousse sur une planche, qui se trouve posée au dessus de la voiture qu'on charge. En renversant la brouette, l'hectolitre se trouve chargé. Une douzaine de tombereaux attendaient leur tour.

Le four a une hauteur d'environ douze mètres ; son intérieur est garni de briques jusqu'à moitié. La partie supérieure est construite en pierre de bourrée, ou tuf calcaire des bords de la Loire. On n'emploie point d'anthracite, et le charbon en miettes qu'on jetait dans le four vient de mines peu éloignées. Un hectolitre de ce combustible en produit quatre de chaux, quoique la pierre paraisse fort dure et qu'on la mette plus grosse que la tête d'un homme, dans le four, dont l'ouverture supérieure avait plus de deux mètres de diamètre. On a construit un petit hangar à côté de la gueule, afin de garantir de la pluie les hommes qui le chargent et ceux qui cassent les trop grosses pierres. Les hommes très forts que j'ai vu employer à cette industrie, gagnent 55 francs par mois, sans être nourris ou logés. Un bon cheval conduit de seize à vingt hectolitres de chaux sur une route. On m'a dit qu'on allumait ici le four par en haut, au lieu de le faire par en bas, comme cela se pratique ailleurs.

Je suis arrivé à Nantes le 12 mai et j'ai visité après midi l'exposition régionale qui se trouve placée sur une très belle promenade de cette ville, nommée le Cours St. André. Les grands animaux sont seuls dans des stalles séparées et couvertes ; il y en avait quatre rangs qui n'étaient encore qu'à moitié remplis. Le nombre des bêtes à laine était peu considérable, et composé surtout de southdowns et de leur croisements ; j'ai vu aussi des dishleys.

L'exposition des instruments et machines agricoles était fort nombreuse et belle ; les machines locomobiles à vapeur étaient au nombre de 17 et avaient fort bonne mine. Il s'en trouvait une de la force de neuf chevaux dont on demandait 9,000 francs. M. Pavy exposait un grenier pour la conservation des grains, très bien et commodément établi. Il m'a dit qu'on pouvait en faire de la contenance de mille hectolitres, qui coûtaient 3,000 francs. Le grain s'y trouve à l'abri des rongeurs ; on peut le changer de place et le ventiler avec la plus grande facilité. Ce sont MM. Renaud et Lotz qui l'ont construit. M. Legendre, fabricant à Saint-Jean-d'Angely, avait une très grande quantité d'instruments anglais, qui m'ont paru mieux et plus solidement établis que l'année dernière, et il vend moins cher que la plupart des autres fabricants. J'ai été étonné du bon marché d'une excellente charrue cotée 20 francs, sans son avant-train ; elle était établie par les frères Josso, à la Roche-Bernard (Morbihan).

Il s'y trouvait six moissonneuses dont trois nouvelles, la première ressemblant à celle de Bell, les chevaux poussent la machine devant eux ; l'autre fabriquée par MM. Renaud et Lotz, mais ces deux machines n'avaient pas encore été mises à l'épreuve. Ces deux moissonneuses doivent fonctionner sans une scie. Le docteur Mazier en exposait deux dont une ne fait que moissonner, et l'autre moissonne et fauche les prés. J'ai vu marcher cette faucheuse dans un excellent pré des bords de la Loire et elle a très bien fait son office. La sixième moissonneuse était de Legendre. Le nombre des machines à battre s'élevait à cinquante-trois. Enfin, cette exposition de machines ou instruments d'agriculture fabriqués en France, m'a paru la plus nombreuse et la plus remarquable que j'eusse encore vue.

Le comte de Falloux avait exposé un taureau et quatre vaches durham dont deux pures, et un porc ; son jeune taureau a eu un premier prix, une de ses vaches durham un second prix, une de ses vaches croisées a eu un quatrième prix. Le duc de Fitz-James avait envoyé un taureau durham qui a obtenu une mention honorable, et trois vaches croisées dont une a eu le troisième prix dans sa section. MM. de Danne avaient exposé trois taureaux et trois vaches durham, et ont obtenu deux prix pour les mâles, dont un premier, et une mention honorable, un premier prix pour vaches et une mention honorable. M. Boutton-Lévêque avait amené quatre taureaux et cinq vaches durham. M. Boisteaux de Gorges (Loire-Inférieure), un des concurrents pour la prime d'honneur, avait trois taureaux et six femelles durham. Il a eu une mention honorable pour un taureau ainsi que le précédent.

M. de Jousselin, de St.-Georges-sur-Loire (Maine et
Loire), avait exposé un taureau, une vache et une génisse durham ; il a eu le second prix pour son taureau,
un deuxième pour sa génisse, et un premier prix pour la
vache. Le vicomte Lepellec de Lautrec, de Port St. Père,
avait un taureau et une vache ; celle-ci a obtenu un troisième prix ; M. de la Devansaye, de Marans (Maine et
Loire), un taureau et une vache ; celle-ci a eu un quatrième prix. M. du Breil de Pontbriant, de Saint-Potan
(Côtes-du-Nord), avait une génisse et un taureau durham qui lui a valu un second prix. M. Taconnet présen-
tait deux taureaux dont un a eu un troisième prix. M.
Halna du Fretay, de Montrelais (Loire-Inférieure), a eu
une mention honorable pour son taureau et un premier
prix pour la vache ; M. Gernigon une mention honorable pour son taureau, et la même chose que le précédent
pour sa génisse ; M. le comte d'Andigné de Mayneuf de
Chambellay (Maine et Loire), un second prix pour sa
génisse, et rien pour son taureau. M. de Guilio, à Mel-
guen (Finistère), avait amené un taureau et une vache ;
le comte du Pontavice, à Landéan (Ille et Vilaine), un
taureau ; le baron de la Paumelière, à Neuvy (Maine et
Loire), un taureau ; M. de Suyrot à Chabretaud (Ven-
dée), un taureau ; M. Bonnemant, au château de Trevlan,
près Auray (Morbihan), un taureau. M. Liazard pré-
sentait une vache ; M. Guerchet un taureau. Cela fait
dix-neuf propriétaires de taureaux durham et dix ayant
des vaches durham de pure race. L'exposition contenait
cinquante-quatre durham de pure race.

M. Lambezat, professeur à l'Ecole régionale de Grand-
Jouan et gendre de M. Rieffel, avait exposé un taureau
et deux femelles de son croisement durham-breton, et
il a obtenu deux premiers prix et une mention honorable. M. le vicomte de Charnacé, excellent cultivateur
près de Sablé, qui a gagné, l'année dernière, la prime
d'honneur au Mans, a obtenu pour des croisés Durham,

deux seconds et un troisième prix sur quarante deux croisés durham exposés.

Il y avait neuf taureaux de la jolie mais petite race du comté d'Ayr en Écosse, et six femelles, dont sept têtes venaient du château de Trevlan, habitation de M. Bonnemant. L'exposition contenait trois cent vingt-une bêtes bovines, sur lesquelles cent onze étaient de la race parthenaise, qui donne des bœufs excellents pour le travail et pour la boucherie. Ces derniers sont aussi connus sous le nom de bêtes choletaises. La petite race pie du Morbihan fournissait soixante têtes.

En fait de bêtes ovines j'ai compté treize béliers southdowns, deux dishleys, dix brebis dishleys et quinze southdowns, un bélier mérinos et un de la race de Mortagne ; enfin une vingtaine de bêtes croisées pour la plupart avec des béliers southdowns ; ce pays n'a pas de troupeaux de bêtes ovines.

Il y avait trente cochons non croisés dont cinq français et vingt-cinq anglais ; enfin quinze bêtes croisées. Les volailles se composaient de quatre-vingt-cinq lots formés pour la plupart de trois volatiles.

M. Rieffel, le savant directeur de l'École régionale de Grand-Jouan, avait exposé hors concours huit vaches dont une durham, deux ayrshire, deux croisées durham-bretonnes, et trois ayr-durham-bretonnes, ainsi qu'un bélier et cinq brebis achetées à Babraham près Cambridge, chez le fameux éleveur Jonas Webb. Le bélier avait coûté avec son pareil, resté à Grand-Jouan, 14,000 francs. On avait acheté en même temps, en 1856, trente brebis chez le même. Grand-Jouan vend donc tous les ans un certain nombre de béliers du meilleur sang southdown.

Les machines et instruments d'agriculture arrivaient au chiffre de trois cent soixante.

L'exposition des produits était fort belle. MM. Rieffel et Liazard avaient de fort grandes collections : le premier avait vingt-neuf lots aussi hors concours ; le second, une collection de cent treize espèces de froments, une autre de plantes fourragères, vingt-deux variétés de pommes de terre, des sangsues de divers âges, des toisons dishley, southdown, lavées à dos et en suint, enfin une toison de southdown croisé mérinos ; des crucifères, des racines et des tiges de sorgho. M. Crussard, directeur de la ferme école de Trécesson (Morbihan), avait exposé dix-sept lots de produits fort beaux et bien choisis.

M. Alphonse Liazard, au château de Tregnel, commune de Guémené-Penfao, arrondissement de Savenay (Loire-Inférieure), a été proclamé le meilleur cultivateur du département de la Loire-Inférieure, et a reçu la prime d'honneur. On lui a rappelé la médaille d'or reçue l'an dernier à l'exposition régionale de la Sarthe, au Mans, pour sa magnifique exposition de produits. Il a remporté six premiers prix, deux seconds prix, deux troisièmes, un quatrième prix et six mentions honorables pour son bétail.

M. Lotz aîné a reçu une médaille d'or, quatre d'argent, une en bronze ; MM. Renaud et Lotz, deux en or et deux en argent. M. Legendre, fabricant à St. Jean-d'Angely (Charente-Inférieure), a eu dix médailles d'argent pour sa très remarquable et fort nombreuse collection d'instruments agricoles, copiés pour la plupart sur ceux venus de la Grande-Bretagne, et qu'il vend fort bon marché. M. Berg, fabricant à Nozay, a reçu trois médailles d'argent et quatre de bronze.

La princesse Bacciochi, qui a acheté il y a dix-huit mois une grande étendue de bruyères qu'elle défriche dans le département du Morbihan, non loin de Vannes, avait aussi exposé divers animaux. Parmi le grand nombre d'exposants, j'ai compté une princesse, un duc, douze comtes ou vicomtes, deux barons, et seize personnes portant la particule. On voit avec plaisir que les grands propriétaires s'occupent de l'amélioration de leurs pro—

priétés. Ils rendent ainsi de grands services à leurs environs, par les bons exemples qu'ils donnent en y important de bonnes graines, de bons instruments ou machines, de bonnes races de bestiaux ; enfin le plus grand de tous ces services, qui est en même temps un devoir pour les gens riches et instruits, c'est de donner de l'ouvrage aux pauvres gens du pays.

J'ai fait pendant le concours la connaissance de M. de la Devansaye, demeurant au château de Marans, près de la terre du Bourg-d'Iré. Sa terre contient trois cent soixante hectares. Il a fait tout ce qu'il a pu, par achats et échanges, pour ne plus être morcelé, et il n'a plus que trois champs qui ne fassent pas un bloc avec le reste de la terre. Il ne cultive que quelques coins de son parc, dans lesquels il ne pouvait, lorsqu'il a commencé à s'occuper de sa propriété, nourrir que trois chevaux et deux vaches. Maintenant il y entretient sept chevaux ou poulains, et treize bêtes durham ou provenant d'un taureau de cette précieuse race. Il y a dix ans qu'il s'occupe à administrer et arranger sa propriété, et il est parvenu à doubler à peu près son revenu. Il a diminué l'étendue de ses fermes et de ses métairies, et a pu ainsi en augmenter le nombre. Voici un exemple d'un de ces arrangements : il a ôté à deux fermes, louées chacune 1,800 francs, sept hectares de terre, il leur a fait aussi à chacune quatre hectares de prés. Puis, à fin de bail, il a porté leur loyer à 2,500 francs ; cela fait 5,000 francs au lieu de 3,600. Les quatorze hectares, prélevés sur ces deux fermes, ont été ajoutés à dix hectares ôtés à une troisième ferme. Il a construit sur ces vingt-quatre hectares une petite ferme après y avoir fait six hectares de prés, et il la loue 1,200 fr. ou 50 francs l'hectare, ce qui est à peu près le loyer de ses fermes. Quant à ses métairies elles lui donnent sur la moyenne des dix années, un revenu plus considérable que celui des fermes, qui sont cependant sur les meilleures terres. Il a déjà pu transformer soixante-dix hec-

tares de terres labourables en bons prés, car une bonne
partie de sa propriété est située de manière à faciliter
cette amélioration ; ensuite le climat des environs de Segré est assez humide pour faire réussir cette transfor-
mation.

M. de la Devansaye dessine et peint fort bien. Il m'a
fait voir le portrait peint à l'huile du jeune taureau de
M. de Falloux, qui venait de remporter le premier prix
de sa catégorie. M. de la Devansaye est encore jeune et a
déjà acquis bien des connaissances agricoles, en suivant
les travaux et améliorations de son voisin, le comte de
Falloux, et de son habile régisseur M. Lemanceau, digne
élève de l'ancien directeur de la ferme-école du Camp,
dans la Mayenne, M. Chrétien, qui à ma connaissance
forme bon nombre de bons régisseurs et chefs de culture.

Je suis allé faire un tour dans la jolie exposition d'horticulture, et j'y ai admiré grand nombre de fleurs déli-
cieuses, entre autres des calcéolaires de bien des nuan-
ces, des rhododendrums de bien des couleurs, des azalées
admirables, un assez grand nombre d'arbres résineux
encore rares, tels que le *pinus insignis*, dont le prix en
pot est de 2 francs, le *cupressus lambertiana*, *l'abies
spectabilis*, des sesquoyas hauts de trente centimètres
qu'on faisait 15 francs. Je n'avais jamais vu d'artichauts
aussi volumineux ; leur diamètre était de 0^m 15 centimètres, l'étiquette disait qu'ils venaient de semence. Des
poireaux avaient 8 centimètres de diamètre. J'avais remarqué sur le marché aux légumes et chez les fruitiers,
de très grosses carottes demi-longues de Hollande très
fraîches, comme si on venait de les arracher.

Je suis arrivé le 16 mai à Grand-Jouan où M. Rieffel
venait d'amener MM. Jamet et Gayot. Le savant et excellent directeur a commencé par nous faire voir son très
beau troupeau, dont le croisement avec des béliers southdown date de vingt-trois ans, et dont les moutons âgés

de deux ans se vendent de 50 à 60 francs la pièce. Nous avons admiré le second des béliers ayant coûté chez Jonas Webb 7,000 fr. la pièce, et les vingt-cinq brebis prises aussi en 1856 à Babraham. Les bêtes du concours régional n'étaient pas encore rentrées. Il nous a semblé que leurs produits femelles étaient plus forts que leurs mères, et cependant les terres de Grand-Jouan sont loin d'être meilleures que celles de Babraham qui du reste ne sont pas naturellement très fertiles.

M. Rieffel est toujours fort content de ses croisements durham-bretons, aux produits femelles desquels il donne un taureau ayrshire lorsqu'elles ne se trouvent pas abondantes en lait. Il nous a dit qu'il avait réformé quatre sur six vaches d'espèce kerry, dont on fait un si grand cas comme bonnes laitières en Irlande leur pays ; les deux qu'il a conservées ne sont pas bonnes laitières non plus ; elles restent comme échantillon de cette race. M. Rieffel a réformé aussi l'espèce devon et celle du west-highland : la première était devenue chez lui scrofuleuse ; la seconde convient seulement aux pays montagneux et froids. Comme ses formes sont parfaites et sa chair la meilleure connue, on devrait s'en servir pour croiser les vaches de nos montagnes les plus élevées. M. Rieffel a toujours sa vache durham de pure race, qui donne en 365 jours plus de 4,000 litres de lait, et plusieurs vaches de moyenne taille durham-bretonne et durham-bretonne-ayrshire dépassant le produit de trois mille litres dans une année révolue. Nous n'avons pas eu le temps de visiter la ferme où sont nourris les reproducteurs mâles et femelles encore jeunes.

Nous avons admiré l'école des céréales et des plantes fourragères. Le directeur est enchanté de la serradelle qu'il cultive en grand depuis quelques années, il la fauche au moment où elle est presque défleurie ; alors elle donne un excellent et très abondant fourrage dans les terres légères mais fumées, et comme sa semence est déjà arrivée à maturité, en la fanant elle s'égraine en partie, et la même terre fournit l'année suivante un abondant pâturage pour les bêtes à laine, car les bêtes bovines restent à l'étable.

Les lupins à fleurs jaunes viennent très bien à Grand-Jouan dans les terres qui n'ont pas encore été marnées ou chaulées, mais le berger n'est pas encore parvenu à les faire consommer à son troupeau, ce qui se voit assez souvent et qui doit probablement être attribué au peu de bonne volonté des bergers, car on voit le contraire ailleurs. M. de Béhague et plusieurs de ses métayers cultivent les lupins jaunes en grand, et leurs troupeaux les dévorent, malgré la grande amertume de cette plante, amertume qui sert de préservatif contre la cachexie aqueuse. Pour amener un troupeau à manger des lupins jaunes, il faut d'abord lui donner un peu de sa graine en hiver, après l'avoir fait tremper pendant vingt-quatre heures dans de l'eau froide, ce qui lui enlève une partie de son amertume. Après cela on lui donne des lupins récoltés au moment où ils sont près d'être mûrs; comme ils sont très difficiles à dessécher, on les met d'abord en petits tas ayant soixante-six centimètres de diamètre sur trente-trois de hauteur; au bout de huit à dix jours, on réunit cinq tas en un, ayant le soin de ne pas tasser ce fourrage, afin que l'air puisse pénétrer les tas, et on les laisse ainsi jusqu'à complète dessiccation. On les donne au troupeau sans les battre, et comme les bêtes y trouvent de la graine qu'elles avaient appris à manger, elles finissent aussi par s'accoutumer au fourrage sec, et une fois qu'elles mangent les lupins secs en hiver, elles ne sont pas longtemps à s'habituer à manger ceux qu'on a semés après la moisson des seigles, pour leur être livrés dans les champs. Au reste, pour faciliter aux bêtes de s'accoutumer à cette nourriture amère, on sème avec les lupins de la serradelle, ou d'autres fourrages peu difficiles sur la qualité de la terre. Cette plante a le mérite de venir dans les plus mauvaises terres, pourvu qu'elles ne contiennent pas de calcaire ; mais elle produit plus lorsqu'elle vient après un seigle qui a reçu du fumier, que s'il n'en avait point obtenu. Les lupins jaunes, dans les mauvaises années, donnent de quatre à six mille kilogrammes de fourrage sec contenant encore sa graine pas bien mûre, et M. de Nathuzins, le meilleur cultivateur de tous ceux que j'ai visités dans mes quatre voyages en Allemagne, m'a assuré que dans les dix-sept années pendant lesquelles il a cultivé des lupins jaunes, il a récolté une fois jusqu'à douze mille kilogrammes de ce précieux fourrage à moutons.

On sème les lupins qui doivent fournir la graine dans les terres les plus maigres. Ils ne viennent alors pas haut et fournissent, suivant l'année, de quinze à trente hecto- litres de graine par hectare. On doit les faucher au mo- ment où les premières gousses brunissent, et on cherche à les faner comme je l'ai expliqué plus haut. On doit pour bien faire labourer pour eux, avant ou pendant l'hiver, et cela le plus profondément possible et dans les terres qui n'ont pas l'inconvénient de se battre par la pluie. On les sème après hersage à partir de la mi-avril ; on enterre la semence par un léger coup de herse, et on se garde bien de les rouler. Comme la graine est chère, 40 francs les cent kilogrammes chez les frères Simons, grainetiers à Metz, on fera bien la première année de les semer en lignes, ou en poquets comme les haricots, et alors pour ne pas perdre la graine dont les siliques s'é- clatent au soleil une fois mûres, de les faire récolter pour cette fois seulement à la main. Lorsque la graine n'est pas chère, elle est excellente pour engraisser du bétail, pour faire prospérer des agneaux. On peut aussi l'em- ployer à remplacer la moitié de la ration d'avoine des chevaux.

Les froments et les colzas sont fort beaux à Grand- Jouan, M. Rieffel espère récolter trente hectolitres de colza. Mais ce que lui manque pour cultiver une aussi grande étendue de terre, naturellement très pauvre et siliceuse, c'est de pouvoir acheter les engrais nécessaires pour obtenir de pleines récoltes, autant du moins que la température le permet. On ne lui accorde que 9,500 fr. pour acheter des engrais et principalement du guano, et encore les inspecteurs généraux d'agriculture examinent-ils si on ne pourrait pas réduire la somme. Le grand mal des fermes régionales est d'être obligées de verser au ministère des finances leurs recettes, et d'être forcées de demander au ministère de l'agriculture, qui ne reçoit rien de leurs produits, l'argent nécessaire pour acheter soit des engrais, soit du bétail pour remplacer les bêtes vendues grasses.

M. Rieffel nous conduisit le lendemain matin MM. Jamet, Gayot et moi, au château de Tréguel, commune de Guéméné-Penfao (Loire-Inférieure), terre située à environ vingt kilom. de Grand-Jouan, à la même distance de la ville de Redon, et propriété du lauréat qui venait de remporter la prime d'honneur à Nantes. Peu de temps avant d'y arriver, nous fûmes rejoints par ce très remarquable cultivateur; il revenait de Nantes où il avait encore obtenu un rappel de la médaille d'or qui lui avait été décernée l'année précédente au concours régional du Mans, pour son admirable exposition de produits; et avec cela trois médailles d'or, quatre d'argent et sept de bronze pour son bétail, sans compter les prix en argent. M. Liazard, après nous avoir présentés à Mme sa mère et à Mme Liazard, nous fit voir la partie de la culture la plus rapprochée de sa jolie habitation, ainsi qu'une partie de ses grands prés irrigués, qui ont été arrangés par l'irrigateur de la ferme régionale.

M. Liazard a acheté cette terre en 1851, il y a bientôt huit ans, pour 160,000 francs, les frais compris; elle était composée d'environ deux cent quatre-vingts hectares dont soixante-cinq étaient en bois et trente en mauvais prés, avec une belle habitation récemment construite. Il y a ajouté depuis environ cinquante-cinq hectares, qui augmentèrent le prix d'acquisition de la somme de 31,000 fr. Il nous a dit qu'ayant nouvellement fait estimer sa terre, cette estimation montait à 463,500 francs, sans qu'on ait donné une valeur aux bâtiments, qui ayant été estimés à part, ont été portés à la valeur de 65,000 francs. La terre de Tréguel ne produisait en 1851 lorsqu'il l'a achetée, qu'environ 3,000 francs. Les cinq métayers qui s'y trouvaient, cultivaient ensemble moins de quarante hectares, le reste des terres était en friche ou bruyères et landes, excepté trente hectares de mauvais prés ; aussi ces pauvres gens étaient-ils vraiment misérables. Sur les cinq métayers, trois habitaient la basse-cour, car l'ancien propriétaire ne cultivait pas. M. Liazard proposa à ces braves gens les conditions suivantes, s'ils voulaient rester avec lui.

Nous ferons, dit-il, estimer par experts, combien en moyenne vous pouviez mettre de côté après avoir vécu, vous et les vôtres, et je vous garantirai de vous indemniser, si d'après notre nouvelle culture, vous aviez moins que précédemment. Nous irons ensuite chez le notaire ; vous me reconnaîtrez le droit de vous renvoyer de la ferme à la St-Martin de chaque année si je ne suis pas content de vous, cela toutefois en vous prévenant six mois d'avance ; vous vous engagerez aussi par bail, à suivre tous les ordres que je vous donnerai. Je réduirai l'étendue de vos fermes à vingt-cinq hectares de terres rassemblées autour des bâtiments de votre ferme, et vous aurez avec cela cinq hectares de prairies le plus près possible. Nous serons à moitié pour tout, excepté pour les fourrages qui devront être consommés dans la ferme. Je vous fournirai tous les engrais nécessaires pour être ajoutés à ceux que vous ferez dans votre ferme, afin que vous puissiez compter sur de très belles récoltes, autant que le temps le permettra, et vous me rembourserez sur les deux premières récoltes , la moitié du prix des engrais.

Trois des métayers refusèrent ces conditions et s'en allèrent ; les deux autres qui n'avaient que des enfants trop jeunes pour pouvoir bien travailler, ce qui les eût empêchés de trouver des fermes, restèrent, faute de pouvoir mieux faire. M. Liazard les plaça dans des fermes situées au milieu de leurs vingt-cinq hectares de terres, et leur alloua cinq hectares de prés le plus près possible de leur habitation.

Il partagea les terres de ces fermes en quatre soles, chacune de six hectares, dont une produisait du colza repiqué sur une terre bien cultivée et ayant reçu par hectare pour 300 francs d'engrais ; la seconde sole était en froment qui recevait l'engrais pulvérulent qu'il pouvait supporter sans risque de verser ; la troisième sole était moitié en trèfle et moitié en trèfle incarnat ou bien en vesces d'hiver. On repique des betteraves ou rutabagas après l'enlèvement de l'incarnat , et on sème de l'avoine ou du sarrasin après la vesce et le trèfle ordinaire, on y plante des choux branchus, des pommes de terre, on y fait aussi le plant du colza, etc., etc.

En résumé M. Liazard a fourni à ses métayers tout l'engrais qui peut être employé utilement, et il leur a fait faire toutes les cultures et les sarclages nécessaires pour assurer de bonnes récoltes. Ces deux métayers avant son acquisition, ne donnaient guère à eux deux annuellement, que mille à onze cents francs à l'ancien propriétaire pour une étendue d'une centaine d'hectares qu'ils occupaient ensemble. Ils sont arrivés au bout de quelques années à fournir au nouveau propriétaire environ 11,000 francs, c'est-à-dire dix fois plus. Ils sont maintenant à leur aise, sont bien meublés, vêtus convenablement et ont enfin l'air d'être heureux. L'une de ces métairies a produit en 1856, année peu productive, une moyenne de trente six hectolitres soixante douze litres de froment par hectare. Leurs étables sont pleines de bêtes à cornes dont moitié leur appartient, et les récoltes que j'ai vues dans leurs champs sont de toute beauté, tant en colzas qu'en céréales et en fourrages. Les récoltes sarclées promettent beaucoup, elles sont bien nettes et en terre bien ameublie.

M. Liazard, ayant donné à ses deux premiers métayers soixante hectares, cultiva le reste, c'est-à-dire environ cent soixante-quinze hectares, qu'il augmenta petit à petit par des acquisitions. Il fit beaucoup de prés ayant trouvé moyen de conserver les eaux de pluie dans un étang et des pièces d'eau qu'il créa : ces eaux augmentées de celles produites par les sources et les rigoles de drainage, furent employées à de grandes et profitables irrigations. Il draina les terres les plus humides et chaula, quoique la chaux venant des environs de Chalonnes, en Maine et Loire, lui revînt comme à Grand-Jouan à 2 francs l'hectolitre. La plus grande partie de ses terres se trouvaient en landes peu garnies d'ajoncs ou de bruyères ; il y employa le noir animal avec succès, des os provenant des fabriques de boutons de Paris, des chiffons de laine, de la suie, des cendres lessivées venues de Nantes ou de Rennes. Cette dernière contrée lui fournit aussi des os à 12 francs les cent kilogrammes, car les grandes raffineries de sucre de Nantes les paient encore plus cher. Le guano vint aussi en grande quantité, ainsi que les têtes de sardines dont une barrique contenant deux cent trente litres, revient à 8 ou 9 francs ; tout cela fut employé à améliorer ces terres, qui passaient dans le pays pour être des plus ingrates.

Voici un des premiers essais de culture qu'il fit en arrivant, sur une grande pièce de terre voisine du château. L'ayant bien cultivée, il y sema du seigle, espérant le faucher en vert, mais il fut si mauvais qu'il ne devint pas fauchable ; il donna une bonne jachère, y mit pour 400 francs de ces engrais mélangés par hectare, et y repiqua en septembre du beau plant de colza, comme cela se fait dans les environs de Caen, pays de M. Liazard ; la récolte fut de plus de trente hectolitres par hectare. Il y remit pour 400 francs d'engrais, dont 100 francs de guano et 300 francs d'os. Il repiqua une seconde récolte de colza, qui dépassa trente-six hectolitres. La fumure suivante fut composée de guano et de fumier, chacun pour 200 francs ; il y repiqua une troisième récolte de colza, qui arriva à plus de quarante hectolitres par hectare ; sa quatrième récolte produisit une superbe vesce mêlée d'avoine d'hiver, suivie d'un froment admirable, et il nous montra la sixième récolte, qui, en vesce et avoine d'hiver, a, vers le 20 mai, quatre pieds de haut et se trouve d'une épaisseur extrême.

Les autres champs sans avoir été fumés d'une manière si énergique, sont cependant couverts de très belles récoltes de froment, d'avoine d'hiver et de printemps ; les récoltes sarclées promettent d'être belles ; les vesces, les trèfles ordinaires et incarnats sont superbes ; les colzas très hauts et épais sont bien grainés ; les choux de Poitou admirables.

M. Liazard, ayant des bois de pins des Landes âgés de trente ans et plus, en a défriché, car ils ne profitaient plus guère ; ils ont fourni les bois de construction, pour plusieurs petites fermes qui sont en pisé, avec toitures couvertes en ardoises, excepté celles des hangars qui sont de papier goudronné. Ces fermes neuves ne lui sont revenues qu'à 5,000 francs, en n'évaluant pas la valeur du bois employé pour les charpentes et la volige. Ces bois ont été sciés par la machine à battre locomobile à vapeur de Lotz. On la démonte une fois que toute la récolte est battue, ce qui dans l'Ouest se fait de suite après la moisson. La machine à vapeur lui sert aussi à dessécher les os de manière à pouvoir les écraser facilement, ce qu'il fait en mettant quatre cents kilogrammes d'os dans une espèce de générateur, auquel il applique six atmosphères de vapeur, et en quatre heures les os sont en état d'être facilement pulvérisés.

Il a aussi augmenté de beaucoup sa basse-cour, et y a fait construire plusieurs grands hangars couverts en papier, employé ici d'une manière différente de celles que j'avais vues jusqu'à présent. Au lieu de l'appliquer en travers de la toiture, on le pose à cheval sur elle, c'est-à-dire descendant depuis le faîte des deux côtés ; on en met aussi deux épaisseurs goudronnées des deux côtés du papier : les feuilles de dessus recouvrent les joints de celles de dessous. Le goudron employé par M. Liazard, au lieu d'être du goudron de gazomètre seul, est un mélange par tiers de ce dernier, avec du goudron de marine et du bray gras. Je ne sais si c'est à ce mélange qu'on doit attribuer l'effet extraordinaire des étincelles sorties de la petite cheminée de la machine à vapeur placée sous un de ces hangars. Lorsqu'elles atteignent la couverture en papier, elles forment des trous ne devenant jamais plus grands que la main, après quoi le feu s'éteint. Un très grand hangar qui sert de grange, et dont la couverture est aussi en papier, n'a coûté que 600 francs, en ne comptant pas la valeur du bois pris et scié sur la propriété.

Le bétail, nourri sur la ferme de la réserve qui a maintenant quatre-vingts hectares de terres et trente de prés, est l'équivalent de soixante têtes de gros bétail, mais M. Liazard ajoute aux fumiers tous les engrais achetés, nécessaires pour obtenir des récoltes complètes, autant que la saison le permet. Bien peu de cultivateurs français suivent cette excellente méthode. C'est cependant le véritable moyen de gagner de l'argent au lieu d'en perdre

J'ai été étonné que M. Liazard n'ait pas encore adopté la meilleure manière de faire le fumier, consistant à le laisser sous les chevaux comme sous les bêtes bovines pendant au moins quinze jours et même jusqu'à trois mois, si l'élévation du plancher au dessus des animaux le permet, mais pour cela il est essentiel de le tenir toujours bien plat sous les bêtes, en rejetant journellement sur le devant, le fumier qui s'est accumulé par derrière ; on doit aussi saupoudrer avec de l'argile bien séchée et émiettée, les parties humides du fumier, et mettre un peu de paille par dessus la terre. Faute d'argile en état d'être employée, on peut se servir de cendres de houille (dont on a séparé les escarbilles), de marne pulvérisée, de sciure de bois, ou de tourbe. On ne sort ce fumier de dessous le bétail, que pour le conduire dans les champs qui doivent être fumés. On l'enterre de suite, si cela se peut, ou bien on forme un tas dont les couches doivent être séparées par de minces couches de terre. Le tas une fois achevé, est complétement recouvert de terre bien battue, afin d'éviter le plus possible la fermentation et l'évaporation de l'ammoniaque. La basse-cour de M. Lia-zard contient une immense forme de fumier posée sur une grande citerne, qui reçoit les urines des étables et les jus de fumier ; on arrose fréquemment avec les urines recueillies ce tas, qui a maintenant près de deux mètres de hauteur. Une guérite servant de cabinet aux gens de la basse-cour, est placée sur une partie de la citerne, dont le trop plein ainsi que les eaux de la cour se rendent dans une des maîtresses rigoles servant aux irrigations.

Les écuries et étables sont simples, mais très commodes ; il s'y trouve des *boxes* pour les juments poulinières et les vaches allaitant des veaux. Il y a deux juments de pur sang ayant des poulains ; les vaches sont de diverses races, ayrshire, cotentine, bretonne et croisée durham, car il n'a pas de taureau, et profite du voisinage de Grand-Jouan où se trouvent de beaux taureaux durham. Les vaches bretonnes comparées ici aux nantaises pour le produit en lait, n'en donnent pas plus à égalité de nourriture, et infiniment moins que les cotentines. La porcherie est considérable, et ne contient que des new-leicester venant de chez M. de Ste-Marie. La bergerie est composée d'une soixantaine de bêtes croisées southdown-mérinos, ou dishley-mérinos.

M. Liazard a fait faire en bois, un modèle de disque du rouleau Croskyll ayant soixante-quinze centimètres de diamètre. Il a fait fondre dix-huit disques dont quatorze sont employés dans son rouleau, les autres devant servir à remplacer ceux qui viendront à manquer ; la fonte employée n'étant que de première fusion, la dépense n'a été que de 300 francs. Les métayers de ce pays ne se servent que de charrues Rosé. M. Liazard a des Dombasles, des scarificateurs et houes à cheval. Il a ajouté à sa machine à battre de Lotz allant par la vapeur, un secoueur de son invention, qui lui économise cinq personnes, mais il lui faut encore vingt-cinq hommes et deux femmes pour battre et vanner par jour, de cent quatre-vingts à deux cents hectolitres de froment.

Les journaliers de ces environs gagnent à cette époque les hommes 1 fr. 50 cent., et les femmes 75 cent.

M. Liazard a conservé, autant que possible, des arbres pour servir d'abri à ses fermes, et a planté des arbres résineux autour de celles qui n'en avaient pas, car le voisinage de la mer est souvent exposé à des vents terribles.

Son assolement est quadriennal : 1re sole, colza avec cinq mille kilogrammes de têtes de sardines, ou de quinze cents à deux mille kilogrammes de chiffons de laine, ou enfin cinq cents kilogrammes de guano ; cette récolte lui donne depuis vingt-huit jusqu'à quarante-deux hectolitres par hectare ; 2me sole, froment auquel on donne du guano si c'est utile ; il a eu il y a trois ans trente-sept et l'an dernier trente-quatre hectolitres de froment par hectare en moyenne ; 3me sole, moitié en trèfles, le reste en vesce mêlée d'avoine d'hiver, après laquelle on sème du trèfle incarnat hâtif. Il est fauché de bonne heure pour la nourriture en vert, et on y repique des betteraves, formant une partie de la quatrième sole, qui produit aussi de l'avoine, du plant de colza, et des choux branchus du Poitou.

L'école des céréales et des fourrages contient cent quarante-cinq variétés de froments, cultivés à la vérité sur une très petite étendue. Le fourrage le plus remarquable pour moi dans cette école de plantes et qui m'a étonné par sa précocité (nous étions au 18 mai), et pour son très abondant produit, est le ray-grass Pille, que M. Rieffel a cultivé avec succès à Grand-Jouan. Celui dont je parle était bon à faucher, il avait un mètre de hauteur et était d'une épaisseur extrême, sans que ses tiges fussent encore sorties de leurs gaines : une fois fauché et enlevé, on le laboure pour le remplacer par un autre fourrage, tel que sorgho de Chine, maïs, moha, millet à grappes, ou serradelle.

Plusieurs avenues garnies de beaux arbres mènent au château ; elles sont macadamisées ainsi que les chemins principaux de la propriété, et les autres sont bien entretenus. Ces avenues aboutissent à une cour anglaise ornée de belles fleurs et arbustes ; un bélier et deux brebis dishleys en broutent le gazon.

Les deux plus anciens métayers n'avaient il y a sept ans lors de l'acquisition de cette terre, que des enfants trop jeunes pour faire les travaux de culture. Ils sont grands maintenant. Les parents étaient misérables alors ; ils ont maintenant l'air d'être à leur aise, sont bien meublés, ont un grand nombre de bêtes à cornes, dont la moitié est leur propriété.

Leurs grandes cours sont garnies d'une couche épaisse de litières de bruyères et ajoncs, et leurs fumiers en partie à cause de ce genre de litières, sont énormes. Trois années après leurs arrangements avec M. Liazard, leurs récoltes étaient déjà si abondantes et belles, que lorsqu'il eut à louer des métairies nouvellement construites au milieu des vingt-cinq hectares de terres labourables, il n'avait plus que l'embarras du choix parmi les nombreux concurrents. Ce qui est certain, c'est que les récoltes de ces braves gens sont toutes belles, et qu'une partie en est très belle, et si l'on juge du fonds de ces terres, par les fossés nouvellement creusés, on est tout étonné de voir d'aussi belles récoltes sur de pareilles terres.

Les métairies sont entourées par des fossés avec le contenu desquels on a formé des murs gazonnés ayant quatre pieds de haut. On peut donc enfermer du bétail dans ces champs sans craindre qu'il en sorte.

M. Liazard, après avoir vu qu'il tirait un si bon parti de ses métairies, en fournissant l'instruction et tout l'engrais nécessaire à chaque espèce d'emblave, loua d'un de ses voisins pour dix années, deux domaines ou fermes. Il paie pour la première, d'une étendue d'environ quatre-vingts hectares dont les trois quarts étaient en friche, 1,100 francs. De la seconde qui ne contient que vingt-sept hectares mais tous en culture, il paie 900 francs. Les deux métayers qui les occupaient acceptèrent sans hésitation ses conditions ; et ayant obtenu de lui dans les deux premières années chacun pour 3,600 francs d'engrais achetés, il eut, après la réalisation des récoltes de la première année, plus de 2,000 francs de bénéfice net, bien entendu les engrais et les loyers acquittés, et plus du double après la seconde année de son administration.

J'ai prié M. Liazard de me dire quelle somme était nécessaire pour mettre une métairie de trente ou quarante hectares dans la bonne position où il est parvenu à mettre les siennes au nombre de neuf. Il m'a dit, que le cheptel de la métairie devait être en commençant de 2 à 3,000 francs, et que si le métayer possédait un mobilier aratoire convenable, il fallait lui fournir chacune des deux premières années pour 1,500 francs d'engrais achetés. L'augmentation du produit net des deux premières années, suffirait grandement à continuer cette emplette d'engrais, et amènerait de bonnes et profitables récoltes, et peu d'années après la première avance, les 3,000 francs redeviendraient disponibles pour être employés à l'amélioration d'une seconde ferme et ainsi de suite, si l'on n'avait pas les moyens de marcher plus vite, une fois la première expérience faite et les bons résultats obtenus.

La commission pour la prime d'honneur, qui a vérifié la comptabilité de M. Liazard, a constaté dans son rapport imprimé que le revenu net de la terre de Tréguel a été en 1856, de 31,280 francs, et en 1857 seulement de 24,665 francs par suite de la grande baisse des céréales qui eut lieu cette année.

M. Liazard possède un bateau de trente-trois tonneaux de jauge, qui lui sert à transporter à Nantes ou à Rennes ses produits et à en ramener des engrais.

Il a institué parmi ses neuf métayers une prime d'honneur qui les stimule et engage à faire mieux que les autres.

Il a répandu autant que possible les meilleures semences dans ses environs. Tous ses animaux mâles sont à la disposition du public et cela sans rétribution ; aussi en a-t-on bien profité. M. Liazard pense que son exemple a été utile à l'amélioration de la culture de ses environs, car même les petits cultivateurs se servent maintenant de bonnes charrues. Ils font un peu de betteraves, des navets, des trèfles, du colza ; ils labourent plus profondément ; on vient beaucoup le visiter, ou le consulter ; c'est lui qui a importé là la première machine à battre, et maintenant tout le monde bat ainsi.

Voici le détail des frais de battage avec sa machine à battre à la vapeur, locomobile, de Lotz aîné, qui lui a coûté 4,000 francs. Il bat avec elle de cent quatre-vingts à deux cents hectolitres par jour, après la moisson.

Charbon, quatre hectolitres et demi à 3 francs l'hectolitre.	13 fr.	50 c.
Huile et suif.	1	»
Un chauffeur.	5	»
Vingt-cinq hommes à 1 fr. 50 c. . .	37	50
Deux femmes à 75 cent.	1	50
Intérêts à 10 p. 0/0 pendant un mois.	13	50
Total.	72	»

En ne comptant que cent quatre-vingts hectolitres de battus, cela fait 40 centimes par hectolitre. Au reste, une preuve que M. Liazard s'est rendu très utile aux culti-vateurs de son arrondissement, c'est que le conseil dudit arrondissement a décidé, dans une de ses dernières délibérations, qu'il demanderait au Préfet qu'il fût accordé une récompense à M. Liazard pour les nombreux services qu'il avait rendus aux agriculteurs de ses alentours ; et cette délibération a été prise sans qu'il en eût été informé (1).

Je suis arrivé vers dix heures du matin au château de Treulan chez M. Bonnemant, qui avait remporté tant de primes au concours régional de Nantes ; il est au moment de recevoir la visite de la commission, qui doit juger les concurrents pour la prime d'honneur du concours régional du Morbihan, en 1860.

M. Bonnemant était arrivé la veille de Nantes d'où il rapportait la somme de 3,230 francs de primes. Il avait reçu en outre, six médailles d'or, six en argent, et le même nombre en bronze. Son exposition se composait d'un taureau durham acheté récemment chez M. le comte du Buat, dans le département de la Mayenne, deux tau-

(1) M. Liazard vient d'obtenir à la magnifique exposition agricole de Paris terminée hier, la grande médaille d'or pour son exposition de produits agricoles, une des plus nombreuses en objets, et des plus remarquables de ce concours, ainsi qu'une demi douzaine de médailles en or, argent et bronze, pour les animaux et autres produits agricoles, provenant de sa terre de Tréguel ; il est si assuré après une expérience datant de huit années, de l'immense avantage de sa manière d'administrer ses métairies, qu'il vient de louer environ six cents hectares, dans diverses parties de la Bretagne, afin de les améliorer ainsi, et aussi dans l'espoir que cet exemple, donné dans plusieurs localités, amènera d'autres propriétaires, témoins de ses succès, à suivre cette marche ; et je suis persuadé que si des propriétaires du centre de la France pouvaient visiter les métairies de Tréguel, ils reviendraient chez eux avec la détermination d'essayer, au moins sur une de leurs métairies, la marche si profitable adoptée par M. Liazard.

reaux ayrshire et cinq vaches ou génisses de cette jolie
race ; un taureau et quatre vaches de la race du Mor-
bihan, quatre cochons dont deux |de race middlesex ve-
nant de chez M. Pavy.

M. Bonnemant me fit voir, en attendant le déjeuner,
ce qui entoure le château, un nouveau potager très bien
soigné, un parc à l'anglaise planté d'arbres bien choisis
et qui sont d'une vigueur et d'une hauteur incroyables,
pour le peu de temps qu'ils sont plantés, huit ans. Les
tulipiers ont plus de vingt pieds de hauteur et de cinq à
six pouces de diamètre près de terre. Les lauriers de
Portugal et les lauriers amandiers, ont de dix à douze
pieds de haut ; les arbres résineux, parmi lesquels il
s'en trouve de très rares, sont aussi très remarquables.

La seconde façade du château ne se trouvant pas ornée, M. Bonnemant y a fait monter une serre chaude,
une serre tempérée et une orangerie. Ces serres sont
pleines d'arbustes et de fleurs rares, et il a établi dessous
des voûtes, qui contiennent une laiterie dont les vases
sont en porcelaine opaque.

M. Bonnemant a inventé une nouvelle baratte qui se
nettoie très facilement et qui au moyen d'un volant et
d'engrainages, n'exige que peu d'efforts pour la faire
fonctionner. J'ai vu faire le beurre ; j'en ai mangé à déjeuner, et j'ai dû faire mon compliment à l'inventeur de
la baratte, ainsi qu'à la maîtresse de la maison, sur la
qualité de son beurre. La laiterie est tenue avec une propreté exemplaire.

La terre de Tréulan est située à six kilomètres d'Auray
et à deux de la chapelle de Notre-Dame d'Auray. Son
étendue est d'environ trois cents hectares. M. Bonnemant en est devenu propriétaire il y a neuf ans. Elle
n'était pas habitée par les vendeurs, et par suite en fort
mauvais état. Il s'y trouvait une douzaine de petites fermes
dont les tenanciers n'ont pas voulu devenir métayers, et
ils sont restés comme ils étaient, sans faire la moindre

amélioration à leurs cultures. M. Bonnemant s'est réservé une centaine d'hectares dont une vingtaine sont
couverts d'une fort belle futaie. Le reste était en grande
partie en bruyères humides qu'il a défrichées aux trois
quarts ; il en a fait trente hectares de prés, et tient le
reste sous la charrue. Il continue le défrichement de
ses bruyères, qu'il défonce à cinquante centimètres de
profondeur.

Ce défrichement et ce défoncement ont produit une immense quantité d'énormes pierres, employées en partie
à des constructions, à macadamiser ses chemins et à l'em-
pierrement de deux mille cinq cents mètres d'une route
départementale, qui vient de la chapelle de Notre–Dame
d'Auray, et traverse toute sa propriété ; il a avancé pour
cela les fonds sans prélever d'intérêts, mais a été remboursé peu d'années après.

M. Bonnemant a déjà drainé une quarantaine d'hectares de ses défrichements, et s'occupe de drainer les autres, ce qui est absolument nécessaire dans ce pays plat
et excessivement humide. Il met ses rigoles à dix mètres
les unes des autres, et il a été obligé de faire les rigoles
principales d'une très grande profondeur ; elles sont garnies de murs en pierres sèches. La partie la moins difficile de ces maîtresses rigoles lui a coûté 50 centimes le
mètre courant. Les plus difficiles ont coûté 1 franc 50
centimes, et il en a fait mille huit cents mètres : tout cela
est parfaitement entretenu ainsi que les chemins de sa
propriété. Tous les prés créés par M. Bonnemant, ont
été semés avec des graines mélangées fournies par la maison Vilmorin. Ils sont très beaux et garnis de légumineuses. On y voit des tas considérables de composts destinés à leur amélioration.

M. Bonnemant a planté dix-huit cents pommiers à cidre,
dont la plus grande partie ne sont pas encore en fleurs
ni feuillés ; cette espèce en se développant si tardivement
est moins sujette à être gelée. Il a pris il y a trois ans l'ex-

cellente habitude de mêler deux kilogrammes de chiffons de laine à la terre sortie des trous destinés à la
plantation d'arbres ; aussi viennent-ils depuis lors avec
une grande vigueur, et les récoltes qui se trouvent au
pied de ces arbres sont-elles remarquablement belles.

M. Bonnemant s'est mis à semer ses froments par poquets, et ceux qu'il a semés de bonne heure, sont d'une
beauté telle, qu'il est à craindre qu'ils ne versent. Ses
froments de mars, sont déjà aussi forts que de bons froments d'hiver. J'ai vu de petits champs d'avoine écossaise de plusieurs variétés, qui sont d'une beauté remarquable, ainsi que les trèfles mêlés de ray-grass d'Italie,
et les pommes de terre ; la moitié de ses betteraves sont
bien levées et très nettes, et on repique maintenant le
reste du champ. M. Bonnemant repiquera ses rutabagas
en juin, ils donnent dans ce climat très humide et sur
de fortes fumures, des produits extraordinaires, allant
de soixante-dix à quatre-vingt mille kilogrammes par
hectare. Il m'a dit que ses choux à vaches lui donnent de
tels produits, qu'en les évaluant en valeur de foin, ils
ont été portés par MM. Jamet et Crussard, au taux de
quarante mille kilogrammes de foin. Il a défoncé une
terre excessivement pierreuse pour y planter de la vigne ;
il a fait aussi défoncer dans des terrains du même genre
et pas cultivables tant ils sont rocheux, des bandes
d'un mètre de largeur, séparées les unes des autres par
deux ou trois mètres, et y a planté des pins sylvestres.

M. Bonnemant ne s'astreint point à un assolement
fixe, mais ne met pas deux céréales de suite, et cherche
à faire le plus possible de nourriture pour le bétail, qu'il
augmente autant qu'il peut. Le nombre actuel est de
cinq chevaux de trait, deux de luxe, trente une bêtes de
pure race ayrshire, dont moitié ont été importées d'Ecosse et le reste est né à Treulan ; là-dessus il y a neuf
taureaux. Il y a aussi deux vaches et une génisse angus,
quatre taureaux et vingt une femelles de la race du Mor

bihan, auxquelles il va donner son taureau durham, qui saillira aussi, j'ai lieu de le croire, une partie des vaches d'Ayr. L'importation des bêtes ayrshire qui ont été choisies dans les meilleures vacheries du pays, a coûté à M. Bonnemant 14,125 francs. Ses élèves de bêtes bovines sont si bien soignés et nourris qu'ils sont très recherchés et par suite bien vendus ; ses veaux ayrshire âgés de quatre à cinq mois arrivent à 250 francs.

Sa porcherie s'élève au nombre de vingt-trois têtes ; il vend les porcelets âgés de deux mois 25 francs pour être engraissés. Il avait des cochons berkshire et du comté de York, des new-leicester et des coleshill, il vient d'y ajouter un verrat et une truie middlesex de chez M. Pavy. Cette porcherie est très bien tenue et fort belle : on y voit des truies allaitant de nombreux porcelets âgés de deux et trois mois, et qui sont malgré cela encore en fort bon état.

Sa volaille est des espèces dorking et de Cochinchine.

Cette assez grande culture m'a paru être aussi soignée que celle des jardins maraîchers peut l'être. M. Bonnemant met pour ses récoltes sarclées cent mètres cubes de fumier bien fait. Il achète chaque année de soixante à soixante quinze mille kilogrammes de paille à raison de 15 francs le mille.

Le drainage fait à distance de dix mètres, et à un mètre vingt centimètres de profondeur, lui coûte en moyenne 300 francs par hectare. M. Bonnemant emploie une immense quantité de journaliers, les hommes à 1 fr. 10 c. et les femmes à 60 centimes en été. M. Bonnemant loge un grand nombre de ses meilleurs ouvriers, dans des maisons à lui, en leur louant avec la maison cinquante ares pour y faire du chanvre et des pommes de terre. Son maître terrassier est logé et gagne 365 francs. Le maître valet qui est des environs, n'a que 200 francs et le logement. Les journées de maçon se paient 1 franc 60 centimes.

Le lait écrémé doux, se vend à Auray 7 cent. 1/2 et dans les environs 5 centimes le litre.

M. Bonnemant achète le plus de cendres possible, il paie celles qu'on lui apporte 2 francs l'hectolitre, et le double pour la barrique de deux cent trente litres de suie ; celle de tangue se paie quarante centimes. On en met cent barriques par hectare, il faut aller la chercher au port d'Auray qui est à sept kilomètres de Treulan.

Voici la dépense des travaux de défrichement d'une bruyère, et son ensemencement en prés, pour un hectare : Etrépage (terme de la localité qui veut dire peler légèrement la surface), 15 francs ; premier labour avec six chevaux, deux jours et demi, 60 francs ; piochage des bandes de bruyères, nivellement, brulis des racines et épines, épandage des cendres, 125 francs ; 100 francs de tangue ; deux seconds labours et hersages, 28 francs ; guano ou charrée, 130 francs ; semence de prairie et semaille, 60 francs ; total : 518 francs. Le foin de la première année est de deux mille cinq cents à trois mille kilogrammes : on répand ensuite sur le pré cinquante mètres de compost contenant vingt-cinq mètres de fumier. Le foin de la seconde année et des suivantes arrive à quatre et cinq mille kilogrammes. Le fond de terre de ces défrichements et le climat pluvieux, sont éminemment convenables à la formation des prés, aussi M. Bonnemant compte-t-il en faire soixante hectares.

Il vient de construire une nouvelle basse-cour, composée d'une belle grange, contenant une machine à battre avec manége à chevaux. Elle contient de beaux greniers au-dessus de l'endroit où se trouvent le hache-paille, le laveur et le coupe-racines, etc., etc.; un vaste hangar occupé par les voitures et l'assortiment des instruments fabriqués par M. Bodin, une charrue et un semoir de Grignon, une faneuse et un rateau à cheval de Howard ; il s'y trouve aussi une belle porcherie et sa cuisine. Les jolies vaches ayrshire sont logées dans l'ancienne basse-cour et dans une belle étable qui contient vingt-quatre têtes. Les stalles sont séparées de manière à ce qu'elles ne puissent pas se battre ; les huit veaux existant dans ce moment sont logés dans l'étable jusqu'à leur sevrage, qui n'a lieu que vers l'âge de cinq ou six mois ; cet arrangement leur réussit à merveille, car ils sont très beaux.

M. Bonnemant a eu la bonté de m'envoyer dans la terre que la princesse Bacciochi est en train de défricher. Son habitation se compose d'un grand châlet fait à Paris, et qui une fois arrivé sur les lieux, a été achevé au bout de six semaines, m'a-t-il été dit par le régisseur, jeune cultivateur de la Brie, que la princesse a pris dans une autre terre. Cette propriété est à vingt-deux kilomètres de Treulan. La princesse était absente, et son régisseur m'a fait visiter sa basse-cour et une partie des terres qu'il a défrichées. Ce chef de culture m'a dit que la princesse avait acheté de la commune de Grandchamp, sept cents hectares de bruyères à raison de 80 francs l'hectare : il aura voulu dire l'arpent ou toute autre mesure, car un hectare de bonnes bruyères pour 80 francs, me paraît un prix impossible, à l'époque actuelle. On a établi une espèce de basse-cour composée de deux bâtiments en pierres, et par derrière des vacheries, bergeries et porcheries, construites en planches. Une des constructions sert à loger une brigade de gendarmes à pied. Ils ont défriché un coin de bruyère dont ils ont fait un jardin potager, qui a l'air d'être productif. La princesse leur a donné des arbres fruitiers qu'ils y ont plantés. La vacherie contient une vingtaine de vaches ou génisses bretonnes, la bergerie ne contient que des moutons communs. La porcherie est peuplée de beaux cochons des races essex et berkshire. Le chef de culture m'a conduit ensuite dans un grand potager partagé en deux et entouré de murs, qui sont garnis d'espaliers nouvellement plantés.

On a défriché une cinquantaine d'hectares qui ont été ensemencés en vesces d'hiver et de printemps et d'avoines,

mais qui ont l'air de souffrir infiniment de l'acidité de la
terre de bruyère, qui n'a reçu tout au plus que moitié de l'engrais nécessaire pour pouvoir espérer y obtenir des récoltes satisfaisantes. Il eût fallu pour cela donner au moins par hectare six hectolitres de noir animal
non frelaté ou quatre cents kilogrammes de guano du
Pérou, ou cent hectolitres de cendres, ou mille kilog.
d'os pulvérisés, ou enfin dix mètres cubes de chaux avec
quarante ou cinquante mètres cubes de fumier. Malheureusement on ne sait pas se procurer en Bretagne de la
chaux à un prix abordable, pour pouvoir l'employer
dans les terres où elle est cependant indispensable. Sur
les bords de la mer on la remplace par de la tangue,
mais lorsqu'on en est éloigné, cet amendement devient
trop coûteux. Il faudrait d'abord rechercher en Bretagne
les carrières de pierre calcaire, dont quelques-unes sont
connues, telles que celles des environs de Châteaulin
dans le Finistère, et d'autres lieux dont j'ai oublié le
nom. Là il faudrait fabriquer de la chaux. On devrait
dans les lieux où cette pierre manque, faire venir des cargaisons de chaux par mer, ou par le grand canal de Bretagne, soit des environs de Chalonnes, soit d'Alençon, soit
enfin directement d'Angleterre, où elle se fabrique fort
en grand et se vend très bon marché dans bien des ports
de mer. Sans calcaire on ne peut produire ni froment,
ni prairies artificielles, et sans elles on ne peut faire
beaucoup de fumier, la chose la plus indispensable en
culture.

Je me suis rendu le 21 mai d'Auray à Vannes, trajet
de vingt kilomètres, que je fis avec plusieurs cultivateurs
qui allaient au chef-lieu du département où se tenait ce
jour une des grandes foires de l'année. Je fis donc la connaissance d'un médecin-vétérinaire, d'un monsieur dont
le fils avait été à la ferme école de Trécesson où j'allais, enfin d'un riche propriétaire de la ville d'Auray : voici ce
que j'appris de ces messieurs : 1° le prix des petites

vaches bretonnes après leur premier vêlage, est maintenant de 100 à 110 francs ; 2° les fermes de ces environs ne se composent pour la plupart que d'une dizaine d'hectares de terres labourables et d'autant de landes ou de bruyères, ces dernières se trouvent dans les parties les plus humides où l'ajonc ne peut venir. La moitié de la ferme ne produit à peu près que de la litière, et ne paie pas de loyer. Les fermes sont louées à raison de deux paires par hectare de terres labourables ; si ce sont des terres à seigle, l'hectare produit au propriétaire quatre hectolitres de seigle estimé en moyenne à 9 francs l'hectolitre, dans ce moment il ne vaut que 8 fr. à 8 francs 50 centimes ; le loyer est donc estimé 36 fr. par hectare cultivé, ou pour dix hectares 360 francs. Si ce sont des terres à froment, celui-ci estimé à 16 francs. La ferme de dix hectares de terres cultivées paie 64 francs par hectare ou 640 francs en totalité, et les fermes se vendent ordinairement trente fois leur revenu ; ce qui ferait pour les fermes en terre à seigle de 11 à 12,000 francs, et pour celles à terres fromentales, 18 à 19,000 francs les vingt hectares, dont moitié en landes. Ce prix se donne pour des domaines qui ne sont pas engagés, connus aussi sous le nom de congéables, parce qu'à la fin du bail qui est ordinairement de neuf ans, on peut renvoyer le fermier sans avoir à lui rembourser d'après expertise, la valeur des bâtiments, des clôtures et des pommiers qui existent sur la ferme et se trouvent être la propriété du fermier d'un domaine engagé. Cette valeur peut monter de moitié, et jusqu'à égalité de celle des terres. Le bétail est habituellement la propriété du fermier et le métayage n'existe pas dans cette partie de la Bretagne.

Les environs de la ville d'Auray sont fort jolis, la petite rivière qui y a son embouchure y forme un bras de mer dont les bords sont fréquemment ornés par des maisons de campagne.

J'ai vu à Vannes et sur la route qui m'y conduisait,

une foule immense de campagnards, parmi lesquels on remarquait beaucoup d'hommes forts et de bonne taille. Le champ de foire d'une très grande étendue, était couvert d'une innombrable quantité de très petites bêtes bovines de l'espèce noire et blanche, il y en avait fort peu d'une taille moyenne ; de beaucoup de bons petits chevaux, mais généralement trop petits même pour la cavalerie légère. Je n'ai pas vu de bêtes à laine, et peu de cochons, qui sont de l'ignoble espèce à longues jambes et oreilles tombantes accompagnées de dos voutés ; je n'en ai aperçu que deux de race anglaise. La vente n'était rien moins qu'animée, on ne voyait pas de marchands.

Le bras de mer qui amène à Vannes des bâtiments portant jusqu'à cent cinquante tonnes, est bordé d'une très belle promenade plantée en ormes d'une grande hauteur ; les profonds fossés de la ville ont été transformés en jardins.

Je suis parti à cinq heures du matin de Vannes par un temps superbe et chaud après deux journées orageuses et très pluvieuses. Le pays que nous traversions était sauvage et couvert de landes et bruyères paraissant bonnes à défricher. En approchant de Ploërmel, la culture a l'air de s'améliorer, on rentre alors dans la partie de la Bretagne où l'on parle français.

J'eus la bonne fortune d'avoir pour compagnon de voyage dans le coupé, M. de Kersauson, capitaine de frégate et officier de la Légion d'honneur. Il a été pendant plusieurs années dans l'Océanie et dans l'île d'Otahiti, et m'a raconté des choses intéressantes sur ce beau pays. Il a visité plusieurs fois l'intérieur de l'Angleterre et avait cherché à profiter de ces visites pour acquérir des connaissances agricoles, qui seraient bien utiles, me disait-il, aux propriétaires de la Bretagne. Il m'a donné pour exemple une famille dont le chef est fort âgé et dont un des fils, ancien militaire, est censé administrer une propriété de huit cents hectares de bonnes terres assez fortes, qui ne produisent guère que 10,000 francs de rente. L'ancien officier se vante de prendre l'argent que ses métayers lui apportent, sans jamais s'occuper de ce qu'ils font ou de ce qu'ils vendent. Deux de ces métayers qui faisaient encore plus mal que les autres furent congédiés, mais comme leurs familles étaient depuis des siècles dans lesdites métairies, ils prièrent tant qu'on finit de guerre lasse, afin de s'en débarrasser, par leur dire que s'ils voulaient absolument rester, au lieu d'être métayers on leur louerait chaque ferme à raison de 1,000 fr. Ces métayers ne rendaient guère que 500 francs. Deux jours après ils revinrent et dirent qu'ils préféraient payer 1,000 francs que de s'en aller. Le vieux chef de famille ne voulait pas consentir à cet arrangement, disant qu'ils ne paieraient pas ; enfin on finit par leur accorder à 800 francs les fermes dont ils avaient consenti à payer 1,000 francs, sans avoir cherché à marchander, et voilà déjà quelques années qu'ils paient exactement. L'apathie de bien des propriétaires de ce pays est telle, qu'ils ne vont presque jamais voir leurs fermiers, et qu'ils ne connaissent nullement la valeur de leurs biens. Ils sont très hospitaliers, et mangent chaque année ce que leur métayers ou fermiers veulent bien leur apporter.

M. de Kersauson a commandé un grand bateau à vapeur qui était installé pour transporter mille chevaux. Leurs stalles étaient si étroites qu'ils ne pouvaient se coucher, et ce marin expérimenté assurait que c'était la meilleure manière de les transporter lorsque la traversée n'est pas trop longue. Ce bâtiment avait transporté dernièrement huit cents chevaux et cinq cents hommes d'Algerie à Gênes. Mon aimable compagnon de voyage m'a quitté à Ploërmel où il allait visiter un vieil oncle, avant d'aller dans sa famille qui demeure à dix lieues de Rennes, sur la route de Brest.

Je suis arrivé le même jour vers onze heures chez M.

Crussard au château de Trécesson, où se trouve la ferme-école dont il est le directeur. Mme Crussard, qui est alsacienne, conduit parfaitement ce grand ménage. Elle nourrit trois des professeurs de la ferme-école et ne leur prend que 300 francs par an. Il y a 30 élèves, que M. Crussard ne dirige que depuis trois ans. Il m'a dit être plus content des élèves bretonnants que de ceux dont la langue maternelle est le français. M. Crussard a une vingtaine d'hectares de prés qu'il a déjà drainés et irrigués en grande partie, et il est occupé à achever cette grande amélioration. Il y a cinq hectares de topinambours et la même étendue en ajoncs. Ces dix hectares lui rendent le plus grand service pour la nourriture d'hiver de son bétail, qui dévore avec avidité les ajoncs simplement passés au hache-paille de M. Bodin de Rennes, ainsi que les topinambours qui conviennent aussi bien aux chevaux qu'à tous les autres animaux de basse-cour. Il a défriché une partie de ses landes et pourra en défricher encore une dizaine d'hectares, le reste couvrant des côtes rocheuses ; celles-ci lui procurent beaucoup de litière. Il compte planter les parties de ces côteaux qui ne peuvent être cultivées, en cytises dont il projette de couper tous les ans les repousses, car son bétail en est très friand : je pense que ce taillis périrait si on ne lui laissait au moins une année pour se remettre d'avoir été coupé près de terre l'année précédente.

Les terres de cette propriété sont bonnes, mais ont beaucoup à souffrir de l'humidité et d'énormes haies, dont les grands arbres et les énormes tétards, augmentent beaucoup les mauvais effets. M. Crussard tient une comptabilité très régulière et bien détaillée. Son bétail est de race bretonne, mais il vient d'acheter chez le comte du Buat un taureau durham destiné à l'améliorer. Son troupeau de bêtes à laine est croisé southdown. Sa porcherie est très commode, mais elle n'a pas de petites cours pour chaque toit. M. Crussard avait d'abord eu

des cochons craonnais, ensuite il croisa des truies craon-
naises par des new-leicester. Il a trouvé ces derniers tellement supérieurs aux précédents, qu'il n'élève plus que
des porcs anglais. Ses enclos ont été agrandis par lui, de
manière à n'en pas avoir de moins de quatre hectares.

M. Crussard emploie tous les ans une certaine quantité
de chaux, qu'on lui amène par le canal de Bretagne pour
deux francs l'hectolitre. Il cultive en petit jusqu'à cette
heure les lupins à fleurs jaunes, ainsi que la serradelle.
Comme il dispose de pierres plates de nature chisteuse,
il s'en sert en place de tuyaux qu'il ne trouve pas à sa
portée. Son bail a encore une durée de quinze années;
comme il trouve sa ferme trop petite, il espère pouvoir
y ajouter bientôt une autre ferme qui touche la sienne.
Il va commencer à faucher en vert ses trèfles incarnats.

Le voyage de Trécesson à Rennes, vous fait traverser
pendant au moins huit lieues un triste pays. Je n'y ai remarqué qu'un seul champ peu étendu de trèfle incarnat,
pour toutes prairies artificielles, mais on y voyait pas
mal de prairies naturelles.

Une fois arrivé à quatre ou cinq lieues de Rennes, la
culture s'améliore, et plus on avance meilleure elle est.
Les maisons sont fort laides partout où on les construit
avec du schiste sans les recrépir. Là où les pierres manquent, on les fait en pisé qu'on recrépit et elles ont une
bien meilleure apparence. J'ai aperçu à la fin de cette
course beaucoup de beaux champs de trèfle, et une
grande pièce de terre, dont les trois quarts avaient déjà
été béchés par quatre hommes, qui continuaient leur
besogne.

Je me suis rendu peu de temps après mon arrivée à
Rennes à la ferme des Trois-Croix chez M. Bodin, qui
malheureusement était absent, ainsi que sa famille, et
j'ai infiniment regretté de ne pas trouver cet excellent
homme, un des meilleurs cultivateurs de France, le plus
grand fabricant de bons instruments et machines d'agri-

culture, qu'il vend fort peu cher. Le chef de pratique de cette très bonne école d'agriculture, m'a fait visiter d'abord les étables, que M. Bodin a construites à ses frais quoique n'étant que fermier. Elles contiennent une trentaine de bêtes, sont très commodes, ont coûté fort peu, et pourraient servir de modèle aux cultivateurs, ayant besoin d'augmenter leurs vacheries. Les vaches de M. Bodin sont des races cotentine, ayrshire, bretonne et des croisées durham ; il a un fort beau taureau de cette race. Le petit troupeau croisé southdown est fort beau ; il s'y trouve aussi quelques bêtes dishley.

M. Bodin a ajouté aux instruments qu'il fabriquait il y a deux ans, lorsque je l'ai visité, une charrue à peler les chaumes et dont on peut faire à volonté une défonceuse. Il établit aussi un rateau à cheval et une faneuse d'après les meilleurs modèles anglais. Il emploie plus de cent ouvriers dans sa fabrique d'instruments aratoires. Il sème toutes ses céréales avec le semoir à un cheval, qui, outre le grand mérite de pouvoir semer à diverses distances, a encore celui de ne coûter que 110 francs. Il sème les froments en séparant les lignes par trente centimètres, et obtient ainsi des récoltes qui arrivent de trente à plus de quarante hectolitres par hectare. Ses colzas lui ont donné l'an dernier quarante-trois hectolitres, et en promettent au moins autant, ils sont d'une épaisseur et hauteur extraordinaires. J'avais longé, en venant à la ferme, une grande pièce de trèfle dont la moitié, qui n'avait pas encore été fauchée, avait dix-huit pouces de haut, et la partie fauchée la première pour la consommation en vert, allait bientôt rattraper la hauteur du premier. J'avais aussi admiré une vesce d'hiver remarquable et un grand champ de betteraves dont une partie avait été semée en ligne et l'autre repiquée après du seigle et du trèfle incarnat, consommés aussi en vert.

Je suis parti de Rennes à sept heures du matin pour le Mans ; le chemin de fer traverse un fort beau pays jusqu'à Laval ; on y voit beaucoup de bons et beaux prés, de superbes plantations, et de grands étangs dont plusieurs pourraient être pris pour de petits lacs. En se rapprochant du Mans, les terres sont moins fertiles ; elles sont calcaires, mais n'ont pas assez de profondeur. Dans la moitié du trajet entre le Mans et Alençon, elles n'ont pas l'air d'être plus profondes ni meilleures ; mais plus on avance du côté d'Argentan, meilleures elles sont.

A St.-Pierre-sur-Dives j'ai visité M. de Lignerol, qui m'avait été indiqué comme le meilleur cultivateur des environs. Sa culture s'étend sur quatre-vingts hectares de terres argilo-calcaires assez fortes, contenant des parties pierreuses et ayant grand besoin d'être drainées. Elles forment un seul gazon. Quelques parties de ses champs de froment étaient belles, mais ils étaient généralement très inégaux. Je crois que cela doit être la suite de l'usage adopté dans ce pays de faire consommer les prairies artificielles sur place, en attachant les juments poulinières, leurs élèves sevrés (qu'on conserve ici jusqu'à l'âge de quatre et même de cinq ans), les vaches et les génisses, à des piquets qu'on change de place lorsque tout ce que ces bêtes peuvent atteindre est mangé. Comme elles laissent forcément des parties de trèfle qui se trouvent hors de leurs cercles sans être broutées, que leurs déjections ne sont pas également réparties sur la terre, enfin que le piétinement durcit encore ces terres argileuses, surtout quand elles sont humides, il en résulte des récoltes généralement inégales qui ne satisfont pas l'œil, et dont le produit n'est pas considérable.

J'ai vu aussi beaucoup de chiendent dans les terres qu'on était en train de labourer avec des charrues Dombasle attelées de quatre chevaux. J'avais vu la veille plusieurs charrues attelées de deux ou trois chevaux à la file, ce qui exigeait aussi outre le laboureur encore un conducteur. Les colzas ne sont pas beaux dans le pays que je viens de parcourir.

Je suis reparti de suite de Caen pour Cherbourg. Le commencement et la dernière partie de ce trajet, vous font voir un beau et bon pays, et de beaux herbages. Le milieu du voyage vous fait traverser un pays alternativement sablonneux et tourbeux, qui ne pourrait être amélioré qu'en l'endiguant, et en le débarrassant du trop d'eau, par des machines à vapeur, comme cela a lieu dans une partie des polders de l'Angleterre, de la Hollande et de la Belgique, car les ruisseaux et les fossés sont à pleins bords. J'ai visité durant cinq heures, le magnifique port et son arsenal, un vaisseau de ligne, une batterie flottante et une canonnière, le yacht de l'Empereur l'*Aigle* : enfin j'ai vu des plongeurs qui travaillaient trois heures de suite sous l'eau. Tout cela m'a émerveillé.

Je suis allé ensuite au château de Martinvast, que le général comte Dumoncel a construit, il n'y a pas long-temps, sur les fondations de l'ancien, dont on n'a conservé qu'une énorme tour. Le général était parti pour St-Lô, où il devait exposer une partie de son beau bétail. Mme la comtesse a été parfaite pour moi, et m'a donné un conducteur pour me faire parcourir cette délicieuse propriété, qui contient une ferme-école et un grand nombre d'usines, toutes construites par le général et dont les moteurs sont des chutes d'eau, excepté un des huit moulins, qui est desservi par le vent, et qui en manque rarement sur ce côteau très élevé et si rapproché de la mer. Un des moulins les plus considérables vient d'être récemment incendié ; ils travaillent pour l'approvisionnement de la marine militaire. La féculerie ne marche plus depuis la maladie des pommes de terre. J'ai vu une amidonnerie et une distillerie de betteraves, celle-ci a travaillé cet hiver un million de kilogrammes de ces racines.

La machine à battre, le hache-paille, les coupe-racines, le laveur sont desservis par une chute d'eau, ainsi que le malaxeur de la tuilerie, où l'on fabrique aussi de bons tuyaux de drainage et des briques creuses.

Le lait de quarante-cinq belles vaches cotentines se vend 10 ou 12 cent. le litre à Cherbourg. Le général a mandé à la comtesse qu'il venait d'acheter un taureau durham. Il n'élève que les génisses destinées à remplacer les vaches qu'on vend, et il achète des moutons pour les engraisser. Les récoltes de céréales, de colzas et de trèfles que j'ai vues sont fort belles. La ferme-école contient vingt-un élèves qui sont de force à bien travailler, ils sont fort bien tenus.

Je me suis trouvé en vagon avec un monsieur, qui m'a dit être l'ami du général et avoir acquis une propriété de soixante-dix hectares dans ce charmant pays de côteaux, afin de devenir son voisin. Il m'a dit que le général est d'une grande activité, qu'il se tient au courant de toutes les améliorations agricoles, qu'il cultive plusieurs fermes de sa propriété, dont l'étendue totale dépasse deux cents hectares.

J'ai quitté le chemin de fer à la station de Lison, pour me rendre à St-Lô, car l'embranchement qui y conduira n'est pas encore terminé. Les seize kilomètres que j'ai parcourus m'ont fait voir un beau pays, en bonnes terres assez bien cultivées ; la route était couverte de tombereaux transportant de la chaux venant d'un assez grand nombre de fours à chaux ; M. Mosselman en a construit sept. Il la vend 12 francs le mètre cube. On m'a dit qu'on était dans l'usage, aux environs, de chauler tous les cinq ans à raison de quatre-vingts hectolitres par hectare. On met la chaux par petits tas sur le champ très bien labouré, hersé et roulé, en la couvrant de terre, jusqu'à ce qu'elle soit amortie. On la répand le plus également possible et on l'enterre par de forts hersages. On sème ensuite le sarrazin qu'on remplace par du froment sans qu'on ajoute aucun autre engrais. Les récoltes étaient belles, mais cependant bien inférieures à celles que j'avais vues chez MM. Liazard, Bonnemant, et surtout Bodin.

Le concours régional de St-Lô nous a fait voir un grand nombre de bêtes d'espèce cotentine et normande, cent dix-sept vaches et cinquante-neuf taureaux ; cinq jolies vaches et génisses ayrshire, exposées par MM. Durécu, de la Boire, et Poutrel, dix-sept taureaux et vingt-quatre vaches ou génisses durham de pure race. En croisés durham il y avait sept taureaux et trente-deux femelles ; enfin dix autres croisements, dont deux angus, ces derniers exposés par M. de Caumont.

En bêtes à laine il s'y trouvait vingt-quatre béliers mérinos et quarante brebis, huit béliers et vingt-cinq brebis à longue laine, exposés comme bêtes blanches normandes, mais que je suppose être des croisés dishleys ou kent, cinq grandes brebis cauchoises à tête très-brune, autant de petites brebis ressemblant à des solognotes, vingt-cinq beaux béliers dishleys, et cinquante brebis pures ou croisées, cinq béliers southdowns dont un à M. Durécu, un à M. Poutrel, un au marquis de Verdun, deux à MM. Gernigon et de la Tréhonnais, vingt brebis de cette race partagées entre ces messieurs, cinq belles brebis charmoises à M. de la Boire, enfin une soixantaine de bêtes à laine diversement croisées.

En fait de porcs il y avait seize verrats et sept truies françaises ; j'y ai surtout admiré un mâle et une femelle exposés par M. Cécire, de Laigle, excellent cultivateur et éleveur. Il a aussi de fort bons new-leicester.

Le concours contenait encore dix verrats de cette race et deux middlesex ; ces deux derniers ainsi que des truies appartenaient au marquis de Verdun ; enfin vingt-quatre truies new-leicester, car je ne citerai pas les bêtes porcines croisées.

L'exposition des volailles était des plus remarquables non tant par le nombre des lots, que par la qualité. Il y avait trente-sept lots de poules et seize lots composés des divers autres habitants de basse-cour, les lapins et faisans compris. Mais je dois citer M. Durécu comme ayant non seulement les plus belles volailles, mais encore le plus grand nombre de lots choisis dans les meilleures espèces.

Quant aux instruments il s'y trouvait deux cent cinquante numéros exposés par des habitants de cette région. M. le comte de Kergorlay exposait à lui seul dix-neuf instruments ou machines des plus perfectionnés, parmi lesquels un semoir et une houe à cheval de Garrett qu'il a importés il y a déjà huit années, et je n'en ai encore vu en France que chez M. Gilles, fermier à Thieux, qui les a importés il y a trois ans, et qui sème et sarcle avec eux toutes ses céréales, vesces et racines. Les exposants du dehors de la région, avaient amené quarante-huit instruments ou machines, parmi lesquels le docteur Mazier, qui habite la ville de Laigle, avait exposé deux fort jolies machines à moissonner, dont j'ai vu l'une faucher parfaitement un pré lors du concours de Nantes. M. Gérard, fabricant à Vierzon, avait deux machines à battre très bonnes et bien exécutées, il les vend avec leurs manéges, l'une locomobile pour 2,500 fr. et l'autre à poste fixe pour 1,500 francs. M. Peltier exposait vingt-six instruments pour la plupart copiés d'après des modèles anglais, entr'autres un très bon semoir de Smith.

L'exposition des produits de M. de Kergorlay contenait cent quinze variétés de froments, vingt d'orge, quinze d'avoine, vingt-cinq de froments de printemps, de très grosses racines, enfin une belle et grosse motte de beurre. M. Piedune de Dieppe, fabricant d'instruments, exposait une centaine de variétés de froments importées d'Angleterre. L'exposition de beurre était bien remarquable ; il y en avait de coté à 2 fr. 75 c. et à 3 fr. 60 c. le kilogramme. M. Cécire de Laigle exposait de fort belles toisons mérinos, des bottes de lin très long, ainsi que des fourrages, des colzas d'une taille extraordinaire, d'énormes racines et des froments remarquables.

MM. Isidore Pierre et Layé, d'Allemagne (Calvados), présentaient des engrais de leur fabrication et leurs analyses. L'exposition horticole se composait des fleurs les plus ravissantes et contenait de jeunes arbres résineux et bien venants et d'espèces encore rares, entr'autres le *sesquoya gigantea.* Je termine par l'exposition des chevaux qui contenait soixante-douze étalons et cent soixante-dix-sept juments, que les connaisseurs admiraient fort.

Je suis allé faire une visite à M. Mosselman qui a des bureaux et de nombreux employés dans la ville de St-Lô. Il m'a dit que ses sept fours fournissaient plus de trente millions de kilogrammes de chaux par an. Ils sont construits sur les bords de la Vire, tous à une trentaine de kilomètres de cette ville. Cette rivière étant navigable amène les produits de cette immense fabrication au port de St-Lô pour 2 francs les mille kilogrammes ou à peu près l'équivalent du mètre cube, qui pris au four se vend 14 francs. M. Mosselman m'a dit que le chemin de fer qui va passer à St-Lô, côtoiera ses fours, ce qui lui permettra d'en augmenter le nombre ; chacun d'eux peut fabriquer de quarante à cinquante mètres cubes par vingt-quatre heures ; ils coûtent compris tout leur attirail, 35,000 francs chacun.

M. le comte de Kergorlay ayant invité plusieurs personnes, du nombre desquelles je me trouvais, à venir voir sa terre, ornée du grand et vieux château de Canizy, je visitai pour la seconde fois cette belle propriété si bien cultivée, moitié par lui, et le reste, quatre-vingt-dix hectares, par deux fermiers, qui en donnent 100 francs l'hectare. Il l'a cultivée pendant vingt ans tout entière, et lorsqu'il a commencé à l'améliorer, elle était louée 65 francs l'hectare. M. de Kergorlay nous a fait voir de fort belles récoltes en tous genres, de très belles vaches de demi ou trois quarts de sang durham — cotentin. Il achète autant que possible les meilleures laitières cotentines qu'il peut trouver, et il en a eu qui donnent à nouveau lait jusqu'à un kilog. vingt-cinq grammes de beurre par jour; il en a de croisées durham qui donnent sept cent cinquante grammes de beurre. Il vient de remporter au concours régional, le premier prix des taureaux durham adultes, ainsi qu'un assez grand nombre d'autres primes pour d'autres bêtes à cornes, ses cochons, sa très remarquable collection d'instruments, ainsi que celle de produits. M. de Kergorlay sème toutes ses céréales avec le semoir Garrett et les sarcle avec sa fameuse houe à cheval; il a le gros rouleau Croskyll.

Son taureau durham est en liberté dans une grande boxe qui a sa cour. La porcherie est nombreuse et chaque toit destiné aux truies a de même une cour. Le comte de Kergorlay vient de faire arranger sa vaste écurie avec tous les perfectionnements connus à cette époque. Il s'y trouve aussi des boxes qui contiennent de beaux poulains. Les vaches sont tenues au piquet dans les pâtures, ses prairies sont fort bien irriguées et ses moulins sont loués. Etant retournés après dîner a St-Lô, nous avons appris que M. de Kergorlay avait remporté la prime d'honneur, qu'il avait si bien méritée, pour avoir introduit depuis tant d'années dans ce pays les plus grandes améliorations connues, sans oublier le drainage.

Je suis allé coucher le 30 mai à Bayeux et de là je me rendis le lendemain à onze kilomètres de cette ville, pour faire ma visite à M. de la Boire, ancien magistrat qui s'est retiré à la campagne en 1831 et s'est entièrement livré depuis lors aux améliorations agricoles. Son beau château est placé à mi-côte sur une espèce de promontoire, entouré de trois charmantes vallées, bordées de côtes schisteuses couvertes de beaux bois. Cette terre a trois cents hectares d'étendue dont rien n'est loué. Sa culture s'étend sur soixante-dix hectares de terres, et il en a cinquante en prés, dont une bonne partie était en marais, que M. de la Boire a desséchés et assainis, en redressant les ruisseaux tortueux. Il a défriché le bas des côteaux boisés qui s'avançaient dans les prés, en faisant sauter les rochers schisteux, dont les pierres convenables ont servi à des bâtiments de culture considérables ; et leurs débris furent employés à boucher tous les creux naturels ou provenant des fouilles opérées pour se procurer le plus de terre possible, afin d'en couvrir ces masses de pierres enfouies, et d'obtenir des niveaux convenables pour l'irrigation desdits prés, que les retenues d'eau pour l'alimentation de son grand moulin, avaient transformés en marais. Le pied des côteaux est bordé de rigoles, qui servent à recueillir l'eau des sources, dont on se sert aussi pour les irrigations, ou pour les emmener lorsque les irrigations seraient nuisibles. M. de la Boire a encore une demi douzaine d'hectares de terrains laids et improductifs à transformer de cette manière en excellents prés ; on peut dire que c'est un travail herculéen.

Ses terres sont cultivées à merveille et portent de belles récoltes malgré leur nature très schisteuse, ce qui fait qu'en cherchant à approfondir ce sol par des labours profonds, on ramène toujours des pierres qu'il faut faire sortir des champs, qui portent de beaux pommiers à cidre. Les récoltes de racines, froments, trèfles, colzas, avoines et sainfoins, sont très belles, par suite des forts chaulages, et fumures de fumier et guano. La chaux est chère ici, on la paie 2 francs l'hectolitre et cependant on en met beaucoup dans les terres. M. de la Boire la fabrique chez lui avec les mauvaises branches de ses coupes de mauvais bois. Les fumiers sont traités chez lui avec le plus grand soin : on les entoure et recouvre de terre, de manière à ne perdre ni l'ammoniaque ni les jus de fumier ; ils sont arrosés, lorsque cela est utile, avec les urines des écuries et étables qui se rendent dans les citernes à purin. On a établi derrière les cuisines de la basse-cour une fosse grande et profonde, qui est cachée par un bosquet ; on y transporte toutes les mauvaises herbes et objets pouvant se décomposer ; les eaux de la cuisine, de la laiterie et de la buanderie, viennent aider la décomposition de ces résidus ; cette citerne fournit chaque année une énorme quantité de terreau, qu'on améliore en y ajoutant de la chaux, des cendres, de la suie, et tout cela sert à améliorer infiniment les prés.

Ses étables contiennent en hiver une soixantaine de belles vaches ou génisses, qui vont en été dans les pâturages et sur les regains des prés. Toutes ces bêtes ont beaucoup de sang durham, mais M. de la Boire leur donne alternativement des taureaux durham ou cotentins ; il vient d'en acheter un d'un an de cette dernière race au concours, il lui coûte 750 francs. Il a un troupeau de race charmoise, qui a augmenté de taille dans cette ferme, et dont il est plus satisfait que des southdown. Il tient toujours une dizaine de truies, qui sont le résultat du croisement de truies de demi sang new-leicester-augeron par un verrat new-leicester. La truie de demi sang produit une espèce contenant trois quarts de sang anglais avec un quart de sang augeron. On donne ensuite des verrats de cette sous-race aux truies du même croisement, et les porcelets qui en proviennent, se vendent, âgés de deux mois, de 20 à 25 francs, tandis qu'on ne trouverait pas à se défaire des new-leicester. Les attelages de cette culture remarquable sont composés de cinq paires de belles et fortes juments percheronnes, dont il tire assez d'élèves pour remplacer les mères par des jeunes juments, vendant tous les mâles.

Les ustensiles de laiterie sont ici, comme au château de Canizy, complètement pareils à ceux des simples fermiers du pays. On a une douzaine de seaux en cuivre jaune, tenus fort brillants, qui servent à traire les vaches parcourant les herbages, ce qui se fait trois fois par jour : ces vases contiennent vingt-cinq litres lorsqu'ils sont pleins. On rapporte le lait dans deux petites charrettes attelées chacune d'un grand âne. La laiterie est parfaitement propre : ce qui m'y a paru blâmable, ce sont les vases où l'on conserve le lait, qui sont fort lourds, étant formés d'une terre noire assez rugueuse ; ils ont trente-trois centimètres de haut. La crème a bien de la peine à remonter à la surface à travers une si grande épaisseur de lait, aussi n'écrème-t-on que deux fois par semaine et par conséquent sur le lait caillé. Lorsqu'on dit à ces messieurs qu'ils ont conservé les usages routiniers des anciens temps, abandonnés dans tous les pays où l'on tient des vacheries dont le chiffre se monte à plusieurs centaines de têtes, et où l'on cherche par conséquent à économiser la main d'œuvre, ce qui a fait adopter dans les laiteries des vases plats et peu profonds en verre épais de bouteilles, cassant difficilement, mais qui ont surtout le grand mérite de se nettoyer et de s'essuyer très-facilement, et où on écrème sur lait encore doux, ils vous répondent : Nous faisons le meilleur beurre de France, nous n'avons donc rien à changer à notre manière de faire. Les barattes normandes sont des tonneaux tournants sur une axe, et dont l'ouverture n'a pas seize centimètres de diamètre ; elles sont donc très difficiles à nettoyer et à sécher.

On ne donne dans ce pays aux veaux qu'on élève et même à ceux qu'on engraisse que du lait caillé, aussi ceux prêts à être vendus aux bouchers, ne paraissaient nullement gras et avaient le poil ébouriffé. Si on écrémait lorsque le lait est encore doux et liquide, il leur conviendrait bien mieux, surtout si l'on y ajoutait des farines de graine de lin et d'avoine. On peut élever ainsi des veaux sans leur donner de lait, une fois qu'ils ont quinze jours, et nourris ainsi ils viennent bien et vite, deviennent gras en peu de temps, au lieu de languir comme dans ce pays.

M. de la Boire m'a dit qu'il défrichait tous les ans quelques parties de bois malvenant, achetés d'une terre voisine et le touchant, qui avait été démembrée. En ayant acquis une assez grande étendue, il les a eus à bon marché en les payant 900 francs l'hectare, tandis que les terres se paient de 2 à 3,000 francs et celles du côté de Bayeux vont à 4 ou 5,000. Il m'a fait voir un champ fort étendu défriché il y a dix-huit mois. L'ayant chaulé à raison de douze mille kilogrammes l'hectare sans le fumer, il y avait repiqué du colza qui a cinq pieds de haut et est si beau qu'il promet plus de trente hectolitres par hectare. M. de la Boire m'a dit que les herbages de ses environs se louent de 150 à 200 francs l'hectare, et il m'a été assuré que ceux qui touchent la ville de Bayeux, se louent jusqu'à 400 francs la même mesure. Il m'a fait voir des parties de ses bois qui étaient nues il y a vingt ans, à cause du schiste qui effleurait la surface ; il y a fait des trous, y a mis de la terre et les a plantées en pins sylvestres, pins dAutriche, et laricios ; tout cela vient fort bien et orne singulièrement les environs du château.

Etant allé coucher à Caen, je me rendis le 31 mai de grand matin aux Bizets, village situé à cinq kilomètres de la ville, afin de visiter la ferme occupée par M. Manoury qui m'avait été cité comme un excellent cultivateur, et ainsi que M. de la Boire, un des concurrents pour la prime d'honneur du concours régional de Caen, devant avoir lieu en 1860. Ce Monsieur, qui avait été pendant plusieurs années directeur du jardin des plantes de la ville de Caen, s'était décidé à louer cette ferme, bâtie convenablement, d'une étendue de soixante-dix hectares, et qui lui coûte par an 14,000 francs. Elle est la propriété d'un M. Lebariller qui ayant acheté il y a plusieurs années la terre de Razay en Berry, s'occupe de son amélioration ; cette dernière terre est située sur la route de Montrichard à Loches et dans la commune de Génillet.

M. Manoury m'a dit que lorsqu'il dirigeait le jardin des plantes, M. Lair, alors secrétaire de la Société d'agriculture de Caen, lui avait remis quelques épis de plusieurs froments qu'il avait reçus de moi. Il les avait cultivés comparativement avec d'autres variétés qu'il avait pu se procurer et qu'il cultive depuis onze ans dans sa ferme avec d'autres au nombre de quatre-vingts espèces, sur lesquelles il a choisi les suivants comme les meilleurs et les plus productifs. Ce sont : 1° un froment hybride provenant du hunter avec le froment barbu de la plaine de Caen, il est très estimé par les meuniers et donne beaucoup de paille; 2° le hunter; 3° le rouge d'Ecosse; 4° snowdown ; 5° silver drop ; 6° spalding prolific. Dix-huit hectares sont couverts de ces six variétés et douze autres étaient semés avec un mélange des quatre-vingts variétés; cette dernière semence est celle qui donne le plus de grain et de paille; tous ces froments sont semés en lignes et sarclés à la houe à cheval, et ils sont presque tous fort beaux. M. Manoury pendant sa direction du jardin des plantes était chargé d'y faire un cours d'agriculture, il avait publié plusieurs articles sur les mérites des diverses espèces de froments et de colzas qu'il cultivait et étudiait. Il m'a dit que M. Jacques Valserres l'ayant visité lui avait demandé des notes pour les insérer dans les articles agricoles qu'il fournissait à divers journaux, M. Manoury les lui a fait passer mais n'a pas appris qu'ils eussent été publiés.

Il a cultivé pendant plusieurs années treize variétés de colzas, dont il a fini par n'en conserver qu'une, qui provient de l'hybridation du grand colza de Belgique qui n'a de siliques qu'au bout des branches, avec le petit colza de ces pays, dont la tige est garnie de brindilles à partir du pied.

M. Manoury assure que cette variété est bien moins délicate que toutes les autres qui lui sont connues, et aussi qu'elle est bien plus productive ; elle lui donne plus souvent quarante et quelques hectolitres que trente, mais il est bon d'observer que ses terres sont excellentes et qu'elles sont grandement fumées. Il a récolté en onze années dans la même pièce de terre, six fois du colza et cinq fois du froment, et il m'a fait voir un superbe sainfoin prêt à être fauché qui était la douzième récolte.

Voici un échantillon de sa manière de fumer les champs où il repique du colza. Il y met soixante mètres de fumier très gras et douze cents kilogrammes de tourteaux, qui lui coûtent de 14 à 16 francs les cent kilogrammes, ou pour la même somme de guano, ou bien encore pour 300 francs de chiffons de laine, dont les mille kilogrammes lui coûtent 60 francs. C'est donc cinq mille kilogrammes de chiffons par hectare; au bout de huit ans, on voit encore l'effet de cette dernière et énergique fumure; car le froment et le colza venus sur la partie fumée en chiffons il y a huit ans, sont évidemment bien supérieurs à leurs voisins qui n'avaient pas reçu cette espèce d'engrais, et il en a été toujours de même depuis lors, quoique toutes ces terres aient été traitées de même.

L'assolement de M. Manoury est alterne, et ses sainfoins durent trois ans lorsqu'ils sont beaux. Ils ne reçoivent rien que du plâtre et cela même que la dernière année; ils produisent cependant jusqu'à quatorze mille kilogrammes en deux coupes dont celle à graine produit de douze à seize hectolitres qui se vendent de 4 à 12 fr. suivant les années.

Il repique son colza sur billons séparés par soixante centimètres: le plant distancé sur la ligne a quarante centimètres, il est sarclé une fois à l'automne et au printemps et butté avant les gelées. Le colza une fois enlevé on fait passer le scarificateur au travers des billons, ce qui arrache les pieds que les enfants des laboureurs ou journaliers ramassent, pour servir de combustible en hiver. La graine tombée étant bien levée au bout d'environ quinze jours, on laboure afin de l'enterrer. Les cultivateurs normands comme les flamands, assurent que le plant de colza use énormément la terre, et que celui

qu'on repique ne le fait pas ; on cite ici à l'appui de cette
assertion, entre autres faits, que le fermier de M. Bacot
à Bois-Lambert, près Banville, cultive du colza depuis
douze ans sans interruption dans la même terre, sans
que les récoltes en aient diminué et sans que le propriétaire qui demeure près de la ferme s'y oppose.

M. Manoury a tous les ans depuis qu'il est dans la
ferme, la moitié de ses terres en colza, et vingt-cinq à
trente hectares en froment venant après colza. Il met
sur le reste des champs de colza, et des terres disponibles,
des mélanges de pois, vesces, et sarrazin pour fourrage,
de quatre à six hectares en pommes de terre, partie en
espèce chardon, elles donnent au moins un tiers en sus
l'année suivante, mais ne sont pas très bonnes à manger.
Celle qui porte son nom, provient de semis de graines
envoyées par le ministre de l'agriculture. Il assure qu'elle
n'a jamais été malade de même que la précédente, et elle
lui donne jusqu'à trois cents hectolitres par hectare. Il
cultive aussi la shaw, mais elle est moins productive,
étant plus hâtive, et quant à la qualité, quoiqu'elle soit
très bonne, il lui préfère la Manoury. Cette dernière
ainsi que le colza connu sous le même nom, sont ré-
pandus dans ce pays.

Il a une trentaine de bêtes d'espèce cotentine et son
taureau vient de remporter le premier prix de cette race
à St-Lô, mais il regrette infiniment de n'avoir pas
dans ses environs un taureau durham dont il puisse se
servir. Il vend à la ville le lait de ses dix-huit vaches.
M. Manoury a maintenant vingt-quatre poulains achetés au sevrage depuis 2 à 300 francs, il les vend en
moyenne un millier de francs vers l'âge de quatre ans.
Il a commencé par acheter pour une dizaine de mille fr.
d'engrais par an, dans le commencement de son bail, il
n'en prend plus maintenant que pour la moitié de cette
somme en boues de ville, guano et tourteaux ; comme
supplément de fumure il emploie ces deux derniers en-

grais mélangés pour somme égale. Il m'a dit que la petite maison de M. Lebariller qui a un beau jardin, la
ferme, et cinquante hectares sont à vendre, et qu'on demande 390,000 francs

Je suis reparti le même jour pour Lisieux d'où je me rendis de suite au Val Richer pour visiter la culture de M. de
Witt, gendre de M. Guizot, qui est aussi un des concurrents pour la prime d'honneur. M. de Witt ne cultive encore que depuis quatre ans, mais il a fait énormément
de bonnes choses en si peu de temps. D'abord, il a construit des bâtiments de ferme considérables, peu coûteux
et très commodes, une grande tuilerie munie de trois
fours pouvant contenir cent vingt mille tuyaux de drainage mesurant un tiers de mètre de longueur et trois
centimètres de diamètre ; il les vend 25 francs le mille.
Deux très grands hangars sont couverts l'un en ardoise
et l'autre en papier goudronné, la terre plastique est excellente et s'extrait à côté du four ainsi que la pierre
calcaire.

Son étable contient vingt grandes boxes, elle est très
aérée. Le hache-paille est placé dans le grenier au-dessus ;
ses vaches d'espèce cotentine, hollandaise, ou croisée durham sont fort belles, mais il n'a pas de taureau durham,
quoiqu'il ait encore poussé à la vente de MM. Gernigon
et de la Tréhonnais, qui s'est faite hier à Lisieux, un
veau mâle de cette excellente race jusqu'à 750 francs,
mais il est bien décidé à s'en procurer un. Une machine
à vapeur locomobile de la force de six chevaux, exécutée
par Calla et ayant coûté 6,500 francs, est placée dans un
hangar voisin ; elle met en mouvement une machine à
battre de Duvoir, un petit moulin Bouchon (qu'il va
remplacer par une paire de meules de quatre pieds), un
laveur et un coupe-racines, enfin un aplatisseur d'avoine.
M. de Witt a un semoir à neuf lignes et la houe à cheval de Garrett ; il a semé tous ses froments avec elle et
n'a employé que soixante-quinze litres de semence, mais

cette semaille m'a paru trop claire. M. Decrombecque sème en bonne saison, et cela depuis bien des années, un hectolitre par hectare.

Il m'a fait voir un très beau froment de mars de l'espèce connue sous le nom de hérisson, parce qu'il est barbu ; il a le double de hauteur du froment de mars du pays, qui le touche. Ses colzas sont généralement très beaux, il leur donne une très forte fumure d'engrais de ferme, et lorsque celui-ci est épuisé il le remplace par cinq cents kilogrammes de guano ; je pense qu'il ferait mieux de donner à chaque champ une partie de l'engrais en fumier et le reste en guano. Il m'a dit semer chaque année cent kilogrammes de guano par hectare sur ses prés les moins bons, mais cette année le double au moins eût mieux valu. M. de Witt a déjà drainé cinquante-cinq hectares, ses rigoles étant à dix mètres et ayant un mètre vingt centimètres de profondeur. Ses betteraves lèvent, elles se trouvent dans un terrain très bien fumé et préparé, aussi sa récolte de l'an dernier lui a-t-elle produit soixante mille kilogrammes à l'hectare, il en fait douze hectares. M. de Witt a donné un bélier dishley à des brebis normandes. M. et Mme de Witt se consacrent entièrement à cette très intéressante culture, et passent même l'hiver au Val Richer. Mme de Witt s'est chargée de tenir la comptabilité.

Le pays que j'ai parcouru entre Lisieux et la station de Beaumont-le-Roger, est naturellement joli et il a été singulièrement embelli par la grande quantité de manufactures, qui se trouvent placées le long de ce cours d'eau.

Je me suis rendu de Beaumont-le-Roger au très vieux château d'Harcourt, qui a été laissé à la Société impériale d'agriculture de Paris, par le testament de M. de Lamarre, grand semeur et planteur d'arbres à essences résineuses, avec l'intention qu'elle continuât ce qu'il avait si bien commencé. La Société impériale d'agriculture est donc propriétaire de la terre d'Harcourt. Son étendue est de plus de quatre cent trente-quatre hectares, dont près de deux cents de bois feuillus dans le voisinage du château, cent vingt-huit hectares en arbres résineux, une trentaine plantés plus récemment, enfin soixante-quinze en fermes, terres et jardins. Elle en a donné la régie à M. Aubert, qui est je crois un propriétaire aisé des environs, et à un garde forestier et pépiniériste qui réside dans le château. M. Pépin, jardinier en chef du jardin des plantes, l'un des membres de la Société, est chargé par elle de la haute direction de cette belle et grande propriété depuis l'an 1845 ; la Société en a hérité en 1831.

Le plateau sur lequel se trouve placé le village d'Harcourt et d'autres communes des environs, m'a paru fertile et bien cultivé, on y voit de fort belles récoltes et beaucoup de colzas, qui à la vérité n'égalent pas ceux des environs de la ville de Caen, ces derniers étaient bien mieux fumés. La terre d'Harcourt avait été vendue en 1807 à M. de Lamarre par une personne qui ne portait pas son nom. Elle n'était pas alors tout à fait aussi étendue qu'elle l'est maintenant, la Société centrale y ayant ajouté une assez grande étendue, par des acquisitions de terres vagues ou bruyères, lorsque l'occasion s'en est présentée ; elle les a plantés en arbres résineux, et vient encore tout récemment, d'acheter plusieurs hectares d'un communal détaillé, et acquis par les habitants des communes voisines, qui ont déjà transformé ces bruyères improductives, en champs couverts de belles récoltes de tous genres. Les parties réputées comme trop mauvaises, ont encore été payées par la Société 500 francs l'hectare.

M. Michaux qui avait parcouru pendant bien des années les forêts vierges de l'Amérique du Nord, avait été chargé par la Société impériale de la direction supérieure de la terre d'Harcourt lors de la mort de M. Labbé, un autre de ses membres. M. Michaux y avait planté beaucoup de cèdres du Liban, des chênes d'Amérique, des

magnolias *macrocarpa, ponticum, tripetala et glauca,*
dont les plus beaux ont jusqu'à soixante-douze centimètres de circonférence à trente-trois centimètres de terre,
et une douzaine de mètres de hauteur. Ce sont des arbres
superbes, droits comme des peupliers d'Italie ; ils ont de
longues et larges feuilles caduques, de fort belles fleurs
blanches ou jaunes, suivant les variétés ; ils ne paraissent pas être délicats pour le froid, car j'en ai vu un
énorme chez le baron de Chestret dont le château est
placé sur un des côteaux très élevés des environs de
Liége. J'ai aussi beaucoup admiré de très beaux et nombreux *criptomeria japonica,* et d'autres beaux arbres. M
Pépin a envoyé énormément d'arbres rares de bien des
essences, et continue tous les ans à augmenter les collections très intéressantes qui se trouvent dans le parc
d'Harcourt et dans ses bois.

Voici les noms de quelques arbres encore rares que je
ne connaissais pas, ou que je n'avais pas encore rencon-
trés souvent, et dont l'aspect m'a plu : *pinus monticola,
pinus muriata, abies cephalonica,* qui ressemble au pin
sapon, *abies douglasii, abies putrove, abies pumila.*
Voici les noms de quelques arbustes à fleurs ou d'ornement : *budlea, laurus sassafras* ou arbre à camphre, *cor-
nus florida,* arbuste ayant des fleurs ressemblant à celles
de certains magnolias. L'*aralium siberica* est une grande
plante herbacée, qui lorsqu'elle est en fleur a deux mètres de hauteur, elle a de grandes et belles feuilles, elle
est extrêmement hâtive, et le bétail la mange facilement,
elle ne convient pas aux vaches laitières, car elle fait con-
tracter au lait un goût peu agréable. J'ai vu ici des jeunes
sesquoyas gigantea, beaucoup de *deodoras,* des *pinus
ponderosa, cedrus diridice robusta, pinus excelsa, cupressus podocarpus, corcauna, araucaria aminghama,
abies balsamea, morina longifolia* ou chardon à très belles fleurs, *juniperus gossahim thanea;* des chênes à feuilles
de châtaigniers, *pinus laricio, contorta major, castanea*

americana, *pinus bentamiana*, *pinus insignis*, *pinus montezuma*, des *spirea sinensis* et *douglasii*.

J'ai remarqué ici comme dans toutes sortes de contrées et terres bien différentes les unes des autres, aussi bien dans les meilleures comme dans les plus mauvaises terres, que les pins laricios de Corse viennent toujours mieux ou moins mal, suivant la qualité de la terre, que les pins sylvestres. Les pins d'Autriche sont aussi mieux venants que les sylvestres, mais à un degré moindre que les pins laricios. Les grands taillis que j'ai parcourus étaient beaux, on les coupe à douze ans et ils se vendent 500 francs l'hectare; les divers arbres futaies qui s'y trouvent sont droits, vigoureux et bien venants.

M. Aubert en me reconduisant à la station du chemin de fer de Beaumont-le-Roger, m'a fait suivre un autre chemin que celui par lequel j'étais arrivé, afin de me montrer un pays où des fermiers de la plaine de Caen, viennent louer depuis quelques années des fermes, dont une par exemple, qui était louée 5,000 francs, à été sous-louée à raison de 8,000 pour la fin du bail. Les nouveaux fermiers mettent la moitié de leurs terres en colza repiqué : on met une poignée de tourteau dans chaque trou fait pour le plant de colza, et la récolte donne habituellement de trente à quarante hectolitres par hectare. Il faut pour 350 francs de tourteaux ou deux mille cinq cents kilogrammes à 140 francs le mille, mille kil. de guano coûtent le même prix mais donnent généralement de plus belles récoltes, à condition que le guano soit parfaitement mélangé avec la terre qui environne le pied du colza, car il pourrait le brûler. L'autre moitié des terres de la ferme, donne le fourrage nécessaire pour les attelages indispensables; comme on achète les engrais on ne tient pas de bétail, et on dit que ces fermiers normands font très bien leurs affaires, ce qui en attire toujours de nouveaux.

Etant revenu à Paris, je me suis rendu quelque temps

après à la ferme impériale de Fouilleuse, pour assister à la vente d'une vingtaine de jeunes bêtes durham mâles et femelles, provenant des vingt-huit vaches ou génisses de cette excellente race, que le directeur des trois fermes du prince Albert dans le parc de Windsor, s'était chargé de faire choisir pour l'Empereur. Il était aussi chargé de lui acheter un taureau, qui a été fourni par le fameux éleveur colonel Towneley, enfin de lui louer un autre taureau pour une année ; ce dernier a été pris chez M. Booth de Warlaby, à raison de 100 livres sterlings. On a vendu aussi une vingtaine de béliers southdowns, leur prix a été en moyenne d'environ 200 francs. Les vingt-six vaches importées l'an dernier sont d'une grande beauté, elles sont logées par quatre ou cinq dans des boxes, qui donnent sur des petites cours où elles se rendent à volonté n'étant pas attachées. On ferme ces boxes lorsque le temps l'exige.

Les remises sont pleines d'instruments perfectionnés. J'ai vu entr'autres une machine à vapeur locomobile, deux machines à battre, qui peuvent battre les meules placées dans les champs, et nettoient en même temps les grains. Il s'y trouve des charrues anglaises, écossaises, américaines ; je préfère à toutes ces charrues, les bons brabants belges ; mais pour les terres difficiles, pierreuses ou argileuses, les charrues écossaises conviennent mieux ; enfin faute de brabants dont les versoirs et socs sont très difficiles à forger et ne peuvent être bien faits que là où se trouvent de très bons forgerons habitués à les faire, les charrues américaines sont les plus recommandables pour les terres pas trop difficiles. J'ai vu aussi deux moissonneuses.

M. Tisserand, inspecteur des fermes impériales, m'ayant donné rendez-vous, nous nous rendîmes le 18 juin à la ferme impériale du parc de Vincennes près de Joinville, une des stations du chemin de fer.

M. Tisserand, après avoir travaillé pendant un mois

nuit et jour à faire le plan de cette ferme, a pu la faire construire en moins de deux mois, pour la somme de 83,000 francs ; il y a fort bien logé cent bêtes à cornes de race schwitz, quatre ou cinq cents très beaux southdowns que l'Empereur a achetés de M. Allier. Il s'y trouve enfin une écurie pour les belles juments percheronnes au nombre de sept.

La très belle étable est d'abord partagée en deux compartiments par une grande pièce, où se préparent et se déposent les aliments des bêtes. Il règne d'un bout à l'autre des deux étables un corridor d'une largeur de trois mètres trente-trois centimètres, qui est bordé des deux côtés par un petit canal servant à abreuver les bêtes sans les faire sortir, ce qui est fort utile surtout lorsqu'il fait froid, car le froid même lorsqu'il n'est que momentané, est très préjudiciable aux vaches à lait. Les mangeoires touchent aux rigoles servant d'abreuvoirs ; ce corridor est garni d'un petit chemin de fer qui porte des wagons pour approcher la nourriture qu'on distribue à droite et à gauche en poussant devant soi le wagon. Il y a un vacher Hollandais et trois vachers Suisses ; chacun d'eux a son lit placé au grenier à côté d'une petite croisée, qui lui permet de voir de son lit, les vingt-cinq bêtes qui sont soignées par lui.

Les urines se rendent dans une grande citerne près de laquelle se trouve un puits, au moyen duquel on ajoute ici comme cela se fait en Suisse, la quantité d'eau convenable, en proportion de l'urine ; ce liquide fermente pendant quelques mois, après quoi il contient bien plus d'ammoniaque qu'il n'en contenait d'abord, mais en Suisse on a toujours plusieurs purinières les unes à côté des autres : on a placé les cabinets pour les gens de la ferme sur la purinière. Je pense qu'il serait fort utile d'établir ici comme je l'ai vu faire en Bohème et dans plusieurs parties de l'Allemagne un compartiment garni de litière, à côté de chacun des quatre rangs de vingt-cinq bêtes bovines, où l'on enfermerait ces bêtes après leurs repas lorsqu'il ne ferait ni trop chaud ni trop froid, et la nuit dans les temps très chauds, ou bien encore lorsqu'on les envoie en pâture, on les y tient pendant quinze ou vingt minutes, afin de les laisser se vider dans ce lieu, et non pas sur les chemins.

La femme du vacher Hollandais est chargée du soin de la laiterie, et s'en acquitte fort bien ; on détaille le lait aux promeneurs qui visitent la ferme et parcourent le parc à l'anglaise qui l'avoisine. On a aussi établi une boutique en ville qui vend du lait à quinze centimes le litre. M. Tisserand m'a dit que cette vacherie fournira, à ce qu'il espère, six litres de lait par tête de vache en moyenne pendant les trois cent soixante-cinq jours de l'année. La ferme impériale de Vincennes contient environ deux cent cinquante hectares, dont deux cents doivent être semés en herbages qu'on fauchera une fois, et qu'on fera pâturer ensuite par le troupeau ; ces pâtures longeant le terrain de manœuvre du fort de Vincennes, serviront aussi aux grandes manœuvres.

La ferme dispose des vidanges du fort, qui y sont accumulées depuis fort longtemps dit-on ; M. Nanquette le régisseur de la ferme, en fait appliquer cinquante mètres cubes par hectare, et ses récoltes de fourrages mélangés, composés de féverolles, pois, vesces, maïs, orge et avoine ont de soixante à soixante-dix centimètres de hauteur et sont d'une extrême épaisseur. On laboure des seigles fauchés en vert, pour y semer du maïs, des millets, du sarrasin et de la moutarde blanche, qui seront consommés plus tard. Les vidangeurs amènent cet engrais sur le terrain pour 3 francs le mètre cube. J'ai vu une dizaine d'hectares plantés en pommes de terre et betteraves qui promettent beaucoup, on a aussi essayé du sorgho de Chine. La pièce d'avoine, fumée de même, est de toute beauté. Comme il s'y trouvait beaucoup de

moutarde blanche et des sauves, M. Nanquette a promis
à quelques soldats du fort 100 francs pour les arracher
dans cette pièce de quatorze hectares et cela va être bientôt terminé. Une centaine d'hectares de la ferme ont été
labourés et fumés de la manière indiquée ; et les plus
anciens herbages semés avec des graines mélangées fournies par la maison Vilmorin, à raison de 75 francs par
hectare, sont en partie fort beaux et l'on est occupé à les
faucher, faner, et en former des meules, dont quelques-
unes sont déjà terminées.

En fait d'instruments aratoires, j'ai vu des charrues
écossaises tout en fer dont quelques unes ont été fabriquées à Mettray, un semoir de Hornsby, une faneuse,
son rateau à cheval, un hache-paille et un coupe-racines.
Dans cette ferme on vend à l'amiable des béliers southdowns et des veaux de race schwitz.

Je suis parti le 1ᵉʳ juillet de Paris pour Douay. Les récoltes que j'ai aperçues m'ont paru belles en général ; ce
n'est que du côté d'Arras qu'on trouve une meilleure
culture, qui se perfectionne davantage plus on avance :
autour de Douay les terres sont excellentes.

Je suis reparti de suite pour aller chez M. Pilat à Brébières. Ce cultivateur très connu, est fort remarquable par
son talent d'engraisseur et d'éleveur de moutons, mieux
que tous les cultivateurs de nos pays, ainsi que pour fertiliser ses terres aussi bien qu'il engraisse ses moutons.
L'étendue de sa ferme est de cent cinquante hectares qui
appartiennent à son père, à une tante, et à lui.

Il a vingt-huit gros chevaux pour sa culture et la sucrerie, et quatre chevaux de voiture pour lui et deux de
ses frères qui vivent avec lui, n'étant mariés ni les uns
ni les autres, et n'ayant pas même une femme dans sa
maison, son domestique faisant aussi la cuisine.

Les terres de cette commune dont l'étendue est de onze
cents hectares, se louent plus cher même qu'autour de

Lille ; en corps de ferme elles se louent de 180 à 200 fr. et les meilleures arrivent au détail à un loyer de 300 fr. l'hectare.

M. Pilat m'a fait visiter toutes ses grandes pièces de terre dont nous pouvions approcher en cabriolet, et le soir nous avons vu à pied celles qui nous avaient échappé précédemment. On les reconnaît même de loin à l'extrême beauté des récoltes que les autres cultivateurs n'arrivent pas à faire si belles que lui. Ses froments sont tellement bien réussis cette année, qu'il assure n'en avoir pas eu encore de pareils depuis douze ans qu'il cultive, et cependant il a fort souvent des moyennes de 35 hectolitres et plus; il pense que s'il n'arrive rien de fâcheux, sa récolte dépassera 40 hectol. mais alors plusieurs de ses champs atteindront le chiffre de 50. Ses avoines ont été semées sur une étendue plus considérable cette année qu'à l'ordinaire, à cause du bas prix des froments ; il pense que les meilleures pourront atteindre 100 hectolitres l'hectare, on ne peut rien voir de plus beau, tant pour leur épaisseur que pour leur hauteur et leur couleur d'un beau vert foncé. M. Pilat sème tout avec le semoir de Jacquet Robillard d'Arras ; il prétend que cet instrument sème encore mieux, depuis qu'il y a adapté des trous au lieux de cuillères, c'est-à-dire le système écossais au lieu de l'anglais.

Il se sert d'un autre semoir pour semer les betteraves, qui sont chez lui en lignes séparées par 0ᵐ 45 centimètres ; ce sont les plus belles que j'aie encore vues cette année. Le plus jeune de ses frères vient d'acheter l'énorme sucrerie de Brébières, qui contient douze grandes turbines nommées aussi toupies, on peut y râper 150 mille kil. par vingt-quatre heures. Elle était tombée en faillite et il la paie 200,000 fr.; M. Pilat et son autre frère se sont joints à lui, pour lui faire conclure cette affaire qui paraît devoir devenir bonne. Cette usine avait coûté plus de 500,000 fr. et avait été très bien montée, il pourrait la vendre aux démolisseurs pour 150,000 fr.; l'inconvénient de cette usine est de se trouver au milieu de trop de fabriques, ce qui renchérit les betteraves.

M. Pilat ne nourrit pas ses domestiques de culture; il n'a ni vaches, ni volailles; il prend en hiver des bœufs en pension, pour manger de la pulpe de betteraves. Il a 300 brebis croisées dishleys-mérinos, il s'en tient au demi-sang et assure qu'une bonne partie des produits venant de mâles et femelles de demi-sang, donnent plus de laine et de viande, que les demi-sang eux-mêmes, ou les métis mérinos âgés d'un an ou quinze mois. Ayant eu dans les années excessivement sèches et chaudes des atteintes de sang de rate, maladie jusque là inconnue dans le pays, il a perdu des brebis et a dû en vendre aux bouchers, à raison de 1 fr. 20 le kilog. Leur poids moyen était de 30 kilog. viande nette; une d'elles en a donné 40 kil.; une grosse agnelle âgée de 105 jours, qu'il a vendue parce qu'elle était mal faite, a donné 20 kilos de viande nette. Il loue pour le prix de cent fr. un petit nombre de ses béliers croisés. Ses brebis n'ont avec leur pâture que des siliques de colza ou de la paille, avec 1/2 kilo de pulpe, les moutons ont de la pulpe et du tourteau. M. Pilat est en train de faire arriver l'agnelage en mai, car il trouve que la nourriture des bêtes est moins chère; une de ses bergeries contenant 200 agneaux âgés de deux mois, reçoit 12 tourteaux de lin pesant chacun un kilog. ou 60 grammes par tête et par 24 heures. Ses béliers ont chacun une livre de tourteau de colza et d'œillette mélangés par moitié. Il a vendu vingt agneaux mâles âgés de cinq mois, à un cultivateur qui les a fait concourir avec succès à Poissy. Les brebis qu'il réforme lui sont achetées aux mêmes prix que celles qui ont été engraissées. La laine a été vendue cette année 2 fr. 40 le kilog., et la moyenne du poids des toisons a été de 5 kilog. 250 grammes. M. Yvart m'avait dit qu'il avait vendu celle d'Alfort 2 fr. 70 le kil.

M. Pilat dit que ses colzas ayant été un peu grêlés, il ne compte plus que sur une trentaine d'hectolitres par hectare. Il fume pour ses betteraves à raison de 80 mètres de fumiers et mille kil. de tourteaux. Il repique quelquefois du colza après les premières betteraves arrachées, et c'est dans cette position qu'il a les plus belles récoltes sans y avoir ajouté d'engrais. Ses féverolles sont d'une beauté extraordinaire et c'est après elles qu'il a ses meilleurs produits en froment. Ses récoltes de betteraves lui donnent en moyenne suivant les années de 50 à 60,000 kilog. Il avait l'habitude il y a quelques années de semer du trèfle dans toutes ses céréales, ne fauchant que celui qui venait huit ans après un trèfle récolté, tous les autres étaient enterrés avant l'hiver, mais s'étant aperçu que ses trèfles venaient généralement moins bien, il a renoncé à cette manière d'agir, et il sème maintenant davantage de luzernières : elles sont superbes.

M. Pilat ne cultive pas l'œillette qui souvent ne réussit pas bien ; celles que j'ai vues cette année dans ces environs sont fort belles. Nous avons vu beaucoup de petits cultivateurs occupés à arroser leurs betteraves avec du purin, qu'ils versaient sur l'entre deux des lignes ; cela produit de grosses racines, que les sucriers n'estiment pas. Ses domestiques n'étant pas nourris ni logés gagnent 50 fr., les bergers 60 fr. Lorsque ces gens sont obligés de travailler le dimanche il leur donne 1 fr. Les journaliers gagnent maintenant de 35 à 40 sous et en hiver de 25 à 30 ; les femmes 15 et les gamins 12. M. Pilat vend ses agneaux mâles gras à l'âge d'un an. Une fois âgés de deux mois, ils vont au parc avec leurs mères et il les laisse téter tant qu'ils veulent, ils ont de la provende jusqu'à trois mois: on retire les troupeaux du parc le 1er novembre. Les agneaux mâles, une fois rentrés à la bergerie, reçoivent de la pulpe à discrétion et un tourteau pour quatre, avec de la paille de froment. Les agnelles ont de la pulpe et de la paille; il a en hiver mille moutons à l'engrais sur 150 hectares.

M. Pilat roule ses froments après la semaille, avec un croskyll pesant 1,800 kilos et ayant 20 disques; il les herse au printemps avec des herses à dents perpendiculaires. Ses excellentes charrues sans avant-train, faites tout en fer, coûtent 100 fr.; à ages en bois, 70 fr., les premières pèsent 140 kilos.

M. Pilat m'a conduit chez M. Decrombecque à Lens. Ce Monsieur m'a dit qu'il était si content de la réussite de ses betteraves semées sur billons, qu'il n'en semait plus à plat, mais au lieu de mettre le fumier dans les billons comme cela se fait en Écosse et en Angleterre, il le répand pour l'enterrer par un labour, avant de faire les billons. Il emploie ses fumiers, qui sont restés longtemps sous les animaux, encore humides et nullement pailleux; il se sert pour faire les billons de charrues à doubles versoirs imitées d'un modèle anglais, elles servent aussi pour le buttage. Il consomme beaucoup de fourrages en vert, et les remplace au fur et à mesure de l'enlèvement, et après un labour, par un repiquage de betteraves, ce qui lui coûte pour arracher et planter 50 fr. l'hectare. Celles qui ont été repiquées après l'escourgeon consommé en vert, sont déjà très belles, et leurs feuilles couvrent la terre; il en repique jusqu'au 15 de juillet. En Allemagne on assure que les betteraves repiquées contiennent plus de sucre que celles semées en place. M. Decrombecque a cette année 180 hectares de betteraves, elles sont faites sur billons séparés par 0^{m}50 et dans les lignes il s'en trouve de 4 à 5 par mètre courant, afin d'en avoir un bon poids par hectare sans que les racines soient grosses; une trentaine d'hectares de ces betteraves, ont été faites sur des terres qu'on lui loue pour l'année à raison de 400 fr. l'hectare, étant bien labourées et fumées. Une vingtaine d'hectares ont été repiqués, mais il s'en trouve si bien, qu'il compte en repiquer davantage. Il a 50 hectares de superbes avoines dont celle de Tartarie qui est unilatérale est déjà bien épiée : cette belle variété pèse 50 kilog. par hectolitre, elle provient de chez M. Colombelle, cultivateur des environ d'Evreux.

M. Decrombecque a fait venir d'Angleterre un landpresser, instrument qui peut se monter avec dix disques pour les semailles de céréales : ces disques forment en roulant autant de sillons, dans lesquels les céréales semées à la volée se réunissent et lèvent en lignes distinctes ; cet instrument est parfait pour les semailles de froment sur des terres trop légères ou trop soulevées pour cette céréale, qui ne réussit pas bien en pareille position. M. Decrombecque a semé l'automne dernier pour essai comparatif, du froment à la volée sur une terre préparée par le landpresser, et à côté sur une terre roulée avec une pesant rouleau, qui fut semée au semoir : les deux froments ont des épis d'une grande beauté, mais la différence du produit ne pourra être connue qu'après le battage. Ses champs de froment sont en général tellement beaux, qu'il en espère une moyenne de 40 hectolitres par hectare, et cela même sur ses terres à soussol crayeux de la plaine de Lens. M. Decrombecque a acheté pour 35,000 francs d'orge d'Egypte payée à un prix très modique, et il vend celle qu'il a récoltée 11 francs l'hectolitre. Cette orge égyptienne est employée en partie à nourrir ses chevaux au lieu d'avoine, dont le prix est très élevé ; il leur donne comme ration journalière 10 kilog. d'orge pesée avant d'être bouillie, et y ajoute un kilog. de tourteau d'œillette. Il donne à ses très nombreuses vaches à l'engrais trois kilog. d'orge, deux kilog. de tourteaux, dont moitié colza et le reste d'œillette, vingt-cinq kilog. de pulpe et cinq kilog. de fourrage moitié foin et moitié paille, passés au hache paille , le tout ayant été fermenté. M. Decrombecque est très content des bœufs qu'un commissionnaire de

Belfort va lui acheter dans la partie du pays de Bade qui touche la Suisse; ils travaillent fort bien et s'engraissent très facilement; il est forcé de les vendre à Paris, les bouchers de Lille les trouvant trop gras pour eux.

Il continue toujours son excellent système de laisser sous ses trente et quelques chevaux, et sous son très nombreux bétail à l'engrais, le fumier au moins pendant quinze jours; il est ainsi dans le meilleur état pour être enterré de suite au sortir de dessous les bêtes, l'ammoniaque ne s'en échappe pas comme cela a lieu dans les écuries d'où l'on sort le fumier tous les jours, et où on le sent vous monter aux yeux et au nez, lorsqu'on met le pavé humecté d'urine à découvert. Depuis six années qu'il a adopté cette méthode, il n'a plus de fumier dans ses cours, ce qui est bien plus propre et en même temps plus sain, pour les habitants de la ferme. Il achète toujours des chevaux poussifs, du reste en état de bien travailler étant convenablement nourris. Ces bêtes payées de 100 à 300 fr., lui rendent d'aussi bons services que des chevaux neufs achetés de 800 à 1000 francs, et ceux qu'il met chaque semaine à la calèche pour se rendre au marché de Lille font leurs 64 kilomètres pour aller et revenir; sans un coup de fouet, et trottent toujours sans souffler. M. Decrombecque roule en automne tous ses froments avec un pesant rouleau de croskyll, et attribue en partie à cette opération, leur si bonne réussite. Il arrache depuis longues années, toutes ses betteraves avec une espèce de charrue à sous-sol, attelée de deux forts chevaux.

Etant retourné à Douay j'en suis reparti à minuit pour Londres, où je suis arrivé à huit heures du matin. J'ai commencé par aller à l'hôtel d'York, 39 Bridge-Street près le pont de Blakfriar, maison où se réunit le Club des fermiers; je m'y rendais pour y trouver M. de la Trehonnais, qui y passe toujours une partie de la journée, avant de retourner à sa maison de campagne, qui se trouve de l'autre côté du Palais de Cristal. Il eut la bonté de m'accompagner chez M. Fowler, l'inventeur de la meilleure charrue à vapeur qui soit connue jusqu'à cette heure. M. Fowler a gagné en 1857 la prime de 5,000 fr. offerte par la société des Hyglands à Stirling pour la meilleure charrue à vapeur et l'année suivante, celle de 12,500 fr., que la société royale d'agriculture d'Angleterre lui a accordée pour le même objet. N'ayant pas trouvé M. Fowler chez lui, nous sommes allés admirer le Palais de Cristal.

J'ai visité le 6 juillet, trois fermes récemment construites pour le prince Albert. La première dont le nom est *la ferme-modèle*, est très belle et fort commode, elle contient des étables pour une trentaine de vaches à lait ; celles qui n'en donnent pas, et la jeunesse, sont tenues en hiver dans des cours garnies de hangars, abrités d'un côté et ouverts des trois autres. Leur très abondante litière est coupée à 0^m 40 de longueur ; le fumier se trouve répandu dans la cour, où il est complétement exposé à la pluie, ce qui n'en améliore assurément pas la qualité. Comme on a plus récemment construit une nouvelle ferme connue sous le nom de *la laiterie*, on ne tient plus que six vaches à lait dans la ferme-modèle, et l'on y engraisse soixante bœufs durham durant l'hiver. Les cochons tenus dans cette ferme, sont de race berkshire. La ferme se trouve environnée complètement d'herbages comme le sont au reste les deux autres que j'ai visitées, de manière que je n'ai pu juger de la culture. La ferme-modèle et la laiterie sont je crois toutes deux sous la direction d'un cultivateur écossais, M. Tait, qui a remplacé le colonel Wilson mort assez récemment. Pendant que je priais M. Tait de me permettre de visiter la ferme, le régisseur de la ferme flamande survint, et il me remit un mot pour son sous-régisseur, afin que j'y pusse entrer. M. Tait me donna un des employés de la ferme pour me la faire voir.

Je me rendis ensuite à la ferme de la laiterie, dont le maître valet me servit de guide. Il m'a dit qu'il n'avait que des vaches durham dont une partie sont sans généalogie ; deux jeunes taureaux qui proviennent de ces dernières, seront vendus de six à huit cents francs, tandis que les deux autres qui proviennent de vaches ayant leur généalogie en règle, valent le double. Les vaches étant loin de la ferme et la chaleur très forte je ne les vis pas. Mon guide me dit qu'il avait aussi des vaches de Jersey, mais qu'elles donnaient bien moins de lait que les durham, dont le produit des meilleures dépasse vingt litres. Les très beaux cochons de couleur blanche qu'on a ici, sont de la race à laquelle on a donné le nom du prince Albert ; ceux destinés en assez grand nombre au concours des bêtes grasses en décembre prochain, sont déjà d'une graisse extraordinaire, ils ne consomment que de la farine d'orge. Il m'a montré un taureau, une vache et une génisse durham, destinés à figurer au concours de Warwick. Les attelages des deux fermes sont formés de chevaux de l'excellente race écossaise du Clydesdale. On termine dans cette ferme un charmant pavillon, où sera placée la laiterie de la reine, qui s'intéresse beaucoup aux occupations champêtres et vient fort souvent dans cette ferme. Elle y a fait faire un grand poulailler, où on élève beaucoup d'espèces de poules, qui ont chacune une loge et une cour entourée de grilles, afin qu'elles ne puissent pas se croiser. Une personne qui paraît avoir les volailles sous sa direction, m'a dit qu'elle estimait les poules d'espèce de Padoue, mais qu'elles ne couvent pas : ensuite elle fait cas des Dorking, ainsi que des Brahma-Poutra ; elle ajouta qu'on avait des cochinchinois pour couver et avoir des œufs.

Les étables sont parfaitement établies : les stalles contiennent deux vaches, qui ont chacune une mangeoire assez profonde en forte tôle, et une autre plus petite placée entre les deux autres, sert d'abreuvoir qui reçoit continuellement de l'eau dont le trop plein s'écoule sous terre : un trou placé au fond de ce vase, permet de le vider facilement pour le nettoyer. Les planchers de l'étable étaient formés avec de l'asphalte garni de rainures destinées à prévenir les glissades. Les veaux durham sont privés après leurs deux premières semaines, du lait tel qu'il vient de leur mère; ils ne reçoivent plus alors, que celui qui a été écrémé étant encore doux, auquel on ajoute des farines de tourteaux de lin et d'avoine, ce qui mêle la nourriture rafraîchissante à celle qui est échauffante.

Je me rendis ensuite à la ferme flamande qui est en dehors du petit parc et assez éloignée de la ville. Elle vient seulement d'être achevée, ses constructions en briques sont moins élégantes et montrent moins de luxe que les deux précédentes, elles m'ont paru aussi plus commodes, et je pense qu'une personne ayant une ferme à construire ferait bien de la visiter, afin d'en étudier les détails et l'ensemble. Le sous-régisseur est un jeune anglais qui a fait ses études en France et a parcouru notre pays. Ce monsieur m'a fait voir de belles bêtes herefords, dont plusieurs allaient partir pour l'exposition que la Société royale d'agriculture d'Angleterre tient cette année à Warwick, on devait aussi y envoyer une belle truie de race berskhire. Je n'ai pu voir le troupeau qui est formé de bêtes croisées dishley-southdown. Il existe dans la ferme une bergerie, où l'on engraisse les moutons, elle se compose d'espèces de boxes dont le plancher est en claires-voies; on y enferme, en hiver, de dix à douze moutons.

Les attelages sont composés de bêtes de l'espèce suffolk, et ceux que j'ai pu voir n'avaient rien de remarquable, c'étaient des chevaux lourds et à gros membres, qui ne me parurent point actifs.

Les terres de la ferme flamande sont très-argileuses et difficiles à cultiver, aussi y a-t-on essayé la charrue à vapeur de Fowler et le scarificateur de Smith de Wolston, qui marche aussi au moyen d'une locomobile à vapeur. Le prince Albert a commandé ces deux appareils de culture, que l'on m'a dit attendre avec impatience, afin de pouvoir bien cultiver ces terres si difficiles à manier. J'ai aperçu sous un hangar bon nombre d'instruments de culture perfectionnés ; je n'y ai pas vu de moissonneuse, ni la faucheuse d'Allen, qu'on n'a pas encore achetées et les faucheurs qui étaient occupés à mettre bas une très-belle récolte de foin, ne s'acquittaient pas merveilleusement de leur besogne ; on m'a dit que la beauté très-remarquable de ce foin était due à l'application de deux cents kilog. de guano. Une faneuse attelée d'un cheval et des rateaux à cheval faisaient à merveille leur office.

J'ai vu une belle machine à battre, un aplatisseur d'avoine, des concasseurs de tourteaux et de féverolles, un hache-paille, un laveur de racines, pompe, etc., etc., tout cela mû par une machine à vapeur fixe, de la force de dix chevaux. Les meules à grains de la dernière récolte, qui n'ont pas encore été battues, sont montées sur des piliers de pierres de taille ; dans les autres fermes et ici, il y en a aussi sur pieds en fonte.

Je n'ai pas visité la ferme qui porte le nom de Norfolk. Elle a été élevée par Georges III, et n'a rien de remarquable en bâtiments. Elle a pour cheptel l'espèce Devon, qui convient par sa petite taille aux terres peu fertiles, elle est excellente pour le travail, et sa viande est de première qualité. Les vaches ne sont pas abondantes en lait, mais on assure que lorsqu'elles sont bien nourries, elles donnent une moyenne d'une demi-livre anglaise de beurre pour chacun des 365 jours de l'année.

J'ai vu faire dans mes quatre voyages en Angleterre bien des meules de foin très-bien tournées, mais il m'a paru qu'on y employait un trop grand nombre de personnes, que l'on pourrait diminuer si l'on connaissait la manière de les faire, imaginée par MM. Bouscasse, de Puilboreau, près la Rochelle, et qu'ils pratiquent depuis longues années. Ce qui facilite singulièrement ce travail, c'est principalement la manière de décharger les voitures de foin et de monter les fourchées de ce foin, ou les gerbes, si ce sont des céréales, sur la meule, lorsqu'elle est arrivée à une certaine hauteur.

MM. Bouscasse, voyant que l'homme placé sur la voiture, a beaucoup de peine à détacher le foin bien entassé sur la voiture, et qu'il n'en enlève que de petites quantités, qu'il transmet à un homme devant le passer à un second, et ainsi de suite suivant la hauteur de la meule, ont imaginé de faire faire une espèce de grand compas à trois branches, courbées vers l'intérieur. Au sommet de ce compas existe un anneau qui sert à l'attacher à un fort cordeau, qu'on fait passer dans une poutre posée au haut d'une forte perche fixée verticalement le long de la meule ; l'autre bout dudit cordeau tombe du point élevé où est la poulie, sur la meule au point où se trouvent les personnes qui la forment : le déchargeur enfonce, dans le foin de la voiture, les trois branches du compas les unes après les autres, de manière à saisir une forte brassée de foin, les hommes de la meule tirent alors sur le cordeau jusqu'à ce que la brassée de foin soit arrivée à une bonne hauteur, ils la saisissent, et l'ayant attirée à la place convenable, ils en détachent le compas qui se trouve ramené sur la voiture. De cette manière, il faut très-peu de temps et bien moins d'efforts pour décharger le foin et pour le monter sur la meule à telle hauteur convenable.

La meule terminée, les ouvriers la parent en tirant assez de poignées de foin, pour que les côtés et les pentes

de la toiture soient bien planes, cela sert non-seulement
à donner bonne mine à la meule, mais encore à faciliter
l'écoulement de l'eau de pluie pour l'empêcher d'y pénétrer.

Quant aux meules de céréales, on a le soin, une fois
qu'elles sont couvertes, de les parer à l'extérieur, ce qui
se fait au moyen d'une vieille faux emmanchée comme
un grand couteau de cuisine, et qu'on a bien battue, afin
qu'elle soit très-tranchante; on scie avec elle les pieds
des gerbes, qui, si elles ont été bien serrées en formant
la meule, présenteront une surface de bouts de paille
qui se touchent de si près et sont devenus si piquants,
qu'il est impossible à une souris de pouvoir y pénétrer,
elle aurait les yeux crevés si elle persistait à vouloir s'y
fourrer. En faisant cette opération, on met un drap au
pied de la meule là où l'on opère, et tous les épis de la
meule se trouvant dans les pieds des gerbes, y tombent
et ne sont pas perdus.

Je suis parti de Londres pour la station de Blisworth,
et y ayant pris un cabriolet, je me suis rendu chez
M. Smith, ministre de l'église de Loïs-Weedon, qui était
parti pour Paris avec mistriss Smith. Leur presbytère
est une charmante habitation meublée et arrangée de
la manière la plus confortable qu'on puisse désirer. Je
venais visiter sa culture dont on a beaucoup parlé. Il a
défriché, il y a treize ans, un herbage sur un plateau
en bonne terre forte, ayant près d'un mètre de profondeur jusqu'au sous-sol qui est de la marne ou de la craie.
Ce terrain a été partagé en bandes d'un mètre de largeur, qu'on plante alternativement tous les deux ans de
trois lignes de froment par poquets, après que cette
bande de terre a été défoncée, à dix-huit pouces de profondeur, au moyen d'une forte fourche à très-longues
pointes, et cultivée plusieurs fois avec une houe à cheval
ou un petit scarificateur, ainsi qu'on cultive une jachère
complète et très-bien soignée. Aussitôt son froment

planté, il roule les trois lignes avec un pesant rouleau, et le rouleau passe une seconde fois ; au printemps, si le temps le permet, il sarcle ses lignes de froment et bute, avec une charrue à haut versoir, le tour de la planche des trois lignes de froment. En juillet, ces trois lignes ont l'air de couvrir tout le terrain. Le froment a cinq pieds de hauteur.

Le jardinier du révérend Smith, homme fort intelligent, qui est depuis vingt et un ans dans cette maison, assurait que cette récolte de froment produisait trois mille trois cent cinquante litres sur l'hectare, dont moitié est en jachère ; ce terrain, défoncé tous les deux ans, n'a jamais été fumé depuis qu'il a été défriché, et a donné tous les ans une excellente récolte sur la moitié de son étendue, l'autre moitié de cette terre étant défoncée à dix-huit pouces et traitée en jachère complète.

M. Smith a fait creuser jusqu'au sous-sol calcaire un fossé qu'il laisse ouvert, et le rafraîchit de temps en temps, afin qu'on puisse juger de la qualité du sol qu'il traite d'une manière si extraordinaire, et dont il sait tirer des récoltes si remarquables sans jamais fumer, mais en employant une main-d'œuvre qu'il ne pourrait pas se procurer si sa culture était d'une assez grande étendue.

J'ai vu à côté du froment un petit champ traité de la même manière, mais contenant une superbe avoine. Enfin, ce qu'il y avait de plus extraordinaire c'était un petit champ de féverolles d'hiver, semées sur un seul rang, séparé des autres rangs ou lignes voisines, par cinq pieds anglais ; elles ont un mètre soixante-six centimètres de hauteur ; ces tiges garnissent tout l'intervalle qui sépare les lignes, et elles sont garnies de gousses depuis le sol jusqu'à trente centimètres du bout des tiges qui sont défleuries ; le jardinier prétend qu'elles produiront plus de cinquante hectolitres par hectare.

Je n'ai visité que l'enclos de deux hectares quarante

ares de terres fortes, que cultive le révérend Smith, près de la maison. Il cultive, m'a dit le jardinier, quatre autres hectares en sol léger, assez éloignés du presbytère, et la température étant très-chaude je n'eus pas le courage d'aller les voir.

M. Smith a encore deux hectares cinquante ares d'herbages pour nourrir ses trois fortes vaches et ses trois chevaux de calèche qui sont aussi chargés de sa culture.

J'ai quitté ce charmant cottage, qui est entouré du plus joli jardin qu'on puisse désirer, il est plein de massifs d'arbustes et de fleurs rares ou au moins charmants, qui sont séparés par un gazon espèce de velours, comme je n'en avais pas encore vu de si fin et de si beau.

Le pays que j'ai parcouru, dans cette journée, m'a paru presque partout joli et fertile, les récoltes belles au point qu'il y en a beaucoup de versées. Les troupeaux dishleys et les vaches que j'ai aperçus ne m'ont pas paru beaux, je n'ai pas vu de troupeaux southdowns ni de beaux chevaux de culture, les chariots chargés de foin et les charrues étaient attelés de trois ou quatre chevaux à la file.

Revenu à la station du chemin de fer, j'en suis parti pour aller coucher dans la petite ville de Rugby ; l'extrême chaleur nous a donné une petite averse qui nous a fait plaisir.

Le 8, je me suis levé de bonne heure pour visiter la culture de M. Congreave, jeune fermier qui n'habite qu'à deux kilomètres de la ville, sa culture m'a paru très-soignée et fort bien entendue. Il m'a fait déjeuner dans sa jolie maison, et m'a ensuite conduit dans un grand herbage situé à la porte de la ville. Il a disposé cet herbage à la Kennedy lorsqu'il était le régisseur du fils d'un ami de son père, qui a fait une belle fortune dans l'Inde, où il était avocat. Ce monsieur s'était arrangé avec la ville pour disposer, pendant un long bail, des eaux d'é-

gouts de cette ville de huit mille âmes, égouts dans lesquels tombent les vidanges. La ville reçoit pour cela
1,250 fr. , mais l'arrangement du système Kennedy est
revenu à 75,000 f.

Une machine à vapeur pompe les eaux d'égout dans
un réservoir d'où elles arrivent par leur pente naturelle
sur les regards, d'où un vieux bonhomme fait à lui seul
les irrigations au moyen de tuyaux de gutta percha, dont
le commencement a trois pouces anglais de diamètre,
mais qui va en se rétrécissant en avançant vers le bout
porté par le bonhomme.

Lorsqu'il y a plus d'eau qu'il n'en faut pour ce genre
d'irrigation, on fait couler le surplus dans quelques
pièces d'eau ou réservoirs, dont le fond est garni de
cailloux et sable qui servent à laisser filtrer l'eau, qui
se décharge dans la rivière, tandis que les parties épaisses et fertilisantes restent dans les réservoirs, d'où on
les extrait de temps en temps pour les répandre sur les
herbages.

M. Congreave achète des bœufs hereford, âgés de
cinq ans, pour 500 fr. la pièce. Il a besoin de soixante
ares pour les engraisser, ce qui prend six mois, et il les
vend de 125 à 150 fr. de plus que leur prix d'achat. En
hiver, il met sur ses herbages des bœufs noirs du pays
de Galles, et il leur donne du foin et de la paille lorsqu'il
y a de la neige.

Il fait grand cas des moutons de race shropshire, et
allait en conduire quinze fort gras, à une foire voisine;
il les avait achetés 36 shellings ou 45 fr. la pièce, et es-
pérait les vendre 50 shellings ou 62 fr. 50 c. Leurs toisons ne pèsent au plus que quatre livres lavées à dos,
la livre vendue 1 fr. 80 c. quoique cette laine soit plus
fine que celle des bêtes à longue laine, qui en donnent
de six à sept livres, mais ces derniers moutons ont coûté
42 shellings et ne se vendent pas davantage que les premiers, dont la livre de viande vaut au moins cinq centimes de plus.

M. Congreave m'a dit que son propriétaire avait fait une pauvre affaire en établissant le système Kennedy sur sa ferme, il assure que les eaux des égouts d'une petite ville n'ayant que huit mille âmes, et qui se trouve dans un pays où il pleut souvent, ne paient pas l'intérêt du capital employé à ce système, et , à plus forte raison, en payant en outre cinquante livres pour son eau d'égout.

Ayant demandé à ce cultivateur si intelligent, combien il lui avait fallu de capital par hectare pour bien monter sa culture, il m'a dit que 625 fr. suffisent , lorsqu'il n'y a pas de constructions à faire ; dans le cas contraire, il faudrait 1,000 fr., surtout s'il fallait aussi améliorer, et bien entendu que la ferme fût d'une grande étendue.

M. Congreave est le fermier de deux propriétaires ; celui de la ferme qu'il habite était âgé et excellent, il n'a pu en obtenir un bail, il peut donc être renvoyé tous les ans, après six mois d'avertissement, et lorsque son propriétaire est venu à mourir, le fils l'a augmenté de 2,150 fr. par an , somme qui forme à peu près l'intérêt du capital qu'il a employé à améliorer ladite ferme. La jolie maison qu'il habite avait été construite pour lui par le propriétaire. Ayant prié M. Congreave de me dire quelle espèce de bétail il prendrait, dans le cas où il achèterait une ferme dans un pays à culture arriérée, et en terres légères et peu fertiles, il me répondit des durham au moins par croisement, ensuite des béliers à longue laine, avec des brebis southdown , mais cela à condition d'avoir le capital nécessaire pour drainer s'il en était besoin, chauler ensuite, acheter des tourteaux pour le bétail , et du guano pour bien fumer les terres et faire beaucoup d'engrais.

Le pays qu'il habite est fort joli , les terres sont très-fortes, ses superbes féverolles et ses céréales sont semées en lignes et très-propres, il espère récolter cette année trente-cinq hectolitres en moyenne, mais cela n'arrive pas tous les ans.

Il compte exposer un cheval de chasse de six ans, qu'il a dressé lui-même et espère le vendre 6,000 fr.; il a l'habitude d'elever tous les ans quelques chevaux de chasse, avec lesquels il chasse à courre.

M. Congreave a des vaches durham de pure race, mais qui ne figurent pas au Herd-book, il les envoie à un taureau durham à pedigree, qui est chez un de ses voisins, et paie 10 shellings pour le saut; on paie dans ces environs, pour le même service, aussi 15 et même 20 shellings.

Je me suis ensuite rendu à Warwick, où je suis arrivé vers midi. Après avoir pris mes notes sur la culture de M. Congreave, je me rendis sur le terrain, où l'on essayait les charrues et scarificateurs à vapeur qui doivent concourir demain. J'en ai compté sept, d'abord deux à M. Fowler, une à trois socs et l'autre à quatre, la première ayant une machine de la force de huit chevaux, et l'autre de dix; ensuite le scarificateur à vapeur de M. Smith de Wolston, petit propriétaire cultivant quatre-vingts hectares, appartenant à sa famille depuis plusieurs siècles. La quatrième charrue ou machine à cultiver à la vapeur, est celle de M. Romaine, un Canadien; c'est une énorme locomobile armée d'un tambour, d'où sortent des espèces de pioches à manches fort courts, qui en tournant déchirent la terre; cette machine s'est détraquée au bout d'une trentaine de mètres, et n'a pas fonctionné depuis dans le concours. La cinquième était exposée par Clayton et Schuttleworth, excellents fabricants de machines locomobiles à vapeur et à battre. Le numéro six appartenait à un fabricant, M. Stages, qui avait fait une espèce de machine Fowler, moins grande et un peu modifiée. La septième, exposée par les fabricants Chandler et Oliver, ressemblait encore beaucoup à celles de Fowler. Toutes ces charrues à vapeur s'essayaient et se préparaient pour le lendemain.

M. Fowler, que j'avais vu à notre exposition de 1856,

après avoir fait sa connaissance à celle de Londres en 1851, m'a reconnu malgré ses grandes préoccupations ; j'ai rencontré là M. Allen Ransomes et son neveu. Le premier et son frère sont les plus grands fabricants d'instruments et machines agricoles d'Angleterre ; j'ai été très bien accueilli en 1840, chez leur père, à Ipswich, ainsi que dans leur maison de campagne.

Le lendemain matin de bonne heure, je retournai au même lieu, où les différentes charrues à vapeur se mettaient en train de faire leurs preuves. J'ai d'abord suivi pendant longtemps et avec la plus grande attention la charrue à trois socs de Fowler. Elle était armée de trois socs destinés à peler le gazon ; ce qu'elle fit à merveille, malgré la grand sécheresse ; ces gazons sont écobués une fois bien secs, usage très prôné dans plusieurs comtés d'Angleterre ayant des terres calcaires. Il y avait aussi des socs destinés à défoncer la terre à une grande profondeur, ou pour ramener à la surface, ou bien seulement pour remuer et diviser le sous-sol. On peut encore à volonté peler les chaumes immédiatement après la moisson, afin qu'ils ne deviennent pas trop durs, et qu'on puisse ainsi détruire d'innombrables mauvaises herbes et particulièrement le chiendent.

J'examinai ensuite le travail de la charrue Fowler à quatre socs, que je trouvai occupée d'un bon labour de quinze centimètres de profondeur et quarante-cinq de largeur. Le fond de la raie était parfaitement plane. Après l'avoir suivi pendant quelque temps, étant enchanté de son travail, j'ai mesuré la longueur du labour, et j'ai trouvé cent soixante-dix mètres, et ayant pris ma montre à la main, j'ai attendu qu'elle ait fait trois tours, ou labouré six longueurs de ce champ de cent soixante-dix mètres ; il a fallu juste quatorze minutes pour exécuter ce labour qui était des mieux faits, et qui, si on l'avait continué pendant dix heures, eût labouré dans cet espace de temps cinq hectares : mais en travail ordinaire, on ne doit compter que sur trois ou quatre hectares, suivant la force de la terre ou la profondeur du labour. Il faut pour labourer avec les charrues Fowler, un chauffeur à la locomobile, un laboureur qui soit fort et habile, un garçon pour suivre la charrue et un autre garçon avec un cheval attelé à un tombereau, contenant un tonneau pour aller chercher de l'eau destinée à alimenter la locomobile.

Je suis allé ensuite voir l'ouvrage du scarificateur à vapeur de M. Smith, de Wolston. Je l'ai suivi pendant longtemps, et je n'ai pas été content de son ouvrage dans cet herbage de deux ans, qui était fort sec. Après le premier coup de scarificateur, il restait beaucoup de bandes de gazon qui n'avaient point été détachées du sol ; ce n'est qu'en donnant un second coup de scarificateur en travers de l'ouvrage fait par le premier coup, que toute la terre a été déchirée et non labourée, et si c'est un champ engazonné qu'on scarifie, il y en a plus de la moitié qui n'est pas retourné, et qui par conséquent n'est pas détaché du sol. Le scarificateur de M. Smith, de Wolston, est bien plus étroit que la charrue de Fowler à quatre socs, aussi est-il fort loin de pouvoir faire autant d'ouvrage, sans compter que cet ouvrage est de bien moindre qualité. Il a besoin de six hommes au lieu de deux hommes et de deux garçons.

M. Smith m'a dit qu'en travail ordinaire de douze heures, sur lesquelles il y a deux heures de repos, il fait de cinq à sept acres par jour en moyenne sur les six jours de travail d'une semaine ; le premier chiffre fait deux hectares et le second fait deux hectares 80. Sa machine à vapeur est de la force de huit chevaux, et il vend tout l'attirail pour ce genre de culture, 500 livres sterlings, ou 12,500 fr., tandis que la charrue à quatre socs de Fowler, avec une locomobile de douze chevaux, se vend 22,000 fr., elle a aussi un scarificateur.

Les autres charrues à vapeur étaient si inférieures à

celle de Fowler, que je crois devoir les passer sous silence.

M. Pavy, que j'ai rencontré à ce concours des charrues à vapeur, m'a ramené à la ville, ce qui m'a fait grand plaisir, car j'étais très fatigué après être resté près de huit heures sur mes jambes.

M. Pavy expose ici, comme il l'a fait à Nantes, son grenier à grains. Il a fait faire celui-ci à Reading, en Angleterre, ce qui lui a donné un embarras extrême. Ce grenier contient trois cents hectolitres; il a une petite locomobile de la force de trois chevaux avec sa batteuse, pour battre le froment, le passer une fois au tarare, le monter ensuite dans le grenier, et finir complètement son nettoyage. Ce grenier doit coûter en France de 3 à 4 fr. par hectolitre de grain qu'il peut loger. Son très grand mérite est de nettoyer très facilement et très bien le grain, de le mettre hors d'atteinte des rats, souris et insectes. On lui a décerné une médaille d'argent.

Comme il m'eût été impossible d'obtenir l'entrée du concours avant son ouverture, M. Pavy a trouvé le moyen de m'y faire pénétrer, en obtenant pour moi un laisser passer comme étant son interprète, ce qui m'a rendu grand service, car j'ai pu visiter cette magnifique exposition pendant deux jours de plus. J'ai passé plusieurs heures de la matinée du 9 juillet à voir fonctionner d'abord la charrue à drainer de Fowler, qui draine parfaitement une terre à sous-sol argileux à un mètre et même plus de profondeur. On fait un trou au commencement et un autre à la fin de la rigole pour pouvoir enfouir, et ensuite sortir la charrue à drainer; on fait encore de petits trous aux endroits où le câble qui fait avancer la charrue est arrivé à sa fin, pour pouvoir le dérouler en faisant changer de place la locomobile, et aussi pour retirer la corde qui était garnie de tuyaux, qu'elle a laissés les uns après les autres, à leur place, à mesure que la charrue à drainer avançait sous terre, et cette opération se fait à merveille, tout en coûtant bien meilleur marché que le drainage ordinaire.

J'ai assisté au concours des faucheuses ; il n'y en avait que quatre. Celle d'Allen a remporté le premier prix, mais les autres qui étaient de l'invention de Manny et de Wood, tous trois Américains, faisaient fort bien leur besogne. Le concours entre les nombreuses charrues à très longs versoirs, si fort à la mode en Angleterre, a enlevé à M. Howard de Bedford le premier prix auquel il était habitué depuis plusieurs années. C'est M. Hornsby, si renommé depuis longtemps pour ses machines lo-comobiles à vapeur, celles à battre, ses semoirs, et qui ne fabriquait pas de charrues, qui a remporté le pre-mier prix de labourage.

On a aussi essayé les scarificateurs, et c'est celui de Colman qui a encore été le vainqueur. Les triples herses, dans le genre de celle de Howard, sont toujours très es-timées, son râteau à cheval ainsi que celui de Smith et Ashby sont excellents.

Voici les noms de quelques instruments ou machines qui m'ont paru mériter l'attention des bons agricul-teurs.

La machine à moissonner que je préfère, après en avoir vu travailler un grand nombre, comparativement dans plusieurs concours, et séparément dans beaucoup de fermes, est celle de Hussey, perfectionnée par Dray : c'est la plus simple, la moins chère (625 fr. en Angleterre), et celle qui, faisant des javelles admirables, moissonne mieux que toutes les autres moissonneuses, dont plu-sieurs font des andains, et d'autres, au moyen de râ-teaux ou de fourches, débarrassent la machine du grain coupé en le mêlant. Vient ensuite la moissonneuse de Bell, fabriquée par Bell, frère de l'inventeur, ou celle faite par Croskyll, mais cette dernière va moins bien que la précédente, quoique étant du même inventeur. En troisième, celle de Mak-Cormick améliorée par Burgess et Key, que j'ai vue jusqu'à cette heure toujours mal fonctionner.

Celle d'un américain, nommé Seymour, et qui se fabrique à Bambury, près d'Oxford, par M. Samuelson, n'a besoin que du cocher, elle a un râteau qui paraît faire facilement la javelle, mais elle est loin d'être aussi bien faite que celle formée par la machine Hussey Dray, qui à la vérité a besoin de deux hommes, dont un est monté sur un des chevaux. M. Samuelson fabrique aussi un excellent râteau à cheval pour les prés, dont on peut remplacer les dents par d'autres qui sont armées de quatre pointes destinées à ratisser les froments et autres céréales au printemps, pour détruire toutes les jeunes mauvaises herbes et ameublir la terre de ses champs, ce râteau à cheval coûte de 250 à 300 francs suivant sa force. J'ai remarqué un rouleau dont les disques sont alternativement pris des rouleaux Croskyll et Cambridge; la machine à concasser et pulvériser les os, de Croskyll, son tombereau sans ridelles et sa charrette à un cheval, sa herse de Norwège très perfectionnée; son chemin de fer qu'on change de place facilement, est des plus utiles pour la rentrée des betteraves, quand la terre est humide; il a deux petits tombereaux de formes différentes, sa caisse montée sur roues pour arroser avec du purin, un scarificateur de Carson de Warminster; une faneuse de Thompson qui a remporté à Paris le 1er prix. J'ai rencontré à l'exposition M. Lefour, inspecteur général d'agriculture, qui est obligé de repartir pour aller organiser le concours des moissonneuses à Fouilleuse, il m'a dit qu'il y en avait 40 d'inscrites.

J'ai fait la connaissance de M. Janer jeune ingénieur sortant de l'école des ponts et chaussées, et qui doit voyager quelques mois dans la Grande-Bretagne pour s'y instruire en mécanique, et un peu en agriculture. Il était avec M. Delorme ingénieur et entrepreneur du chemin de fer de Lyon à St-Etienne, qui est devenu propriétaire cultivateur dans la Dombe , et était venu à cette exposition pour voir le concours des charrues à vapeur, des faucheuses et moissonneuses. J'ai aussi rencontré lord Hatherton, qui m'attendra dans sa terre le 27 du mois étant obligé plus tard de retourner à Londres. J'ai fait la connaissance de M. Mercey propriétaire dans les environs de Tours et demeurant non loin de chez M. Pavy. J'ai encore rencontré ce jour (celui de l'ouverture de l'exposition), le comte de Bouillé qui après avoir vu ce très remarquable concours compte acheter des béliers southdowns; MM. de la Trehonnais, et Crisp, celui-ci fameux cultivateur et éleveur de chevaux de race Suffolk, et de superbes cochons noirs portant le même nom, celui du comté. Il a aussi un grand et beau troupeau de southdowns. Il demeure à Bushy Abbey près Ipswich, c'est lui qui expédie à M. de Natuzins, le meilleur cultivateur allemand que je connaisse, et qui a les meilleurs instrumens et bestiaux anglais connus, ce qu'il demande. Les cochons Suffolk de M. Crisp sont ce qu'il y a de plus beau dans ce genre, ils sont noirs et fort gras. M. Crisp en a aussi des blancs mais qui m'ont paru moins remarquables que les noirs, pour lesquels il a été primé , mais il les vend bien cher , il en a vendu jusqu'à 50 guinées la pièce. Il m'a dit que les noirs supportaient mieux la chaleur et les blancs le froid.

J'ai encore rencontré MM. Fournier et Lavaud, excellents cultivateurs des environs de Meaux, ils avaient avec eux d'autres cultivateurs français. J'ai revu avec bien du plaisir ce bon M. Hudson de Castleacre, un des plus grands et des meilleurs fermiers d'Angleterre. J'ai aussi vu MM. Jonas Webb, le fameux éleveur de southdowns et de durham, et Fisher Hobs propriétaire et excellent cultivateur dans le comté de Suffolk; il est un des membres influents de la société royale d'agriculture d'Angleterre.

M. Pavy m'a fait faire la connaissance de lord Leygh propriétaire d'une superbe terre et château à petite distance de Warwick, qui eut l'obligeance de nous inviter à venir le voir ainsi que les ruines du fameux château de Kenilworth, qui fut habité par la reine Elisabeth. J'ai bien regretté de n'avoir pu accompagner M. Pavy dans cette visite, car l'excessive chaleur et la grande suite que j'ai mis à voir aussi bien que possible, tout ce qu'il y avait d'utile et de remarquable dans ce concours, m'avaient si fatigué, que je fus forcé de me reposer le dimanche.

L'exposition de bétail s'est ouverte la dernière, elle était de toute beauté en durhams, herefords et devons. Le prince Albert a eu plusieurs prix entre autres un premier prix pour son jeune taureau hereford. Le colonel Towneley a eu comme à son ordinaire plusieurs primes pour ses magnifiques durham, il a refusé plus de 30,000 francs d'un jeune taureau durham, frère puiné de Butterfly qui a remporté à Paris en 1856 le premier prix et qu'il vendit 33,000 francs pour l'Australie. Le capitaine Gunter en a aussi remporté avec ses bêtes descendant de la meilleure famille des durham, celle de M. Bates de Kirkleavington, chez lequel j'ai passé deux jours il y a vingt ans. M. Stratton a aussi eu plusieurs prix pour ses beaux durham. M. Crisp avait exposé deux étalons de race suffolk, et a été primé.

Il y avait une nombreuse exposition de chevaux principalement de ces énormes et lourdes races anglaises de travail, auxquelles je préfère infiniment nos bonnes races françaises de trait, telles que les Percherons, Boulonnais, Normands, Bretons, et Poitevins, qui ont bien plus de nerf et d'activité. Il y avait aussi des chevaux de luxe ayant du mérite et de fort jolis ponneys.

Quant aux bêtes à laine elles étaient très nombreuses, et les lots formés d'un grand nombre de races et sous-races. M. Jonas Webb n'a pas eu comme à l'ordinaire les premiers prix, quoique bien des connaisseurs fussent d'avis qu'il les méritait encore ; c'est le duc de Richemond qui a été l'heureux concurrent du célèbre éleveur de southdowns, et M. de Bouillé lui a acheté un de ses béliers. Il y avait aussi des bêtes à longue laine, telles que dishleys, cotswolds, lincolnshires, mais surtout une quantité de downs, tels que shropshire-downs, qui sont maintenant très en vogue, et se vendent fort cher ; des hampshire-downs, des oxfordshire-downs, des east-downs et tout cela était très beau. Je regrette que personne n'ait encore importé en France la très belle race du Shropshire, elle est plus pesante en viande et en toison que les southdowns, sa laine est meilleure et on les dit plus rustiques.

Les porcs étaient bien nombreux et beaux, mais c'est surtout la race perfectionnée du Berkshire qui a été admirée ; pour moi ce sont les cochons noirs du Suffolk que j'ai préférés. Ils sont plus gros et lourds que les newleicester.

Je suis parti de Warwick pour Evesham, petite ville située dans une charmante vallée parcourue par la rivière Avon, dont les bords passent pour être des plus fertiles d'Angleterre. La petite diligence qui nous portait au nombre de seize, n'avait que deux chevaux et en prit trois au relais suivant, qui était plus montueux. Nous avions souvent de très beaux points de vue, mais les champs de froment quoique semés en lignes, ce qui annonce une culture perfectionnée, n'étaient pas beaux sur les hauteurs, tandis que dans les vallées ils étaient souvent versés par suite de leur trop grande vigueur. J'ai aperçu dans cette course de vingt-sept milles beaucoup plus de champs de betteraves que de rutabagas, et seulement deux champs de trèfle ; on m'a dit que la maladie des pommes de terre recommençait. Nous avons vu beaucoup de jolis cottages entourés de charmants jardins très bien soignés et un certain nombre de belles habitations, au milieu de grands parcs.

Les environs de la ville d'Evesham sont livrés à une espèce de culture maraîchère ; on y voit une quantité de petits champs d'asperges, de carottes mêlées de panais, de pavots de pharmacie, choux et autres légumes, mais c'est la culture des cornichons qui y est surtout très commune ; tous ces produits sont destinés à la capitale.

J'ai trouvé à Evesham un chemin de fer qui m'a conduit jusqu'à deux milles de Chadbury, grande terre qui appartenait il y a huit ans, lorsque j'y vins, à M. Holland, membre du parlement et très bon cultivateur. Il l'a vendue depuis quelques années au duc d'Aumale pour la somme de près de 200,000 livres sterlings ; la contenance est d'environ mille hectares.

M. Randall que je venais visiter, cultive deux fermes du duc : sa culture s'étend sur 280 hectares de terres très fortes. Il est en même temps l'agent ou régisseur du duc pour le reste de la terre, et il est occupé maintenant à faire construire une maison de chasse, que le duc et sa femme viendront habiter pendant le temps de la chasse en plaine, car il ne se trouve sur cette terre qu'une petite étendue de bois auprès desquels on construit la maison de chasse. La famille descend chez M. Randall, qui a une charmante habitation, car il a ajouté aux 25,000 francs, que M. Holland destinait à la construction de l'habitation de son nouveau fermier, 12,500 francs pour être très confortablement logé.

M. Randall a été un des premiers fermiers qui aient acheté il y a plus de deux ans l'extirpateur marchant par la vapeur de M. Smith de Wolston, qu'il a payé 12,500 francs, et il en tire un bon parti dans ses terres argileuses qui ont besoin d'être labourées ou pour bien dire travaillées sans perte de temps, lorsqu'elles ne sont ni trop humides ni trop sèches, mais il convient que s'il n'avait pas cette machine il achèterait sans hésiter la charrue à vapeur de Fowler. Il m'a conduit dans un champ où le scarificateur à cinq pieds qu'il vient de faire venir marchait pour la première fois, car le précédent n'avait que trois pieds. L'instrument fonctionnait très bien comme scarificateur, mais enfin ce n'est pas un labour. M. Randall ne cultivait avec son premier scarificateur à trois pieds, que quatre acres ou un hectare soixante ares par jour, maintenant avec l'instrument à cinq pieds, il en scarifiera de cinq à six, ou de deux hectares à 2 hect. 40 ares; il avait pour 200 hect. vingt-deux gros et forts chevaux de culture, avant d'avoir le scarificateur à vapeur; il en a suprimé huit depuis lors, et va en diminuer le nombre de deux, depuis qu'il voit que le nouvel instrument active de beaucoup la culture de ses terres très difficiles à manier.

La locomobile dont se sert M. Smith ne change pas de place à chaque tour du scarificateur comme le fait celle de Fowler; il s'en suit qu'il faut déplacer à chaque tour de scarificateur les ancres auxquelles les poulies du câble sont fixées; cet ouvrage exige deux vigoureux ouvriers de plus, et lorsque le carré de terre est achevé, il faut changer la locomobile et tout l'attirail de place, pour le reporter plus loin; ce changement prend au moins une demi heure chaque fois qu'il a lieu, ce qui arrive plusieurs fois par jour et exige la présence de chevaux pour mouvoir la locomobile, et beaucoup d'efforts des ouvriers pour porter les ancres et le câble à une certaine distance; il y avait six hommes et un garçon attachés au scarificateur de M. Randall.

Son troupeau de bêtes à laine, provient de croisements alternatifs de béliers cotswolds avec les brebis à longue laine du pays, et de béliers shropshire améliorés, donnés aux antenaises provenant du premier croisement, suivi de l'emploi de béliers cotswolds et enfin de celui d'un bélier shropshire. Après ces quatre croisemens, on n'a plus donné que des béliers choisis dans le dit croisement, et le troupeau formé ainsi depuis vingt ans, est bien homogène, les bêtes se ressemblent bien et M. Randall vend chaque année une quarantaine de béliers dans les prix de huit à douze livres, c'est-à-dire de 2 à 300 francs la pièce. Ses 410 brebis lui ont donné ce printemps assez d'agneaux pour que malgré les pertes inévitables il lui en reste 450.

La meilleure moitié des agneaux mâles de l'an dernier ont été vendus étant tondus et âgés de douze mois, quarante sept shillings, et les toisons lavées à dos pesaient sept livres; elles se sont vendues 18 pences la livre ou 12 francs 10 centimes la toison. Ces bêtes pèsent en moyenne 80 livres anglaises de viande nette. La seconde moitié a produit le même prix à quinze et dix-huit mois. Les brebis réformées à quatre ou cinq ans sont vendues à peu près le même prix que les brebis d'un an. Il conserve pour ses brebis de dix à douze jeunes béliers, afin de ne pas les fatiguer. Ses moutons à l'engrais mangent deux livres de foin coupé, environ douze à quinze livres de racines, c'est-à-dire tant qu'ils en veulent, dans le commencement 1/2 livre et plus tard une livre de tourteaux. Lorsqu'on conserve un beau bélier et qu'on le tue gras étant âgé de 5 ans, il pèse de cent soixante à cent quatre-vingts livres viande nette.

M. Randall a habituellement de cinquante-cinq à soixante bêtes durham de pure race, parmi lesquelles se trouvent de fort bonnes laitières; les jeunes bœufs de deux ans sont vendus de 14 à 16 livres, ou 350 à 400 fr., et les génisses, qu'il ne veut pas conserver, ne produisent qu'une ou deux livres de moins; il vend quelques taureaux d'un an de 20 à 25 l.; il a de six à huit chevaux de selle, voiture, ou poulains. M. Randall a toujours ses remarquables cochons, qui proviennent de croisements entre diverses races choisies, mais ayant remarqué qu'on vend plus facilement les porcs blancs que les noirs, il s'est arrangé de manière à les avoir blancs. J'ai vu dans sa cour à meules quinze belles et grosses meules de froment de l'an dernier.

Comme il vend une partie de ses pailles, il fait brûler de l'argile pour se servir des cendres comme litière, opération que je lui ai vu faire, il y a huit ans, avec le plus grand succès. Ses moutons à l'engrais avaient pour huit têtes par boxe deux brouettes d'argile brûlée, étant de la couleur des briques; on en met une le matin et l'autre le soir, et la toison n'en était pas salie. M. Randall a payé pendant vingt ans 32 shellings par acre de quarante ares, ou 100 fr. par hectare. Sa ferme en contient deux cents; à fin de bail, il devait être remboursé de diverses sommes d'après dire d'experts, d'abord pour la somme qu'il avait ajoutée à la construction de sa maison, ensuite pour tous les drainages faits par lui, sauf les tuyaux fournis par le propriétaire; puis pour les digues faites contre l'inondation de la rivière, qui lui avaient coûté près de 4,000 francs, les écluses comprises; enfin d'autres sommes qu'il serait trop long de détailler. Lorsqu'il a renouvelé son bail pour quatorze ans avec le duc d'Aumale, il a renoncé à tout l'argent qui lui était dû, afin de n'être pas augmenté.

Comme il a ajouté à sa culture une autre ferme de quatre-vingts hectares de bonnes terres peu difficiles à cultiver, il en paie 45 shellings l'acre, ce qui fait 11,250 fr., à ajouter aux 20,000 fr. de la première ferme. Cela forme un loyer de 31,250 fr.

En réponse à ma question, il m'a dit que pour cultiver une pareille ferme, avec bénéfice raisonnable, il faut 12 livres par quarante ares, ou 750 fr. par hectare, et pour la culture de deux cent quatre-vingts hectares, cela forme un capital de plus de 200,000 fr. Lui ayant demandé encore, combien un bon cultivateur bien placé, et ayant un capital suffisant pour son entreprise, devait retirer d'intérêts de ce capital, il m'a répondu 15 p. 0/0;

si cela n'est pas exagéré, il doit retirer de sa culture actuelle 30,000 fr. de rente.

Ses récoltes de froments et de féverolles d'hiver que j'ai vues, sont généralement belles et les premiers ne sont pas versés, comme cela est assez général dans les bonnes terres. Il dit qu'il devrait en récolter six quarters de deux cent quatre-vingts litres chacun par acre, ou quinze par hectare, cela ferait quarante-deux hectolitres, mais il ne compte que sur cinq quarters par quarante ares, ou trente-cinq hectolitres. Ses féverolles, qui n'ont que quatre pieds de haut, sont très bien grainées. Il pense qu'elles rendront au moins autant que le froment. Il a vingt hectares de betteraves globes jaunes très propres et fort belles ; je n'y ai pas vu de manques ; elles lui donnent souvent cent mille kilos à l'hectare, tandis que les rutabagas ne lui donnent habituellement guère que moitié.

Il fume pour ses racines à raison de douze à quinze yards cubes de fumier par acre, il mélange ensuite de deux à trois cents livres de superphosphate à un yard et demi de cette litière à moutons gras, composée de terre argileuse brûlée, bien pulvérisée. Afin que la semence des betteraves puisse s'y mêler bien également, il fait passer tout cela par le semoir, et cette quantité sert à semer quarante ares. Il ajoute encore deux cents à trois cents livres de guano par hectare, suivant la qualité de la terre ; on le sème à la volée et par-dessus les feuilles des betteraves, par un temps pluvieux ; enfin, il y met de deux à trois cents livres de sel. Il met donc par hectare au moins vingt-cinq mètres de fumier de bêtes bien nourries, trois mètres de cendres d'argile ou litières de moutons gras, deux cent cinquante kilog. de superphosphate, et autant de guano, enfin deux cent cinquante kilog. de sel par hectare de terre un peu forte, ou trois cent soixante-quinze kilog. de sel, dans les terres légères, car le sel durcit les terres fortes.

M. Randall se sert de charrues Howard, comme on les faisait en 1847, c'est-à-dire à l'époque où sa réputation s'est faite, et il blâme cette mode des versoirs très longs. Il donne à son chauffeur de locomobile 2 fr. 50 c. par jour de la semaine, le loge et lui donne un jardin. Ses laboureurs ont deux shellings de moins pendant l'année, excepté durant le mois de moisson, où ils gagnent comme les journaliers de 12 à 14 shellings par semaine ; ils sont logés et ont un jardin.

Il m'a dit que les lévriers qu'il élève ont conservé leur très bonne réputation, et qu'ils lui sont encore plus profitables que lors de ma visite en 1851, époque où il avait une levrette qui lui produisait par la vente de ses élèves, souvent 100 livres sterlings par an.

Les pieds des scarificateurs marchant par la vapeur, sont faits en fonte aciérée d'un côté ; ils s'usent de l'autre et sont par suite toujours assez tranchants ; ils ne coûtent qu'un shelling la pièce chez M. Howard, et durent très longtemps si le sol ne contient pas de grosses pierres. Il en est de même des socs de charrues, et ces deux parties d'instruments agricoles coûtent fort cher et s'usent très vite, lorsqu'on les a en fer forgé.

Je me suis rendu à Swindon en passant par Oxford, et j'ai vu aujourd'hui dans des plaines calcaires des avoines d'hiver mûres et quelques champs déjà en moyettes. Il y a aussi un peu de froment récolté et une assez grande étendue paraissant mûre.

J'ai pris à Swindon un tilbury pour me rendre d'abord chez M. Redman, fermier, qui a acheté de M. Fowler une quadruple charrue à vapeur, tant il avait été content des labours qu'une de ces charrues était venue faire chez lui à prix débattu.

M. Redman était au marché de Swindon, mais sa charrue à vapeur labourait, et Mme Redman m'adressa au maître valet ou baillif, pour m'expliquer les résultats du labourage à vapeur. Il me fit voir la charrue fonction-

nant à merveille dans un champ argileux, où des vesces
d'hiver avaient été consommées par le troupeau dans un
temps fort humide, ce qui avait laissé partout les mar-
ques des pieds des bêtes à laine, après que la sécheresse
eut durci singulièrement ce terrain battu. Le maître valet
m'a dit qu'on avait déjà labouré soixante-huit hectares
dans cette ferme au moyen de la vapeur, et que cela allait à merveille. Cet homme m'a fait remarquer que la
machine n'employait qu'un chauffeur, un laboureur et
deux garçons de quinze à dix-huit ans, et que ces gens,
qui étaient tous des ouvriers de la ferme, remplissaient
parfaitement leurs nouvelles fonctions. Le maître valet
me fit voir de belles récoltes de céréales, de racines et de
fourrages.

Je me rendis de là à la ferme de Broad-Hinton, chez
M. Stratton, éleveur de durham très connu, il était aussi
au marché. Mme Stratton, avec une autre dame et mesde-
moiselles ses filles travaillaient dans le salon. La salle à
manger contenait un grand nombre de portraits des plus
beaux durham mâles ou femelles, que le maître de la
maison avait élevés et qui lui avaient fait gagner de belles
médailles et autres primes ; ces portraits peints à l'huile
coûtent 10 livres. Mme Stratton est la mère de onze enfants vivants, dont le dernier est un beau garçon de sept
ans.

Un de ses fils, âgé de dix-huit ans et qui aide son père,
me servit de guide pour me faire voir d'abord les étables
et boxes, dont une trentaine entourent une cour, elles ne
sont destinées à loger qu'une bête chacune. Elles peuvent habiter le hangar, ou se rendre dans une petite cour
garnie de fumier long, exposée ainsi que la mangeoire
à la pluie et au soleil. Les boxes servent principalement
aux bêtes destinées à paraître à des concours, aux taureaux, et enfin aux vaches qui viennent véler. M. Stratton, étant revenu, vint me rejoindre dans cette cour où
se trouvaient trois jeunes taureaux, une superbe vache,

une très belle génisse et deux jeunes vaches, qui avaient été exposées comme laitières à Warwick d'où toutes ces bêtes arrivaient.

Les boxes contenaient encore plusieurs taureaux destinés à la monte pour les cultivateurs des environs, qui paient les saillies de 10 à 40 shellings, enfin les veaux de choix, qui, après avoir tété longtemps, sont plus soignés que les autres, et sont conservés pendant une année dans ces boxes ; ils y reçoivent du foin avec d'abord une livre et puis petit à petit jusqu'à deux livres de tourteau de lin. M. Stratton m'a fait voir ensuite deux bœufs qui ont été primés au concours de Smithfield, et qui vont probablement l'être de nouveau à celui de Birmingham, où ils pourront encore remporter des primes montant à trente ou même 50 livres sterlings.

J'ai fini la visite des animaux par voir une grosse vache et deux jeunes bœufs, devant concourir à Smithfield en décembre. M. Stratton a habituellement deux cent soixante durham, quarante bœufs, une cinquantaine de chevaux ou de poulains, dix-huit cents moutons à l'engrais ; il n'élève pas de bêtes à laine, j'ai oublié de lui demander ce qu'il a en fait de cochons.

Il a commencé à cultiver, il y a 25 ans, n'ayant alors que 1,200 livres ou 30,000 fr. pour cultiver une ferme de quatre-vingts hectares; il cultive maintenant huit cents hectares et son capital de culture dépasse 600 fr. par hectare. Il cultive une ferme située à seize lieues de celle qu'il habite, mais un de ses fils la dirige. Il expose chaque année beaucoup de courtes cornes, et remporte depuis assez longtemps un grand nombre de prix. Il a commandé une charrue à vapeur comme celle de M. Redman, son beau-frère ; il dit qu'il n'aura plus alors de bœufs de labour, et que cela lui permettra de tenir quarante durham de plus. Il paie pour ses herbages et ses meilleures terres 125 fr. par hectare.

Il vend une grande partie de ses jeunes taureaux 100 livres, et un certain nombre arrivent jusqu'à 200 livres; un des trois qui venaient de figurer au concours, lui avait été acheté pour l'Australie. M. Stratton avait encore bien des meules de froment de l'an dernier, mais il venait déjà d'entamer une de ses meules de foin de l'année.

Il m'a fait voir une machine à battre qui nettoie parfaitement le grain ; sa locomobile est de la force de huit chevaux, elle bat de trente à cinquante quarters, suivant la longueur de la paille : cela ferait de quatre-vingt-quatre à cent quarante hectolitres par jour.

Il m'a dit que ses terres sont en général à sous-sol imperméable, quoiqu'étant sur un sous-sol calcaire. Ses terres, ainsi que celles de M. Redman, sont placées sur des côtes fort élevées et nues, elles sont exposées à de terribles vents ; ces coteaux sont séparés par de petites vallées ou ravins à pentes excessivement rapides, elles sont alors plantées de bois.

L'assolement de M. Stratton est alterne et le froment y vient tous les deux ans sur ses bonnes terres; ceux que j'ai vus sont fort beaux ; il ne fait d'avoine que pour ses chevaux. Il m'a dit qu'il avait lu mon *premier Voyage en Angleterre,* qui a été publié dans le *Farmers Magazine.*

Il donne moins de 2 shellings par jour à ses journaliers. Il sème beaucoup de vesces et pois fourrages, et donne après les avoir enlevés, de bonnes demi-jachères pour les tenir propres. J'étais logé à Swindon dans un très bel hôtel, placé au-dessus des salles d'attente et magasins, mais on y est très chèrement.

Je suis arrivé le 19 juillet, vers 10 heures, à Cirencester, et j'ai commencé par me rendre au collége d'Agriculture, qui est occupé par une centaine d'élèves, qu'on ne prend plus maintenant au dessous de seize ans : ils étaient en vacance. M. Colman, le professeur d'agriculture qui est en même temps directeur de la ferme du collége, m'a fort bien accueilli, m'a fait voir son bétail et une partie de ses champs, qui étant fort calcaires souffrent singulièrement de l'extrême sécheresse.

Les bêtes à cornes sont des durham très bien placés sur le herd-book, car ils descendent des beaux taureaux que lord Ducie prêtait à la ferme du collége agricole; car il était ainsi que lord Bathurst, qui a construit le collége et l'a loué pour quarante-cinq ans à la ferme, l'un des principaux fondateurs de ce bel et très utile établissement. Comme une bonne partie du bétail de lord Ducie venait de chez M. Bates qui avait les meilleurs courtes cornes d'Angleterre, on pourrait se procurer à la ferme du collége d'excellentes bêtes à moitié prix de celles des éleveurs à grandes réputations. M. Colman m'a fait voir de fort belles bêtes de cette fameuse race, et m'a dit qu'on pourrait avoir là de bons jeunes taureaux prêts à servir pour 40 à 50 livres, 1,000 ou 1,250 fr. Les chevaux de culture, ainsi que les bêtes à cornes, sont tenus en liberté dans des boxes, ce qui leur est des plus avantageux.

Les récoltes sarclées sont très propres et promettent beaucoup, les fourrages souffrent on ne peut plus de la sécheresse, les céréales sont belles; j'ai été étonné de ne pas voir parmi les instruments de culture un semoir qui arrose la graine en même temps qu'il la dépose en terre, c'est un instrument des plus appréciés par les bons fermiers anglais.

Je me suis rendu ensuite chez M. Lawrence, un avocat très bon cultivateur, qui habite une charmante maison de campagne à la porte de la ville, et cultive cent vingt hectares tout en suivant ses autres affaires. J'ai trouvé ce monsieur, que j'avais visité sans le rencontrer chez lui, en 1851, mais que j'avais vu à l'exposition de 1855, à Paris; il était occupé à faire voir sa culture, une des plus progressives et des mieux soignées que j'aie vues en Angleterre, à trois messieurs de ses amis, et je les accompagnai dans leur visite. Ses trois bâtiments de ferme ayant un extérieur des plus simples, sont cependant des plus commodes pour le service et les animaux ; il s'y trouve vingt-cinq boxes pour les bêtes à l'engrais et huit pour les chevaux de culture qui y sont détachés et sous une toiture de chaume percée par beaucoup de cheminées, destinées au renouvellement de l'air.

M. Lawrence, qui paraît être fort à son aise, adopte toutes les améliorations ayant fait leurs preuves. Il est fort bien monté en instruments de culture ; il vient d'acheter à Warwick une nouvelle charrue à peler les gazons qu'on veut écobuer, après l'avoir essayée comparativement avec celle qu'il possédait, M. Colman lui ayant prêté la sienne, et son excellent travail l'a décidé à faire cette emplette. Il nous a fait voir ce travail très en usage dans les terres argilo-calcaires.

Lorsque l'herbage de deux ans ou les chaumes sont pelés, on laisse bien sécher les gazons, on herse en long et en travers ; après cela des hommes armés, les uns de fourches, les autres de pelles, forment de très nombreux petits tas de gazons qu'on évite de serrer, on les recouvre de la terre qui les entoure ; celle de ce champ contenait infiniment de petites pierres calcaires ; ensuite on allume les tas, qu'on surveille afin de reboucher tous les jours formés par le feu, qu'on empêche, autant que possible, de flambler, pour faire le moins possible de cendres rouges ; les petites pierres étant cuites tournent en chaux ; ce qui est certain, c'est que cette opération fait des merveilles dans certaines terres, et qu'elle ne fait rien dans quelques espèces d'argiles, que d'y dépenser de l'argent inutilement, cela suivant la nature des terres.

On nous a fait voir une fort belle seconde coupe de luzerne, qui avait plus de soixante-six centimètres de haut, tandis que les trèfles et sainfoins à côté étaient complétement brûlés ; cette vue devrait engager les cultivateurs anglais à en faire davantage, tandis que les luzer-

nières sont très rares dans ce pays, où, après avoir abusé
du trèfle, on ne sème plus que des graminées mêlées de
quelques légumineuses. M. Lawrence fait passer tous ses
fourrages secs ou verts par le hache paille; il a depuis dix
ans l'appareil à cuire les légumes de Stanley, et en est on
ne peut plus content; une tonne allongée faite en tôle, qui
se renverse facilement lorsqu'on veut la vider, sert à la
préparation de la nourriture d'une quarantaine de porcs
qu'il élève pendant l'été et engraisse en hiver; la cuve
cerclée en fer, qui a aussi son couvercle fermant hermétiquement, sert à préparer un bouillon de tourteaux,
qu'on emploie à arroser le fourrage haché, qui se trouve
dans une citerne placée à côté dudit appareil; cela forme
avec les racines la nourriture des bêtes à l'engrais et des
chevaux; ces derniers ont de l'avoine en place de racines.

Les bêtes à laine à l'engrais sont de race southdown,
elles ont le même genre de nourriture que les bêtes bovines, seulement on ne leur donne que du foin, tandis
que les autres ont moitié foin et paille. Les cochons sont
ici, comme à l'école d'agriculture, des hampshire perfectionnés et complétement noirs.

M. Lawrence a sept logements pour les familles de ses
ouvriers, qui ont chacun un jardin.

Il m'a retenu à dîner, et je suis tombé, sans m'en
douter, dans un grand dîner. Son habitation, qui est
fort jolie en dedans et très bien à l'extérieur, est entourée d'un parc délicieux. J'ai fait là la connaissance
d'un autre monsieur, qui est un bon cultivateur et éleveur de durham, tout en s'occupant d'autres affaires. Il
m'a engagé à venir le lendemain pour me faire voir ses
courtes cornes, ce que j'ai accepté avec plaisir. Je me suis
donc rendu dans l'après-midi chez M. Edouard Bowly,
qui demeure dans une très belle maison construite par
lui, il y a vingt ans, au milieu de plusieurs groupes de
superbes arbres, qui faisaient l'ornement d'une habita-

tion qui avait été incendiée plusieurs années avant qu'il n'eût acheté cette propriété.

Son habitation n'est pas grande, mais jolie. Elle lui a coûté 75,000 fr. La ferme, assez éloignée de la maison, est loin d'être bien et commode ; on est étonné de voir d'aussi belles vaches aussi mal logées ; il a une quarantaine de têtes de fort beaux courtes cornes, et il gagne souvent des primes dans les concours.

M. Edouard Bowly cultive cent hectares, dont lord Bathurst lui loue une partie, tant en bons herbages qu'en terres, le reste est sa propriété.

Il vend des veaux, âgés de quatre à cinq mois, et qui ont été sevrés à trois, de 20 à 30 livres, des bêtes d'un an et quinze mois, de 40 à 50, enfin des bêtes très distinguées jusqu'à 150 livres ; il m'a dit que les Américains, qui avaient il y a quelques années fait hausser si fortement les prix des durham, ne sont pas revenus, depuis qu'il y a eu une si forte crise commerciale dans ce pays. Il ôte les veaux à leur mère au bout d'un mois, afin que leurs coups de têtes ne les fatiguent pas ; il fait traire les vaches pures durham pour vendre leur lait en ville ; plusieurs de ces belles vaches de pur sang durham donnent une vingtaine de litres ; il les tarit trois mois avant l'époque du vélage, et il achète alors une vache ordinaire, pour servir de nourrice à son jeune animal. Afin de forcer la nourrice à se laisser téter tranquillement, on lui fait passer la tête entre deux fortes barres posées perpendiculairement près d'une auge, dans laquelle on met un peu de bonne nourriture ; le cou de la vache se trouve ainsi serré entre les deux barres, ce qui l'empêche de bouger.

Son bétail ne fait que pâturer en été sans recevoir autre chose. Les veaux sont sevrés à trois mois et reçoivent du tourteau de lin.

Son troupeau provient du croisement de béliers cotswolds avec des brebis hampshire, maintenant il donne des béliers croisés aux brebis de même croisement, et il m'a assuré que cette sous-race donne plus d'argent que les southdowns.

M. Bowly commençait sa moisson le jour où j'étais chez lui, il faisait porter les gerbes sur les bords du champ, pour pouvoir labourer de suite et semer des navets.

M. Bowly a trois frères, dont l'aîné tient une banque à Cirencester. Il a eu l'obligeance de me mener le lendemain à une louée et vente de béliers cotswolds qui avait lieu le 21 juillet, chez M. Lane dans une très grande ferme nommée Broadfield. Soixante énormes béliers étaient exposés dans un champ de sainfoin près de la grande et belle habitation, autour de laquelle une soixantaine de tilburys dont plusieurs à quatre places, avaient été rangés; bonne partie des fermiers venus dans ces véhicules, remplissaient la maison, où Mme Lane, la jeune femme du fermier, était occupée avec tout son monde à servir à ces messieurs des viandes froides, des pâtés, des tartes, des jambons, du beurre et du fromage. Il y avait aussi du thé ou du café. Les personnes les plus distinguées se tenaient dans deux jolis salons très bien meublés, où on leur servait des vins de Portugal et d'Espagne. La vente ne commença qu'à quatre heures; quinze ou vingt béliers énormes et très gras, dont l'âge était de trois à quatre ans, furent adjugés pour la monte de l'année, dans les prix de 15 à 30 et quelques guinées: un seul arriva à 44 livres ou 1,155 francs.

Après cela on vendit les autres béliers, dont les plus chers montèrent à 32, 27, 25, 22, et en dessous jusqu'à 5 guinées et demie; les enchères ne pouvaient être moins d'une demi guinée ou 13 francs 23 centimes et demi; un seul bélier n'ayant pas eu d'enchère sur la mise à prix de 5 guinées, fut retiré; tous les autres passèrent en d'autres mains. On a trouvé que cette vente avait été peu élevée comparativement à celles des années précédentes, et on l'attribuait à ce que M. Lane, au lieu d'avoir eu comme il lui advenait habituellement le premier prix des béliers cotswolds, n'avait obtenu à Warwick que le second, M. Garne qui se trouvait à cette vente, et qui avait poussé quelques béliers sans en acheter, ayant remporté le premier. Sa vente avait lieu le lendemain et devait être suivie de celles de MM. les autres fermiers des environs. On ne comprend pas comment un si grand nombre d'éleveurs vendant de cinquante à soixante béliers cotswolds, parviennent à les placer à d'aussi hauts prix.

M. William Bowly, qui m'avait amené, en avait acheté un à l'amiable quelque temps avant pour 22 guinées; un de ses parents, M. Lucas, qui habite les environs de Londres et était avec nous, en a acheté un à cette vente pour 7 guinées, prix qu'il nous a dit payer ordinairement ceux que lui amènent des commissionnaires, car les 500 agneaux ou à peu près que ses 400 brebis lui donnent, étant vendus entre les âges de trois à cinq mois au marché de Londres, ne méritent pas qu'il achète de beaux et chers béliers. Ces Messieurs disaient qu'un bélier pouvait bien servir de 60 à 70 brebis, ce qui porte à ce taux le prix du saut par brebis en se servant du bélier pendant deux années à peu près à 1 shilling, tandis qu'un bélier payé seulement 20 guinées ou 525 francs fait payer son saut environ 4 francs par brebis. M. Bowly nous a conduits dans un champ voisin où se trouvaient les quatre cents brebis sur un vieux sainfoin bien brûlé par la grande sécheresse qu'il fait depuis longtemps; il nous a dit qu'on les vend grasses entre l'âge de quatre à cinq ans et pesant de 200 jusqu'à 240 livres viande nette. Elles étaient énormes et paraissaient fort grasses. Leurs toisons lavées à dos pèsent de 7 à 8 livres anglaises, et celles-ci sont vendues de 1 franc 50 à 1 franc 80.

Cette énorme race de bêtes à laine vit dans un pays dont les terres ressemblent aux bonnes parties de la Champagne et du Berry ; elles sont louées en fermes d'environ cinq à six cents hectares, depuis 40 à 47 francs l'hectare. Les produits de ces énormes brebis sont vendus âgés d'un an à quinze et dix-huit mois pesant gras 50 kilog. viande nette ; mais ils sont tenus en été sur des sainfoins, pois ou vesces, en automne sur des colzas semés à cet effet, ensuite sur les navets dont on sème encore maintenant quelques champs, ensuite sur les ratabagas et enfin ils reçoivent des betteraves globes jaunes, qui commencent à être cultivées dans toute l'Angleterre, et finiront d'ici à quelques années par remplacer complétement les rutabagas, qui manquent souvent maintenant, ce qu'on attribue à ce qu'on les cultive depuis bien des années tous les quatre à cinq ans sur la même terre. Les bêtes qu'on engraisse ainsi en les parquant tout l'hiver sur les racines, reçoivent dans des mangeoires assez profondes, du fourrage haché, des pois ou fèves et des tourteaux, sans oublier un peu de sel. Les troupeaux de la Champagne et du Berry ne mangent que de la paille et ce qu'ils trouvent dans les champs, aussi les moutons âgés de quatre ans ne dépassent-ils guère le poids de 15 kilog. viande nette, lorsqu'on les tue âgés de quatre ans, et leurs toisons ne pèsent qu'un kilog à 1 kilog et demi en suint.

Un des fermiers de la propriété, qui était présent, nous a dit qu'il avait fait venir d'Amérique une moissonneuse, avec laquelle il avait fauché ce printemps ses prés à raison de 10 acres ou 4 hectares en dix heures de travail, mais qu'ayant coupé un certain nombre de lapereaux en deux, et détruit des nids de perdrix, les gardes en avaient fait leurs rapports au vieux lord, dont la propriété s'étend sur une longueur d'environ 11 milles ou 4 lieues et demie. On ne lui avait pas positivement interdit de se servir de cette machine, d'un prix élevé et qui fonctionne si bien, mais enfin on lui avait donné à entendre qu'on aimerait mieux qu'il ne l'employât pas. Il s'est donc décidé à la mettre au hangar, quoiqu'elle lui eût économisé beaucoup d'argent, car, dit-il, comme il n'y a pas de baux dans ce pays, on pourrait me renvoyer en me prévenant six mois avant la fin de l'année. Aussi n'ai-je aperçu dans cette course qu'une moissonneuse, et elle n'était pas occupée. M. William Bowly nous a fait visiter sa ferme qu'il cultive et où se trouve aussi un moulin qu'il fait valoir en même temps que sa banque. Chacun de ses frères fait aussi valoir une ferme de 100 à 150 hectares, souvent assez éloignée de son habitation. Ils le font tout en dirigeant une autre affaire, brasserie, commerce de bois, ou toute autre occupation qu'ils dirigent bien sans que, pour cela, leur ferme ne soit pas une affaire profitable ; et un assez grand nombre de personnes bien élevées, comme MM. Bowly et Lawrence, s'occupent avec succès d'affaires et de culture en même temps.

Etant revenu à Cirencester, je fus le lendemain faire une visite à lord Bathurst, dont j'avais fait la connaissance chez le duc de Richemond, au château de Gordon, dans le nord de l'Ecosse, et que j'avais vu ici dans mon voyage de 1851 : il était absent. Je fus ensuite chez son agent, M. Anderson, que j'avais vu ici et chez son beau-père M. Hudson de Castleacre, un des plus grands et des meilleurs cultivateurs d'Angleterre.

M. Anderson, qui a été reçu avocat pour pouvoir diriger les affaires contentieuses aussi bien que les agricoles, avait été aussi élevé par son père l'ancien agent de cette énorme propriété, pour être un excellent cultivateur, ce à quoi son beau-père a encore aidé. Il était chez lui, et a eu la complaisance, comme son père, l'avait fait précédemment, de me faire voir en détail la ferme de la réserve et parcourir aussi une partie de cet immense parc, composé de plus de mille hectares de terres cultivées par lord Bathurst, deux cent cinquante en pâture, et à peu près autant que ce qui précède en beaux bois contenant immensément de vieux et magnifiques arbres.

M. Anderson m'a conduit dans la ferme qui vient d'être reconstruite à neuf d'après ses dessins; nous visitâmes d'abord la machine à battre, dont le moteur est une machine à vapeur à poste fixe; on bat ici, en dix heures, cinquante quarters, mesure d'une contenance de deux cent quatre-vingts litres ou cent quarante hectolitres de froment. Le grain battu tombe successivement dans trois tarares, d'où il est monté propre au grenier, à moins que des ôtons ne forcent à le passer encore par un séparateur. Le grain propre sort du dernier tarare pour tomber dans un sac posé sur une balance, qui fait connaître le poids du grain lorsque le sac se trouve rempli; deux autres sacs reçoivent l'un les épillons et ôtons qui doivent être repassés sous les batteurs, et l'autre les petits grains et graines. Vingt-deux personnes sont employées à approcher avec une charrette et un cheval, les gerbes sortant de la meule pour les mettre à côté de l'homme chargé de nourrir la machine, ainsi que de transporter les pailles et d'en former une meule.

La machine fait aussi tourner deux paires de meules à moudre, le hache-paille pour la nourriture du bétail et pour raccourcir la litière, ce qui lui permet de s'infiltrer d'urine, et facilite aux étendeurs de fumier, de mieux l'éparpiller sur les champs. Elle fait encore mouvoir la grande pompe qui va puiser l'eau à cent soixante pieds de profondeur, et la monte dans un énorme réservoir d'où elle peut se répandre dans tous les lieux où elle peut être utile, et dont le trop-plein se déverse dans une citerne immense et voûtée, où elle est retenue pour servir en cas d'incendie.

Les chevaux de culture sont logés individuellement dans des boxes. Les quarante bœufs de race hereford sont placés deux à deux dans des stalles, de manière à ne pouvoir se battre ; ils ont des mangeoires en tôle qui peuvent s'élever au fur et à mesure que le fumier qui reste longtemps sous les bêtes devient plus épais ; il en est de même pour les chevaux , et ils ont des abreuvoirs aussi en tôle, où l'eau se renouvelle constamment, qui sont placés de manière à ce que deux chevaux ou deux bœufs, séparés par une cloison, puissent boire en même temps sans pouvoir se nuire. Le bétail est logé sous des hangars sans greniers, et dont la couverture est formée de grandes ardoises.

Les hangars servant à abriter les instruments d'agriculture, contiennent de grands tombereaux à un cheval, avec des allonges, afin de pouvoir aussi rentrer les gerbes ou les fourrages. Il se trouve aussi, sous le même abri , de légers chariots à un cheval, deux semoirs à engrais liquides, qu'on emploie presque toujours tant ils assurent une bonne levée des racines et permettent l'ensemencement de trois et demi à quatre hectares par semoir à trois ou quatre lignes, car les engrais liquides se transvasent plus vite que les engrais pulvérulents qu'il faut sortir des sacs où ils sont contenus pour les mettre dans le semoir. Si la ligne de semaille est très longue, on place des tonneaux contenant des engrais liquides aux deux bouts et un au milieu du champ, et il en faut une couple en route pour aller en renouveler la provision ; l'emploi de cent cinquante à trois cents hectolitres de cet engrais par hectare , est un véritable embarras, mais on s'y assujettit volontiers , lorsqu'on a vu la différence des réussites des récoltes faites des deux manières : on peut dire qu'elle est assurée si l'on emploie le semoir à engrais liquides .

M. Anderson a aussi adopté les râteaux à cheval qui ont des dents de rechange, dont les unes sont pour les prés, et les autres, dont le bout est à trois pointes, sont excellentes pour râtisser au lieu de simplement herser les froments, cela surtout lorsqu'on y sème des graines de prairies artificielles. Ce perfectionnement du râteau à cheval est très simple et des plus utiles.

On récoltait des pois, qui étant couchés à plat, étaient plutôt arrachés au moyen de volants, car la faux ne pouvait y être employée. Aussitôt qu'ils sont emmenés, on scarifie la terre avec de beaux attelages de bœufs herefords, attelés au collier, mais on en met huit au lieu de quatre bons chevaux, attelés à un scarificateur, et encore ne les attèle-t-on qu'à huit heures du matin en sortant de la pâture, pour finir leur journée à trois heures ; on en met ici toujours quatre à la charrue, quoique les terres soient fort légères ; j'ai dit à M. Anderson que bien des cultivateurs français n'en mettent que deux à la charrue en pareil terrain, qu'ils les font travailler dans les longs jours, depuis cinq heures du matin à midi, et deux autres avec le même laboureur depuis deux heures à la nuit, et que de cette manière, on fait le double d'ouvrage. Il sème des navets en lignes comme récolte dérobée après les pois, en leur donnant trois cents kilog. de guano. Ses récoltes sarclées sont très bien levées et binées ; il sème les lignes alternativement en betteraves globes et en carottes, ou en rutabagas et navets, car les racines ainsi intercallées produisent plus.

M. Anderson m'a fait voir ensuite quatre troupeaux de fort beaux southdowns ; comme il faisait fort chaud, ils étaient couchés sous d'énormes chênes, frênes ou hêtres, ce qui, à la longue, avait complétement détruit le gazon. Ce parcage si fertilisant ne profite donc qu'aux arbres ; je pense que pour donner à l'ombre une place fraîche au troupeau, et ne pas perdre cet excellent engrais, il faudrait y étendre une épaisse litière.

On tient dans les trois fermes de la réserve neuf cents brebis southdowns, dont six cents sont de la plus belle espèce et de la plus grande pureté. M. Anderson m'a dit qu'il avait ordinairement douze cents agneaux arrivés à l'âge d'un an, comme produit de ses neuf cents mères ;

les meilleurs mâles se vendent à l'âge d'un an, les autres vers celui de quinze mois, gras et pesant de quatre-vingts à quatre-vingt-huit livres anglaises, viande nette. Les brebis sont vendues, âgées de trois à quatre ans, pour la reproduction ; on les vend deux livres, ainsi que les antenaises qu'on ne veut pas conserver. La laine de cette année n'est pas encore vendue, on en espère 2 fr. à 2 fr. 10 c. la livre, lavée à dos ; l'an dernier elle l'a été à 2 fr. 20 c.

M. Anderson n'élève plus de herefords comme son père le faisait, il ne tient que des vaches laitières pour la consommation du château. Il m'a conduit chez un fermier de la terre qui en fait valoir une seconde, appartenant à un autre propriétaire. Ce fermier a un beau et très nombreux troupeau cotswold, et loue pour cela une partie des pâtures du parc, à raison de 20 fr. l'hectare ; il m'a dit vendre ses béliers entre 10 et 20 livres, et quelques-uns jusqu'à 30.

Sa maison est entourée d'un joli jardin très bien tenu et plein de fleurs. Son salon contenait un piano, la table était couverte de beaux livres et de plusieurs revues.

Je n'ai aperçu ni madame ni des enfants. Etant sortis du parc, nous traversâmes bientôt un grand village à maisons éparses, dont une partie étaient jolies et se trouvaient entourées de jardins, contenant des arbres fruitiers, des légumes et d'assez belles fleurs.

Le village est placé sur une pente très rapide, au bas de laquelle se trouve un ruisseau. L'autre côté de cette étroite et profonde vallée est couvert d'un très beau bois, qui contient beaucoup de vipères, m'a dit mon conducteur, aussi paie-t-il un shelling pour chaque vipère qu'on tue et qu'on lui apporte. Il adressa la parole à un homme travaillant dans son jardin qui contenait de fort beaux œillets, et ce brave homme nous montra une de ses mains dont un doigt avait été mordu par une vipère il y a trois ans, et il nous a dit que la meilleure manière de guérir les morsures de ce reptile, était de frotter la blessure, le plus tôt possible, avec la graisse contenue dans le ventre de cet animal. Il ajouta que si l'on était piqué par une guêpe ou une abeille, il fallait l'écraser et l'appliquer sur la piqûre. Sa femme vint près de notre tilbury pour offrir à M. Anderson de la graisse de vipère que ces gens conservent dans la prévision d'une morsure.

Voici ce que me raconta mon guide. Tout le village, appartenant à la terre, se trouvait il y a une quarantaine d'années dans un état pitoyable; beaucoup de ces chaumières allaient s'écrouler; il eût fallu dépenser une somme considérable pour remettre tout sur un bon pied. Alors l'agent, qui était le père de M. Anderson, proposa à lord Bathurst, de les louer pour trois vies aux habitants, à raison d'un shelling par an, au lieu de 38 ou 40 qu'ils payaient, cela à condition de les mettre en bon état de réparation, et maintenant toutes les maisons que j'ai vues, à l'exception d'une, sont en fort bon état, et il ne s'y trouve pas de pauvres.

J'ai quitté Cirencester, le 22 juillet, pour me rendre à Aschurch, et j'ai trouvé à la station du chemin de fer M. Edward Bowly, qui se rendait à Gloucester par où je passais; j'ai profité de cette rencontre pour lui faire quelques questions, dont voici les réponses les plus intéressantes. Un hectare de racines bien réussies, navets ou rutabagas, servira à nourrir deux cent cinquante agneaux, âgés de dix à douze mois, pendant trente jours, à condition de leur donner aussi une livre de foin et demi livre de tourteaux, enfin une livre de ces derniers pendant les deux derniers mois de leur vie, pour achever leur complet engraissement. Ces agneaux, étant croisés cotswold et hampshire-down, devront peser à douze et quinze mois quarante kilog., viande nette. Cent brebis donneront, si elles sont convenablement nourries, de cent vingt à cent trente agneaux; il n'en restera que cent quinze ou cent dix au moment du sevrage. Deux cent cinquante brebis ne trouveront leur subsistance sur un hectare de racines bien réussies que pendant trois semaines. Elles parquent, pendant tout l'hiver, sur les récoltes sarclées, qui font le fond de leur nourriture avec un peu de foin ; on en perd au moins cinq pour cent pendant la mauvaise saison.

M. Bowly, n'employant point d'engrais pulvérulents, met soixante tonnes de fumier bien soigné, provenant de bêtes ayant reçu du tourteau, mais il fait passer par le semoir en même temps que la semence vingt-cinq hectolitres de cendres d'écobuage, qu'il fait avec les bordures de haies ou fossés, et avec de la terre prise sur les tournailles, lorsqu'il n'a pas de gazons à brûler.

Etant arrivé à la station d'Aschurch, vers midi, j'eus une demi-lieue à faire à pied pour me rendre chez M. Wodworth, connu comme un excellent cultivateur, ayant fait fortune comme fermier, et qui maintenant est presque continuellement employé comme expert dans tous ses environs. Je l'ai trouvé chez lui, mais il a été obligé de partir après le dîner, et m'a remis entre les mains d'un de ses fils, beau jeune homme de dix-huit ans, qui est sorti du collége, il y a deux ans, pour aider son père, ou plutôt pour le suppléer après avoir reçu ses instructions.

M. Wodworth m'a dit qu'il avait soixante ans (il ne paraît en avoir que cinquante), et qu'à l'âge de vingt ans, il avait loué une ferme d'environ cent soixante hectares, située à quatre milles de son habitation actuelle, qu'il occupe depuis cinq ans, mais au bout de vingt années de culture, il a acheté cette propriété, dont l'étendue en bonne terres fortes est de cent soixante hectares. Il y a construit de suite une fort belle ferme très commode, et il l'a cultivée en même temps que la ferme louée, en y venant au moins deux fois par semaine. Comme il projetait de construire la belle maison qu'il occupe, il a fait de suite, après son acquisition, dessiner un parc pour entourer sa future maison, et a planté tous les massifs après les avoir défoncés à un mètre de profondeur; il les a ensuite entourés de haies pour les mettre à l'abri du bétail, et maintenant les massifs qui sont superbes sont entourés de balustrades en fer creux. Sa maison est grande, belle en dehors et commode en dedans; elle est très bien meublée. Mme Wodworth et ses trois filles sont vêtues et ont les manières de la bonne société. M. Wodworth étant parti, je me mis avec son fils à visiter sa ferme, qui est à quelque distance de l'habitation.

Il a toujours de cent cinquante à cent soixante courtes cornes de pure race, dont une cinquantaine sont des vaches, parmi lesquelles j'en ai vu de fort belles, mais comme il élève tous les veaux bien conformés, il a bien des jeunes vaches qui sont amaigries par leurs veaux et la grande sécheresse. On sèvre ici les génisses à l'âge de quatre mois, et les jeunes taureaux deux mois plus tard. On vend ces derniers, à partir de l'âge d'un an, de 20 à 40 livres. Mon jeune guide me fit voir deux génisses ayant concouru à Warwick sans remporter de primes, qu'il estimait 15 livres par tête. Son père avait acheté à ce concours trois veaux mâles, dont un venu de chez le prince Albert, pour en faire des taureaux. Il en vend de vingt à vingt-cinq par an. Le troupeau qui provient de croisement shropshire et brebis cotswold, m'a paru n'être pas aussi favorisé que les durham.

Les récoltes m'ont paru belles en général : il a beaucoup de fort belles houblonnières. M. Wodworth a construit récemment un grand et beau cottage contenant trois locatures, qui, avec leurs jardins, sont louées 75 fr. par famille de journaliers. Il a planté une immense quantité d'arbres fruitiers, mais principalement des pommiers et poiriers à cidre.

Le 23 juillet, je suis parti de bonne heure d'Aschurch

pour le château de Humbleton, propriété de **M.** Holland,
membre du Parlement, qui a vendu sa terre de Chadbury, au duc d'Aumale. Il était absent ainsi que sa famille.
Le régisseur, qui occupe un fort joli cottage entouré d'un
beau jardin, m'a fait voir une partie de cette très remarquable culture, qui comprend une couple de fermes,
dont la plus considérable est très commodément arrangée, sans avoir de beaux bâtiments. Les trente boxes pour
les bêtes à l'engrais tenues dans cette ferme, et celles
des vaches laitières, ainsi que des hangars destinés à loger six élèves, sont placés dans une cour carrée entourée
de bâtiments, où règne un corridor servant à la distribution de la nourriture destinée aux animaux habitant les
boxes et les hangars. Ces derniers ouvrent sur des petites cours garnies de fumiers où les jeunes bêtes peuvent aller à volonté pendant l'hiver, car pendant l'été
elles sont toujours dans les pâtures. Les boxes avaient
huit pieds sur dix.

Il se trouve dans chaque ferme une machine à vapeur
à poste fixe, qui date de dix-huit ans, époque à laquelle
M. Holland a commencé à s'occuper de culture, après
avoir construit sa belle habitation entre plusieurs jolies
collines, couvertes de pâturages, de bouquets de bois, et
de beaux vieux arbres de diverses essences. Depuis lors,
il a fait venir une machine à battre avec sa locomobile
fournie par Hornsby de Grantham, un des meilleurs fabricants d'instruments d'agriculture.

Sa nouvelle machine à battre opère au pied des
meules, tandis que celles à poste fixe battent le grain
rentré dans les granges, lorsqu'il fait mauvais ; elles servent à pomper l'eau, à couper les fourrages et pailles pour
la nourriture des bêtes, ainsi que cette dernière pour litière à la longueur de trente centimètres. Toutes les racines, au lieu de passer dans des coupe-racines, passent
dans un instrument plus récemment inventé, qui les réduit en pulpe : il ne faut que cinq ou six minutes, pour

en réduire ainsi un tombereau, attelé d'un cheval. On ne fait cette opération que peu de temps avant l'heure à laquelle on nourrit les animaux, afin d'éviter que les racines pulpées ne prennent une couleur noire, qui provient de leur contact avec le fer.

Les machines fixes mettent aussi en mouvement les laveurs de racines, une paire de meules pour moudre les grains, et la graine de lin des concasseurs de tourteaux, etc. On remet la machine à battre avec la locomobile, qui est de la force de sept chevaux, à des ouvriers habitués à la diriger; ils sont au nombre de treize, et ils battent à la tâche une grosse meule ronde, pouvant contenir environ quarante-cinq quarters, mesure de deux cent quatre-vingt litres, ou cent vingt-six hectolitres de froment, pour 30 shellings, ou 37 fr. 50 c., ou enfin 30 centimes l'hectolitre; chacun des treize ouvriers gagne 2 fr. 88 c. pour ce travail n'ayant duré qu'un jour, et le grain est propre.

Le régisseur m'a fait voir ensuite son taureau durham, âgé de six ans ; il est énorme, et on prétend que s'il était gras, il péserait une tonne de viande nette ; il a pour père un taureau fameux, connu sous le nom de duc de Cambridge. Ses vaches, aussi de pure race courtes cornes, sont bien plus belles que celles que j'ai vues hier, à part quelques-unes de ces dernières, qui pouvaient leur être comparées. Mais elles ne sont pas aussi bien écussonnées que celles de M. Edward Bowly. M. Holland avait exposé à Warwick deux veaux mâles, âgés de huit mois, et deux génisses de quatorze mois. Le régisseur estimait les deux premiers ensemble, 2,000 fr., et les génisses 1,000 fr. Il m'a dit qu'il avait gagné l'an dernier un premier prix à Smithfield, pour une génisse croisée qui n'a presque que du sang durham; il espère être aussi heureux avec une très belle bête de même croisement, qu'on pourrait bien prendre en la voyant pour une bête de pur sang.

Il m'a dit avoir plusieurs vaches qui donnent dix-huit ou vingt litres à nouveau lait. On ne leur donne rien lorsqu'elles sont en pâture ; en hiver, elles ont du foin avec seulement quinze kilogrammes de racines, car les terres d'ici sont si argileuses, qu'on a beaucoup de peine à obtenir de bonnes récoltes de racines. Les veaux ne têtent pas ; ils ont du lait pur pendant un mois, et après du lait écrémé doux, auquel on ajoute de la farine de graine de lin et de féverolles ; plus tard ils ont du foin et des tourteaux de graine de lin avec des racines, et sont nourris abondamment les deux premières années. Les bêtes à l'engrais reçoivent du foin, des tourteaux et vingt-cinq kilogrammes de racines ; toutes ces bêtes ont dans les mangeoires, ainsi que dans les pâtures, de grosses pierres de sel gemme rouge coûtant 31 fr. 50 c. la tonne.

Il m'a fait voir ensuite les béliers et brebis de la très belle race du Shropshire, qu'il avait vendus l'avant-veille, et qui n'avaient pas encore été emmenés : trente-six béliers, dont quatre âgés de deux ans, cent soixante-cinq brebis de quatre ans, et soixante-cinq antenaises ; le prix moyen des béliers a dépassé huit livres, et celui des femelles deux et demie. Il avait vendu ses jeunes moutons gras, âgés de seize mois, et pesant en moyenne vingt à vingt-deux livres anglaises de viande nette par quarter, ou quatre-vingts à quatre-vingt-huit livres anglaises. Les toisons lavées à dos pèsent de sept à huit livres. Ils ont produit 75 centimes par livre de viande nette.

Le régisseur m'a fait voir une demi-douzaine de moutons, qui avaient l'an dernier remporté les premiers prix des moutons gras d'un an parmi les races à courte laine ; on les conserve pour le concours de la fin de cette année, où ils se trouveront dans les moutons de deux ans, et il espère réussir aussi bien la seconde fois que la première. Il prétend qu'ils pèseront par tête deux cents livres anglaises de viande nette. Il m'a dit que dans sa vente, un des béliers avait été adjugé pour 27 guinées, un autre pour 23; il m'en a fait voir un âgé de deux ans, qu'on avait mis à prix à 25 guinées, mais qui n'avait pas eu d'enchère; il est très beau; sa toison est fort belle et très tassée. Il m'a assuré que plusieurs éleveurs de southdowns lui avaient acheté des béliers shropshire, à figure et pattes brunes, au lieu d'être noires. Ils les emploient dans leurs troupeaux, afin d'améliorer la toison et d'augmenter la taille de leurs troupeaux et le poids. La couleur brune de ces béliers fait qu'on peut facilement cacher ce croisement.

M. Holland, depuis dix-huit ans qu'il cultive, a cherché à se procurer tous les instruments perfectionnées qui avaient déjà fait leurs preuves. Il a donc acheté l'an dernier une moissonneuse Burgess et Key, et a fait sa moisson avec elle. Ses gens y sont donc déjà habitués. J'ai été fort étonné en traversant un champ de froment, dont on avait coupé une partie avec la moissonneuse, de voir des chaumes tantôt de quinze, ensuite de trente, et même de cinquante centimètres de hauteur. Après avoir vu le bétail, le régisseur m'a conduit dans le champ où cette moissonneuse fonctionnait, et je vis du froment semé en lignes séparées par vingt-huit centimètres, qui était très propre, ayant été sarclé à la houe à cheval; sa longueur ne dépassait guères quatre pieds, La terre ne contenait ni pierres ni mottes; eh bien ! après avoir coupé des endroits près de terre, elle en laissait d'autres avec un chaume très long, et un homme la suivait pour débourer les trois cylindres chargés de former un andain, dont les épis étaient loin d'être bien réunis. J'avais vu souvent travailler cette machine dans le nord de la France et en Belgique, et toujours d'une manière aussi peu satisfaisante, tandis que celle de Hussey, perfectionnée par Dray, que j'avais vue à l'œuvre dans plusieurs concours et surtout chez M. Dervand, dans sa grande ferme de

Wargnies, entre Valenciennes et Condé, où elle faisait sa seconde moisson sur plus de cent hectares de froment, m'avait on ne peut plus satisfait par sa manière d'opérer et les excellentes javelles qu'elle faisait.

Le régisseur me fit voir aussi une charrue de Fowler à trois socs, que M. Holland avait depuis l'automne dernier, mais qui n'avait pas encore les améliorations essentielles, imaginées ou adoptées cet hiver, par cet homme vraiment remarquable. On me fit voir des froments dont une partie avaient été labourés avec la charrue à vapeur et l'autre par des chevaux, et on assure que les premiers étaient supérieurs : il est certain que c'est surtout dans les terres très difficiles de culture, mais sans grosses pierres, que les charrues à vapeur rendront les plus grands services, en labourant plus profondément et plus également.

Le régisseur me fit voir à une certaine distance de la grande ferme, un bâtiment contenant de très grandes et profondes citernes à purin ou à engrais liquides, où les urines et jus de fumier arrivaient par un conduit souterrain. Il me dit qu'on y jetait tous les animaux morts, les vidanges, les cendres et suies, enfin tout ce qui pouvait améliorer les engrais liquides.

M. Holland a dû drainer toutes ses terres argileuses et compactes, il a donc établi une grande fabrique de tuyaux de drainage. Il avait adopté, m'a-t-il été dit, d'abord la machine Whitehead, mais comme les demandes de tuyaux ont singulièrement augmenté avec le temps, il a fait transformer celle-ci en une machine à faire des briques creuses, et y a fait ajouter une machine à faire des tuyaux ressemblant à celle d'Aynslice, qui peut être manœuvrée par la vapeur. Elle a deux fort gros rouleaux, qui servent non-seulement à faire avancer l'argile contre les moules, mais encore à écraser les petites pierres qui ont échappé aux deux gros cylindres, par lesquels on fait passer la terre à briques et à tuyaux, afin de la bien émietter pour la faire ensuite passer au malaxeur. Cette machine travaille si vite au moyen de la vapeur, qu'elle peut faire de douze à quinze mille tuyaux par jour; l'ouvrier qui la dirige reçoit un schelling par mille tuyaux ayant deux pouces de diamètre. C'est un vieux serviteur de confiance qui dirige et paie les ouvriers qui travaillent ici à la tâche, il vend les marchandises et tient un livre en partie double pour cette usine. Le prix des plus petits tuyaux, qui ont deux pouces de diamètre, approche de 29 fr. le mille; on en fait ici de sept diamètres divers, dont le plus grand est, je crois, de quinze pouces de diamètre, et se vend 62 centimes et demi la pièce.

Le comté de Glocester ne contient en grande partie que des terres très fortes, qu'on a mises pour la plupart en herbages permanents, sur des planches de dix à quatorze mètres de largeur; lorsqu'on draine, on met les rigoles entre deux planches qui sont ici extraordinairement bombées.

Je me suis rendu dans l'après-midi à Hereford, où je fus obligé de coucher, afin de ne pas voyager pendant la nuit dans un si joli pays.

Je suis parti de très bonne heure de Hereford, le 24 juillet, me dirigeant vers la ville de Shrewsbury, chef-lieu du comté de Shropshire, qui a donné son nom à cette nouvelle race de bêtes à laine si estimées dans cette partie de l'Angleterre, où bien des cultivateurs la préfèrent aux southdowns, et dont quelques-uns prétendent améliorer leurs troupeaux de cette dernière race, en lui donnant des béliers shropshire.

Je me suis trouvé dans le même wagon avec un cultivateur qui est venu se fixer dans ce pays, dont la culture est assez arriérée, pour aider les propriétaires qui désirent perfectionner la culture de leurs terres. Il m'a fait un grand éloge des shropshire-downs, ainsi que des courtes cornes; il disait qu'il faisait tout son possible pour introduire ces deux excellentes races dans toutes les fermes où elles n'ont pas encore été adoptées. Il assurait que les brebis de race shropshire sont meilleures laitières, et par conséquent meilleures nourrices, que celles de race southdown, qu'elles donnent aussi bien plus d'agneaux que les précédentes, et jusqu'à moitié en sus du nombre des brebis, et qu'elles nourrissent fort bien les doubles portées, sont plus lourdes à âge égal, enfin que cette race donne plus d'argent sur une quantité donnée de nourriture que celle des southdowns. Il me disait aussi que les comtés de Hereford et de Stafford, ainsi qu'une partie de celui où nous étions, étaient arriérés en culture, et par suite que leurs habitants étaient peu actifs.

Effectivement la plus grande partie des récoltes ne sont pas belles, la plupart des terres se trouvaient en herbages peu riches, et les fermes ne sont louées que 50 fr. l'hectare. Mon compagnon de voyage m'a dit qu'il décidait, autant que possible, les propriétaires des terres qu'il était chargé d'améliorer, à louer leurs fermes à des fermiers des comtés environnants où la culture est meilleure, car ils sont mieux en état d'y faire leurs affaires, tout en améliorant leurs nouvelles fermes, que les fermiers des pays arriérés.

J'ai parcouru un peu la ville de Shrewsbury pendant le temps d'arrêt que je fus forcé d'y faire. Elle n'est rien moins que belle, mais est située dans une position fort pittoresque. Tout le pays entre Glocester et Shrewsbury est accidenté et garni de collines et vallées, qui rendent ce parcours fort agréable. Je me suis rendu ensuite à Bridgenorth, autre petite ville perchée sur une haute colline, sous laquelle va passer un chemin de fer qui longera la Sévern, rivière qui commence à être navigable près d'ici, et qui est un bras de mer près de Bristol.

L'omnibus qui me conduisit de la station de Shiffnal à Bridgenorth, me fit traverser, pendant une couple d'heures, un beau pays assez fertile et mieux cultivé.

Je faisais ce trajet comptant visiter un M. Whitmore,
membre d'une bonne et riche famille de ces environs.
Ce monsieur avait beaucoup voyagé, et s'étant mis à
cultiver ensuite, avait introduit chez lui toutes les améliorations agricoles connues; mais j'appris, à mon grand
regret, qu'il était mort depuis un an sans laisser de famille, et que sa ferme était louée, et comme elle était
encore fort éloignée de Bridgenorth, je n'y suis pas
allé.

On m'a dit que les terres de ces environs se louent de
90 fr. à 110 fr. l'hectare.

J'ai vu à Bridgenorth, comme dans beaucoup d'autres
petites villes de ce pays, un canon en fonte monté sur
un affût en fer, et ayant demandé ce que cela signifiait,
on m'a dit que le gouvernement en avait donné à toutes
les villes qui en ont voulu, sur les canons pris à Sé-
bastopol.

Je suis allé de là à Wolwerhampton, où j'ai quitté le
chemin de fer qui m'avait amené, pour monter dans un
autre qui se trouvait placé à environ cinquante pieds au-
dessus du précédent. Je suis arrivé bientôt à la station
de Penkridge, d'où je suis allé visiter un M. Bird, fermier, demeurant à quatre milles, et que je savais avoir
fait labourer une grande étendue de terre sur ses deux
fermes, avec la charrue à vapeur de Fowler, qu'il avait
louée pour cela, et il m'a fait voir de superbes récoltes
en tous genres, sur sa culture d'une étendue d'environ
deux cents hectares, presque tous en terres fortes. Il m'a
dit qu'avec la charrue à vapeur, il labourait en terres argileuses de deux hectares et demi à trois hectares vingt.
Il m'a fait voir d'anciennes marnières que la charrue
avait traversées en labourant fort bien, ce qui m'a paru
fort étonnant. Le chauffeur et le laboureur de ladite
machine gagnaient 15 shellings, et ses laboureurs ordinaires en ont 11, ou 13 fr. 75 c. par semaine, sans être
nourris ni logés.

Toutes les terres de ces fermes ont été drainées par le propriétaire à huit mètres de distance, ce qui est revenu à 250 fr. par hectare, dont M. Bird paie quatre pour cent d'intérêt. Il était obligé de cultiver en petites planches, maintenant il cultive tout à plat et s'en trouve à merveille. Il emploie, autant que cela se peut, les eaux de drainage à l'irrigation de ses prés. M. Bird m'a dit que le bon marché du froment lui avait fait semer beaucoup d'herbages, qu'il remettra en culture dès que les prix seront plus favorables.

Ses bergers étaient occupés à enduire les petites plaies occasionnées par la piqûre de mouches bleues, qui déposent leurs œufs dans la piqûre, ce qui occasionne des accidents graves lorsqu'on n'y apporte pas à temps le remède, qui ici était du goudron et une certaine poudre qu'on achète pour cela. M. Bird élève des chevaux très forts seulement pour remplacer ceux qui viennent à lui manquer.

Ses froments ont de très beaux épis, et ceux de mars, qui sont aussi fort beaux, ont été semés avec la même espèce que ceux semés en automne. Ils sont tous en lignes et cependant fort épais. Il sème beaucoup de pois et plus que de féverolles, ses terres étant trop fortes pour les récoltes sarclées, dont il n'a qu'une vingtaine d'hectares; ses pois sont parfaitement garnis de gousses, quoique leur longueur en les allongeant soit d'à-peu près quatre pieds Ses superbes avoines avaient été semées avec des espèces venues d'Ecosse. Il met pour ses racines six cents kilogrammes de superphosphate de chaux par hectare.

Une bonne partie de ces bâtiments sont de récente construction et faits avec des briques fabriquées sur place. Il n'élève pas de bêtes à cornes et engraisse des vaches et de jeunes bœufs croisés durham. Il tient cinq cents bêtes shropshire. Il vend de 20 à 25 fr. la pièce, vers l'âge de quatre mois, les agnelles qu'il ne veut pas conserver.

Deux de ses frères sont aussi fermiers, et un d'eux louera ou vendra, dans trois jours, une quarantaine de beaux béliers shropshire. Comme il n'est qu'à quatre milles du château de Teddesley, parc où je vais, M. Bird m'a engagé à assister à cette vente, afin de mieux connaître cette belle espèce de moutons.

Je suis arrivé chez lord Hatherton le lendemain matin, 27 juillet. Le temps était pluvieux, ce qui n'avait pas empêché milady d'aller visiter une belle école que mylord a bâtie, et qu'elle surveille ainsi que deux autres existant sur la terre. Ce seigneur étant lord-lieutenant du comté de Stafford, fonction ressemblant à celle de nos préfets, mais qui est due à l'élection et est inamovible, se trouve très occupé de la formation et organisation des chasseurs volontaires, qui se préparent à défendre la Grande-Bretagne, si elle était envahie, ce qui me paraît bien peu probable. Après le lunch, ou second déjeuner, M. Bright, l'agent, depuis vingt-huit ans, de cette belle et grande propriété, dont l'étendue dépasse six mille hectares, m'a fait voir pour la seconde fois, la très belle ferme qui touche son charmant cottage. Pendant cette visite, les fort belles vaches de race hereford arrivaient de la pâture pour allaiter leurs veaux, qui tètent ici jusqu'à trois mois.

Une partie de ces bêtes, dont la taille et le poids dépassaient ceux de l'espèce que j'avais vue le plus habituellement, avait aussi beaucoup plus de blanc dans leur pelage. M. Bright m'a dit que lorsqu'il avait commencé la régie de cette terre, cette variété des bêtes hereford était la plus appréciée, que plus tard elle avait été mise de côté, et que les bêtes rouges n'ayant que la tête blanche étaient devenues à la mode : enfin que maintenant on recommençait à apprécier davantage les premières.

M. Bright a environ soixante-dix très belles vaches. Trois veaux mâles, destinés à faire des taureaux, tètent encore quoique âgés de neuf mois; on choisira parmi eux

le plus beau pour aider son père, un superbe animal
âgé de onze ans, et, selon M. Bright, le fils d'un taureau ayant continué son service jusqu'à l'âge de vingt-
sept ans, et produisant fort bien tout vieux qu'il était.
On pense que les jeunes taureaux qu'on ne conservera pas, pourront être vendus de 30 à 40 guinées à
la vente annuelle, qui aura lieu dans une couple de mois.
Les belles génisses, âgées de douze à quinze mois, se vendent de 15 à 20 guinées. Il y a de quoi loger dans les
boxes, étables et hangars abrités, jusqu'à trois cents têtes
de bétail. On est presque toujours forcé d'avoir des vaches
laitières de race durham pour suffire en lait et beurre à
la consommation du château, quoiqu'on ait soixante-dix
mères vaches de race hereford, qui n'allaitent leurs veaux
que pendant trois mois. Les maîtres sont souvent au
nombre de dix au château en hiver, et les domestiques
nourris une trentaine. On élève ici de bons chevaux de
travail, qui ont de l'activité ; ils ne sont pas d'une race
connue.

La culture de lord Hatherton s'étend sur cinq cent
soixante hectares, dont une forte partie était en bruyères
à sous-sol imperméable, qu'il a drainées, défrichées,
chaulées, enfin transformées en terres productives. Il en
reste encore une grande étendue, sur lesquelles les communes environnantes ont des droits de pâture. Il vient de
s'arranger avec elles pour une certaine étendue qu'il va
défricher, et lorsque cela sera fait, il fera d'autres arrangements de ce genre. Lord Hatherton a créé cette terre
sur un sol qui avait été anciennement une forêt royale,
de laquelle il reste encore une quantité considérable de
chênes énormes (pour la grosseur, mais pas pour la
hauteur), et dont un grand nombre sont à moitié
morts. Il a commencé par bâtir ou au moins agrandir les
bâtiments de ferme. Il a créé un superbe parc plein d'arbres et plantes rares, qui est on ne peut mieux tenu et
soigné. Il a ensuite construit une habitation considéra-

ble, ayant de beaux communs. et a choisi pour cela une
belle position entourée de plusieurs collines boisées. Ses
fermes sont bien entretenues, et les fermiers cultivent
bien. Elles sont lcuées, suivant leur qualité, de 62 à
125 fr. l'hectare. Les fermiers sont à bout de bail tous les
ans. Sauf un qui a un long bail, les autres n'en veulent
pas, comptant sur la justice de leurs propriétaires. Les
eaux de drainage et celles des sources ou ruisseaux servent à irriguer les prairies. Celles de la partie supérieure
de la terre font tourner une roue hydraulique, ayant
trente-huit pieds de diamètre, et qui fonctionne sous
terre. Elle fait tourner deux paires de meules, ou bien
la machine à battre, une scierie, le hache-paille et toutes
les autres machines en usage dans une cour de ferme.
Comme l'eau manque pendant certaines parties de l'été,
on y a ajouté une machine à vapeur locomobile, qui
sert partout où elle peut être utilement employée. Ayant
demandé à M. Bright, quel est le capital nécessaire pour
construire les bâtiments de fermes après avoir défriché
une bruyère qu'on a drainée, chaulée et mise en bon état
de culture, il m'a dit qu'il faut de 900 à 1,200 fr. par
hectare, et que dans une ferme en bon état, il fallait
600 fr. pour bien se monter et cultiver. Il prétend que
l'intérêt des capitaux bien employés et suffisants pour tout
bien faire, doit produire au moins dix pour cent.

Ayant demandé à mylord combien lui coûtait l'entre-
tretien de son parc et jardin, il m'a dit 12,500 fr. et à
peu près autant de dépense pour la chasse. Milady m'a
dit que leurs trois écoles étaient fréquentées par plus de
cent enfants des deux sexes, qui ont des classes séparées.
Les garçons les plus avancés dans leur instruction sont
requis d'écrire une lettre à mylord à la fin de chaque
année, afin qu'il puisse juger de leurs progrès, en intelligence et en écriture. Les jeunes garçons, employés dans
la ferme, gagnent de 60 à 80 centimes, et reçoivent à la

ferme deux heures de leçons avant de se mettre à l'œuvre vers huit heures.

Les attelages ne travaillent que quatre heures chaque attelée. On fume les récoltes sarclées à raison de trente à trente-six mètres cubes, et l'on ajoute au fumier de deux cent cinquante à trois cents kilogrammes de guano, avec quatre ou cinq cents kilogrammes de sel par hectare. On emploie aussi pour remplacer le guano, du superphosphate ou du sang desséché, mais j'en ai oublié la quantité et le chiffre de la dépense. On applique aux froments, qui laissent à désirer au printemps, de cent à cent cinquante kilogrammes de nitrate de soude, lorsqu'on les herse.

On a quarante et quelques hectares de prés irrigués, qu'on recharge de composts fertilisants, sur lesquels on sème des trèfles blancs, et hybrides lorsqu'ils diminuent en produits, sans que ce soit la faute de la saison; si plus tard ils fléchissent de nouveau, on les écobue, on les laboure, et après les avoir bien fumés, on les resème.

On a acheté, il y a sept ans, une moisonneuse de Hussey dont on se sert, mais alors elle n'avait pas encore été améliorée par Dray. Mylord a fait travailler chez lui d'abord le scarificateur à vapeur de Smith, et ensuite la charrue de Fowler, mais celle-ci avant qu'elle fût arrivée aux perfectionnements adoptés cet hiver, et qui lui ont fait faire un pas immense. Aussi n'en a-t-il pas encore commandé une. M. Bright m'a dit qu'il se trouvait fort bien de donner le plus possible ses ouvrages de culture à faire à la tâche, mais qu'il payait ses gens à la journée jusqu'à ce que l'ouvrage entrepris fût reçu comme bien fait, alors seulement il payait le surplus; il assure que cela rend ses ouvriers plus actifs.

Mylord m'a dit que les bois de construction se vendaient bien dans le pays. Il en vend par an pour une vingtaine de mille francs aux villes manufacturières qui l'entourent, et en emploie pour à peu près moitié de cette somme dans sa vaste terre, dont il augmente chaque année les constructions, et tout cela, ou à peu près, est pris sur les éclaircissages des énormes plantations faites par lui.

Lord Hatherton a huit fort beaux chevaux de voiture, des chevaux de selle et des poneys. Il achète les premiers âgés de deux ans, les dresse dans leur troisième année, les emploie un peu dans la quatrième, et ils lui coûtent, au moment de leurs bons services, environ cinquante livres. Il a un bel omnibus à douze places à lui ; sa berline, ses coupés et calèches lui sont loués pour cinq ans : on les entretient, et il paie annuellement 50 livres pour chacune d'elles. M. Bright prend une couple de jeunes gens en pension pour leur apprendre l'agriculture, un de ces deux messieurs, M. Bridgeman Simpson, avec lequel j'ai dîné deux fois au château, est d'une bonne famille et se destine à cultiver une propriété de ses parents. Il a eu la complaisance de me conduire chez un propriétaire du voisinage qui cultive en grand et dont mylord faisait l'éloge comme cultivateur.

M. Hartshorne était absent avec sa famille. Il cultive à peu près deux cents hectares, dont les récoltes m'ont paru bonnes ; mais ce qu'il y a de très remarquable chez lui, c'est l'arrangement de la ferme, qui est garnie de tous côtés de petits chemins de fer, qui servent à amener la nourriture du bétail et à en faciliter grandement la distribution.

On engraisse ici les moutons et brebis de réforme dans des hangars appuyés contre le mur d'un jardin. Ces hangars sont séparés par des cloisons, le long de chacune desquelles règne un petit chemin de fer ayant le double de la longueur de la cloison. Il existe aussi contre la cloison et posé sur le dit chemin de fer, une mangeoire en tôle portée par des roues, au moyen desquelles on attire cette mangeoire hors du hangar, lorsqu'il s'agit de la nettoyer et de la remplir avec de nouvelles rations.

Au bout des hangars, se trouve un compartiment qui contient une paire de meules, un hache-paille et un pulpeur de racines, mis en mouvement par la vapeur. Il part de cet endroit un autre chemin de fer sur lequel un wagon en tôle roule la nourriture préparée. Il s'arrête vis-à-vis de chaque hangar à moutons ; on attire la mangeoire près du wagon à nourriture, on y met la quantité voulue et on repousse la mangeoire à sa place, où les moutons sont à même de faire leur repas, sans qu'on ait été obligé de les faire sortir par les mauvais temps : le premier hangar étant servi, on pousse le wagon à nourriture vis-à-vis du second hangar et l'on continue ainsi la distribution.

Les bâtiments fort simples où se trouvent les boxes et les stalles, qui contiennent les bêtes à cornes, sont arrangés de manière qu'un chemin de fer serve aussi à approcher la nourriture. Il existe entre chaque deux bêtes en stalles ou boxes, un vase en tôle qui reçoit continuellement de l'eau que les animaux peuvent boire lorsque cela leur convient, ce qui facilite singulièrement l'engraissement des bêtes, et est toujours très utile. Nous avons vu de fort beaux bœufs galloways et west-higlands, qui doivent concourir à Birmingham, où les premières primes montent à 50 livres, tandis que celles de Londres n'atteignent que le chiffre de 40, et il arrive quelquefois que le même animal remporte les deux primes. Toutes ces fortes et très nombreuses primes proviennent de souscriptions, car le gouvernement britannique n'y entre pour rien.

Les chevaux, qui sont bons, m'ont paru avoir un peu de sang.

Il existe ici une machine à vapeur à poste fixe, faite par Clayton et Phuttleworth. Elle pompait de l'eau et battait du froment. Le grain nettoyé qui sortait d'un des deux tarares, tombait dans un sac posé sur une balance, et lorsque le poids qu'on veut que le sac contienne est atteint, une petite cloche avertit l'ouvrier chargé de la direction de la machine; il ferme l'endroit d'où sort le grain nettoyé, il enlève le sac et le remplace par un autre. La vapeur superflue de la machine, au lieu de s'échapper, est employée à faire cuire la nourriture des porcs.

J'ai remarqué encore un hangar assez large, haut et long pour que six voitures chargées de grain ou de fourrages, puissent y être mises à couvert par un temps d'orage.

J'ai aperçu une moissonneuse Burgess et Key qu'on avait essayée la veille et le matin. Je suis descendu dans le champ pour en examiner le travail, et les dernières parties coupées n'étaient pas mal faites, mais le contremaître de la ferme nous a dit qu'on en était mécontent.

Nous nous sommes rendus ensuite à la ferme de Cosfield, près Stafford, chez M. Samson Bird, où allait avoir lieu la vente d'une quarantaine de remarquables béliers shropshire, provenant d'un fils du fameux bélier avec lequel M. Adney avait gagné à un concours de la société royale d'agriculture d'Angleterre, une prime de 500 fr. Ce bélier, à l'âge de quinze mois, avait été loué 65 guinées, l'année suivante 85 et la troisième année, 90 guinées. Il a donc produit à son maître dans les quatre premières années de son existence, 6,800 fr. Les béliers de M. Samson Bird sont très beaux, fort gros et pesants : quoique âgés seulement de seize mois, ils sont bien plus lourds que ceux d'espèce southdown. Les brebis sont aussi très fortes.

Comme la vente ne devait se faire que plusieurs heures après, nous sommes partis après avoir bien examiné ces belles bêtes. On nous a dit que le prix moyen de ces béliers, s'il devait être comme celui de la vente de l'an dernier, serait de 15 à 16 guinées. Les plus beaux se vendent jusqu'à 30, 40 et même 50 guinées. Cela m'a semblé devoir être un prix bien exagéré. Il y avait déjà beaucoup de cultivateurs arrivés, entr'autres plusieurs fermiers de lord Hatherton, dont un payait 600 livres de loyer, ou 15,000 fr.

J'ai vu dans la ferme de M. Samson Bird, l'espèce de scarificateur de Bentall, avec lequel on pèle les chaumes de suite après la moisson, opération des plus utiles ; un grand et un petit semoir, un râteau à cheval et divers autres instruments perfectionnés.

Je suis rentré à Teddesley Parc, enchanté de la course de seize milles que nous venions de faire à travers une campagne généralement belle et bien cultivée, course pendant laquelle nous avions eu à suivre beaucoup de chemins de traverse, qui étaient tous macadamisés et bien entretenus. M. Bright m'a dit qu'il avait trouvé la race shropshire si belle et si profitable, qu'il s'était dé-cidé, il y a trois ans, à donner des béliers de cette race à son beau troupeau de brebis southdown, et qu'il s'en trouvait bien ; cela lui a donné de meilleures toisons et plus de poids. Le bayliff de M. Bright, espèce de chef de culture, gagne 90 livres et est logé ; les journaliers ont 12 shellings par semaine.

Un oncle de lord Hatherton lui a laissé la terre de Ted-esley en 1813. Il était âgé de 21 ans ; il a défriché de-puis seize cents hectares de bruyères, dont six cents sont plantés en bois et mille convertis en fermes. Les bâtiments de celles complétement construites par lui ont coûté de 10,000 à 12,000 fr. Il a construit, en outre, trois belles écoles, dont il paie les instituteurs, ainsi que les autres frais. Il a bâti un grand nombre de jolies chaumières pour les nombreuses familles qui travaillent pour lui ou ses fermiers, et il continue ces grandes améliorations, comme s'il n'avait que trente ou quarante ans. Du reste, il paraît infiniment plus jeune qu'il n'est ; Dieu lui con-serve encore bien longtemps une vie si bien employée jusqu'à cette heure !

J'ai quitté cette aimable et excellente famille pour aller

reprendre mes pérégrinations à la station de Penkridge, qui n'est qu'à une couple de milles du château. Un train qui allait comme le vent m'a conduit jusqu'à Crwe. Là nous nous sommes séparés du train de Liverpool, pour prendre la direction de Chester, où il a fallu encore quitter notre train qui se rendait à Holyhead, direction de l'Irlande, car je me rendais à Birkenhead, espèce de faubourg de Liverpool placé de l'autre côté du port le plus important de la Grande-Bretagne.

J'ai pris à Birkenhead un tilbury pour me rendre à la belle ferme de M. Littledale, que j'avais déjà visitée en 1851, sans avoir plus de chances que la première fois, d'y trouver le régisseur. Le maître vacher m'a fait voir de nouveau les trois belles étables, contenant chacune trente belles vaches courtes cornes croisées ou n'ayant pas été portées sur le Herd-Book, ce qui ne permet pas de les vendre à des prix exorbitants, malgré tous leurs mérites apparents. Elles sont en général fort bien écussonées. Mon conducteur m'a dit qu'elles coûtaient en moyenne 500 fr., que leur produit en lait était de quatre à six gallons, ou de dix-huit à vingt-six litres à nouveau lait, ce qui probablement est assez exagéré, mais prouve cependant que cette race, si décriée comme laitière, vaut infiniment plus que la réputation qu'on lui fait en France, sous ce rapport. Ce brave homme m'a dit que ce lait se vendait en grande partie dans les villages voisins, à 1 fr. 25 c. les quatre litres et demi, et qu'on faisait du beurre avec le lait qui restait invendu. On se sert pour le baratage d'un tonneau placé verticalement, dans lequel se trouvent des ailes que la machine à vapeur fait tourner. Cette baratte ressemble à celles des grandes laiteries du Mecklembourg.

L'excessive sécheresse de cet été empêche de nourrir ce grand nombre de vaches comme elles le sont ordinairement. On est donc forcé de les traiter comme en hiver, c'est-à-dire avec du foin passé par le hache-paille, qui est ensuite arrosé avec de l'eau bouillante dans laquelle on a fait dissoudre des tourteaux de colza, qui traités ainsi perdent le mauvais goût qu'ils donneraient au lait, si on les employait crus. On ajoute à cela de la drèche de brasserie.

Le nombre d'hectares traités à la Kennedy qui était de seize a été porté à quarante, mais au lieu de les cultiver comme ils l'étaient lors de ma première visite, on en a fait des prés irrigués et fertilisés à la Kennedy, qu'on fauche quatre ou cinq fois en arrosant une ou deux fois entre chaque coupe, avec des engrais liquides.

J'ai vu un grand champ de très belles betteraves globes jaunes, plantées ou semées sur billons aplatis par un léger coup de rouleau en bois, d'un très petit diamètre. On fait passer ensuite sur les billons une espèce de brouette à grande roue, dont le cercle est garni de bouts de plantoirs, à grand diamètre touchant le cercle. Ces plantoirs, n'ayant qu'environ dix centimètres de longueur mais étant très pointus, sont placés de manière que la roue en marchant, forme les trous à trente centimètres les uns des autres sur le billon. Ils doivent être, pour bien faire, aussi larges à leur ouverture qu'un verre à boire, et n'être pas trop profonds. Une femme y met trois ou quatre graines de betteraves, une autre qui la suit bouche les trous, en y mèttant une poignée d'un compost très fertilisant, mais qui ne soit pas sujet à détruire les germes des graines. Ce compost a le grand mérite d'activer la végétation des betteraves, ce qui met bientôt les jeunes plantes à l'abri d'être dévorées par les insectes, et d'empêcher la terre de se battre et durcir au-dessus des germes, ce qui les empêcherait de sortir de terre.

On a beaucoup de cochons qui ne sont pas d'espèces très perfectionnées. Au reste, il me semble qu'on n'a rien amélioré dans cette culture, depuis que j'y suis venu il y a huit ans; on n'y a pas encore essayé ni moissonneuse, ni faucheuse, ni faneuse, ni charrue à vapeur, etc.

Je suis allé coucher à Liverpool, et le lendemain dimanche, je me suis mis sur un des très nombreux et grands bateaux à vapeur, qui couvrent la Severn; je remontai cette large et profonde rivière pendant cinq milles. J'ai vu deux grands vaisseaux de la marine royale à l'ancre. Le bateau était plein de promeneurs qui descendirent auprès d'un bois, espèce de rendez-vous où se trouvent des cafés; je me rendis de là à deux milles pour visiter une ferme appartenant au frère de M. William Torr, fermier très capable du comté de Lincoln que j'avais visité en 1851, et qui avait fourni les plans sur lesquels a été construite la belle ferme de Liscard que j'avais visitée la veille, et qui est la propriété de l'associé de M. Torr. Il a une maison de campagne à côté de la ferme que j'ai visitée aujourd'hui, dans laquelle je n'ai vu que du bétail à l'engrais sur des herbages, enfin rien de nouveau ou d'intéressant pour moi.

Le 1er août, je suis monté dans un omnibus attelé de trois jolis chevaux de demi-sang, traînant trente-trois personnes ayant fort peu de bagages. La voiture, allant toujours au bon trot, nous a fait, pour un shelling, traverser pendant une heure entière, la ville et une suite de charmantes maisons de campagne entourées de jardins ou parcs. Arrivés à un embarcadère, je descendis à la seconde station pour me rendre ensuite à Haalwood, village situé à cinq kilomètres de la station. Mon chemin me fit traverser une plaine bien cultivée où je voyais de belles maisons de fermes, des maisons de campagne, et un certain nombre de jolies maisons d'ouvriers avec leurs jardins contenant aussi des fleurs; j'ai longé de beaux champs de trèfle mêlé de ray-grass d'Italie.

Je venais visiter un très bon cultivateur, M. Neilson, qui malheureusement était en ville. Cet ancien officier a loué une ferme en quittant le service, il y a vingt ans;

Il s'est marié âgé de cinquante-trois ans et a maintenant quatre jolis enfants qui m'ont paru fort bien élevés. Il continue malgré ses soixante-trois ans de cultiver avec une très grande activité et infiniment d'intelligence. Le jeune maître-valet qui me fit voir la ferme, m'expliqua très bien la manière de faire de son maître. Ne demeurant qu'à six kilomètres d'une ville contenant entre cinq et six mille âmes, il vend très avantageusement tous ses produits, excepté ce que consomment en grains, fourrages et pailles ses seize chevaux, et un certain nombre de truies, qui élèvent les cent cinquante ou deux cents cochons qu'il engraisse en hiver.

Il donne par semaine à chaque cheval soixante-douze litres d'avoine et trente-six de fèves moulues et mélangées avec le fourrage passé au hache-paille, et un peu humecté pour que la farine s'y attache et ne s'envole pas. En hiver, ils ont moins de farine, qu'on remplace par des racines bouillies : il vend tout à Liverpool, et en ramène les engrais avec lesquels il fume ses terres, au moins une fois tous les ans, et aussi fortement que cela se peut, pour éviter que les céréales et fourrages ne versent.

Il a une machine à poste fixe, qui met en mouvement une machine à battre qui rend le grain parfaitement propre, un excellent hache-paille inventé par feu lord Ducie, et qui s'aiguise très bien sans qu'on soit obligé de le démonter ; deux paires de meules à moudre le grain, et une autre paire qui sert à triturer les boues de villes qui contiennent beaucoup d'écailles d'huîtres, des os, les cendres des foyers, etc., et autres objets qui ont besoin d'être pulvérisés pour produire un bon et prompt effet ; on a une touraille pour sécher vite les engrais qu'on ne pourrait pas moudre sans cela.

On m'a fait voir l'intérieur d'une grande chaudière qui sert à bouillir trois chevaux à la fois ; on ajoute pour chaque gros animal cinquante kilogrammes d'acide sulfurique, qui sert à dissoudre complétement même les plus gros os. On arrose avec cet engrais liquéfié, et avec ceux contenus dans une énorme citerne dans laquelle on fait dissoudre de la suie, du guano, de mauvais tourteaux, enfin tout ce qui peut l'être, et qu'on peut se procurer dans une ville aussi grande et si commerçante; on arrose, dis-je, d'abord tous les engrais qui sont placés sous des hangars, ensuite les prés et les plantes fourragères, au moyen du système Kennedy.

M. Neilson s'est procuré tous les instruments ou machines très utiles en culture, excepté la charrue Fowler.

Il a acheté, en 1851, la moissonneuse de Hussey et s'en est toujours servi depuis lors; mon guide m'a dit qu'on coupe par jour de douze à quatorze acres. S'il n'exagère pas, ce serait quatre hectares quatre-vingts ou cinq hectares soixante ares; cela me paraît beaucoup. Il dit qu'une fois la rosée levée, on attelle la machine avec deux chevaux, on les remplace par deux autres toutes les trois heures, et la moissonneuse marche toute la journée jusqu'à la nuit. On remplace les ouvriers pour les heures de repos. On a toujours deux scies au champ, on les change toutes les heures, et un homme aiguise avec une lime celle qui vient de travailler, de manière à éviter toute interruption.

J'ai vu là deux herses de Norwége, des charrues écossaises et de Baal, on en a aussi à fort grands versoirs, pour pouvoir labourer à une très grande profondeur et ramener le sous-sol à la surface; celles-ci s'attellent de quatre forts chevaux. J'ai vu des scarificateurs, une faneuse, des râteaux à cheval, des charrues à sous-sol, d'excellentes herses, des houes à cheval, des semoirs, etc. Les meules sont couvertes par des toits en papier goudronné, qui se haussent ou se baissent à volonté, comme cela se fait en Hollande. Le jeune maître-valet m'a dit que son maître paie un loyer de 5 livres par acre ou quarante ares; cela ferait 312 fr. l'hectare; c'est fort cher;

il s'est probablement trompé, mais cette ferme est placée
à la porte d'une immense ville. Je regrette infiniment
de n'avoir pas trouvé chez lui cet excellent cultivateur,
et que l'heure du chemin de fer m'ait forcé de partir
avant d'avoir pu recevoir encore d'autres renseignements.

Etant rentré en ville, on m'a dit au chemin de fer,
qu'on avait eu à réexpédier, dans la journée, deux cents
quarante wagons pleins de voyageurs, venus la veille
par les nombreux chemins de fer qui aboutissent à Liverpool ; tout ce monde était venu en train de plaisir à
prix réduit. En partant le samedi pour Londres et revenant le lundi, on payait 12 shellings ou 15 fr. pour aller
et revenir. Ces deux cent quarante wagons étaient en
sus de ceux qui passent journellement par cette ville.

Je suis parti à sept heures et demie de Liverpool
pour Carlisle, et y suis arrivé à une heure; nous n'avons
eu le train express que pendant une partie du trajet, et
avons ensuite desservi de très nombreuses stations, car
elles sont très rapprochées : on marche bien plus vite en
Angleterre qu'en France. Je suis resté deux heures à
Carlisle, et suis allé coucher à la troisième station du
chemin de fer, afin de visiter dans la soirée quelques-
unes des fermes que sir James Graham, l'ancien ministre, a créées sur de vastes bruyères qu'il a défrichées
et drainées : il ne cultive plus lui-même. Je me rendis
donc dans une ferme que le chef de la station m'indiqua
comme cultivée, mais tout ce que je vis dans les champs,
comme dans la ferme, ne mérite pas d'être cité. Le fermier étant malade, je ne pus causer avec lui. Je me rendis
dans une autre ferme dont les maîtres étaient absents, et
je n'ai rien vu de mieux à dire de celle-ci que de la précédente. En retournant à la station, j'ai traversé une
grande étendue de bruyères marécageuses, qu'on est en
train de drainer et défricher à la charrue ; là où à cause
de l'inégalité de la surface la charrue n'avait pas retourné

le gazon, un ouvrier était en train de réparer les manques, avec une pelle à écobuage : sur ma question, il me répondit qu'en travaillant très fort il gagnait 25 fr. en six jours. Une partie de ce défrichement avait été semée en colza pour être consommé sur place par les moutons ; on l'avait chaulé et bien fumé, et il s'y trouvait de fort belles pommes de terre comme seconde récolte.

Les nombreuses fermes bâties par sir James Graham, que j'ai aperçues dans cette promenade d'une couple d'heures, ainsi que de mon wagon, étaient bien construites et assez considérables en bâtiments, mais les logements des fermiers n'étaient pas aussi confortables que ceux que j'avais vus ou visités dans ce voyage.

Avant de quitter la station de Gretna pour me rendre à Edimbourg, où se tenait le concours de la société des Highlands, j'eus l'occasion de causer avec le maître de l'hôtel, qui est aussi fermier de sir James Graham. J'ai appris de lui, que ce seigneur louait ses bonnes fermes à raison de 125 fr. l'hectare, et les moindres ou mauvaises de 60 à 90 fr. Lui ayant demandé si les marais tourbeux devenaient productifs, il me répondit qu'après avoir été drainés, écobués et chaulés, ils deviennent des plus productifs, surtout en pommes de terre qui y prospèrent. Cet homme me fit l'éloge des terres élevées et en coteaux qui m'avaient paru très pauvres et pleines de pierres. Elles contiennent des coquillages marins et probablement du phosphate de chaux, qui les rend fertiles malgré leur pauvre apparence.

Il passait à cette station un grand nombre de convois. Souvent ils étaient chargés de chaux qui est beaucoup employée dans ces terres. Ce chemin, qui va dans l'intérieur de l'Écosse, pays naturellement pauvre mais industriel, a trente-six convois par vingt-quatre heures ; je fus obligé de me rapprocher de Carlisle pour rejoindre le convoi de cette ville à Edimbourg.

J'ai vu dans ces environs que les herbages qui sont d'une durée de un ou deux ans, contiennent beaucoup de trèfle alsic ou de Suède, nommé aussi trèfle hybride. J'avais appris, il y a trois ans, dans le pays de Luxembourg, que les frères Simon, pépiniéristes et grainetiers à Metz, faisaient cultiver beaucoup de ce trèfle dans les pauvres terres du côté d'Arlon, en fournissant la semence sans la faire payer, à condition d'obtenir la moitié de la graine et s'engageant à payer l'autre moitié à 2 fr. le kilogramme. Comme cette variété de trèfle donnait beaucoup de graine dans ces pauvres terres où le fourrage était très court, ils avaient pu introduire en peu d'années cette culture et en tiraient une énorme quantité de graine qu'ils expédiaient en Écosse. C'est là que je vis la confirmation de ce qu'on m'avait dit, car les pâtures de ce pays en contenaient toutes.

Dans les deux journées des 3 et 4 août, j'ai passé six heures en wagon depuis Liverpool à Gretna, et quatre depuis cette station à Edimbourg, et j'ai peu vu, dans ce long parcours, de belles et bonnes récoltes. En général le pays paraissait peu fertile. Ce n'est qu'en nous rapprochant d'Edimbourg que j'ai retrouvé une belle et bonne culture.

Je me suis rendu le lendemain matin à l'exposition. J'y ai vu avec plaisir les belles bêtes courtes cornes de M. Douglas remporter beaucoup de primes, les belles bêtes noires et sans cornes d'espèce angus de M. MacCombie, avoir les mêmes succès; d'excellentes bêtes croisées durham, des ayrshires galloway et west-higlands aussi très remarquables. Le duc de Richemond a été ici aussi heureux qu'à Warwick avec ses beaux béliers et brebis de race southdown. M. Hutchison de Peterhead de l'autre côté d'Aberdeen, y a remporté un premier et un second prix pour ses brebis provenant de mâles et femelles, pris chez Jonas Webb, comme il avait remporté le 1er prix des brebis à Paris, en 1856, M. Jonas Webb n'exposant que des béliers. Il y avait de beaux new-leicester. Les cotswold n'égalaient pas ceux des environs de Cirencester. Les cheviot brillaient dans leur pays. Enfin les têtes noires n'avaient à l'exposition de remarquable que leurs énormes cornes très bien contournées : à table leurs gigots ont un grand mérite. Les cochons ne brillent pas en Écosse.

Ce qui m'a frappé en fait d'instruments, c'est d'abord quinze moissonneuses de huit inventeurs divers ; les instruments de Kirkwood de Tranent, près Haddington East Lothian, qui sont nombreux, bien faits et solides : il a eu beaucoup de prix.

J'ai assisté le lendemain au concours de onze moissonneuses, dont sept étaient d'autant d'inventeurs, qui sont Hussey-Dray, Bell, Burgess et Key, une de l'américain Morgan et fabriquée par Samuelson de Bambury, une de Wood, venue aussi d'Amérique, une d'Andrew, qui est une imitation de celle de Bell (les chevaux traînent au lieu de pousser la moissonneuse) ; enfin une dont l'inventeur demeure à Berwick près la frontière de l'Écosse, en venant de Londres, son nom est Brigham.

Celles qui ont le mieux opéré, selon moi, sont celle de Hussey-Dray, qui fait des javelles parfaites ; celle de Bell, fabriquée par le frère de l'inventeur ; elle a fonctionné on ne peut mieux, mais elle exige des chevaux très forts, et a le grand inconvénient de forcer celui qui la dirige et le cocher à marcher tout le temps. Le même modèle fabriqué par la maison Croskyll de Bewerley (Yorkshire) ne fonctionnait pas très bien. Celle de MacCormick que Burgess et Key ont améliorée, laissait un plus long chaume que toutes les autres, et son andain laissait beaucoup à désirer. La moissonneuse de Morgan, fabriquée par la maison Samuelson de Bambury, près Oxford, a le mérite de n'avoir besoin que du cocher, qui est assis sur la machine, d'où il conduit les chevaux ; un râteau automate forme des javelles, qui ne sont pas à beaucoup près aussi bien faites que par la moissonneuse de Hussey-Dray, mais celle-ci a besoin de deux personnes pour la diriger, le cocher compris.

Celle de Wood emploie un homme à débarrasser la machine du grain coupé, ce qui est une terrible besogne, qu'un homme ne peut pas continuer longtemps tout en la faisant fort mal, mais elle a le mérite de faucher aussi les prés. Celle d'Andrew est une copie de celle de Bell, à laquelle on attelle les chevaux par devant au lieu de les faire pousser par derrière. Celle d'un inventeur, demeurant à Berwick, le sieur Brigham, forme un andain et n'a besoin que du cocher monté sur un des chevaux. Le fond de la machine, sur lequel tombe le grain moissonné, tourne horizontalement et fait passer le grain, les épis devant, à travers deux rouleaux rembourrés, qui le font tomber en andain. L'idée est ingénieuse, mais on doit craindre que, le grain étant un peu mûr, les épis ne soient égrainés par le double rouleau.

Toutes les machines ont bien coupé l'orge du champ de concours, mais la plus simple, celle qui fait mieux les javelles même que les piqueteurs artésiens ou flamands, celle enfin qui est la moins chère, est, je le répète, celle de Hussey-Dray; son prix est en Angleterre de 625 fr., et à Paris, chez Ganneron, de 800 fr. On lui objecte que formant ses javelles derrière la machine, il faut lier de suite et former les moyettes. La réponse à cela est que, dans les environs de Lille et de Valenciennes, on lie et l'on met en moyettes, aussitôt que les piqueteurs ont coupé le grain, et j'ai vu opérer ainsi chez M. Dervand, près Condé, deux heures après des averses prolongées de pluie. Cet habile fabricant et cultivateur se sert de cette excellente machine depuis trois récoltes sur une culture de deux cent quatre-vingts hectares, et s'en trouve à merveille. Une centaine d'hectares de froment coupé

par deux moissonneuses Hussey-Dray que j'ai vues fonctionner chez lui, était aussi bien récoltée que possible; il
y traînait moins d'épis qu'après la moisson la mieux
faite à la pique, à la faux, ou à la faucille. M. Dervand
m'a dit qu'en changeant de chevaux, il faisait cinq hectares par jour , mettons quatre hectares. Cela lui revient
par hectare, mis en moyettes couvertes d'un chapeau, et
très bien ramassé, à 12 fr. En comptant les deux hommes,
cocher et conducteur de la machine, à 3 fr. chacun, huit
hommes à 2 fr., huit femmes à 1 fr., quatre chevaux à
3 fr., enfin 6 fr. pour huile, intérêt, amortissement et
réparations, à raison de trente journées de moisson, l'intérêt porté à vingt pour cent des 800 fr., nulle part on
ne pourra moissonner à aussi bon marché et aussi prompt-
ement , ce qui est une chose de la plus grande impor-
tance pour mettre ses récoltes mûres juste à point, à
l'abri de la grêle, et d'être égrainées une fois trop mûres.
Si on n'a pas cent vingt hectares à moissonner dans une
ferme, rien n'empêche de louer sa machine à des voisins.

La maison Dray de Londres ayant cessé la fabrication
de machines agricoles, c'est celle de Forshaw, fabricant
à Liverpool, qui avait exposé les machines Hussey améliorées par Dray. La machine de Bell, fabricant à Forfar
(Écosse), coûte 1,050 fr.; celle de Burgess et Key à
Londres le même prix, 1,050 fr.; celle de Samuelson
à Bambury, 850 fr. Je ne connais pas le prix des
autres.

Ce que j'ai vu et bien examiné dans quatre concours
de moissonneuses, un à Denain où je les ai vues travailler
trois jours de suite, à Gembboux en Belgique, à Brunswick en 1858, à Édimbourg cette année, enfin dans
bien des fermes de ces divers pays, m'empêcherait
de prendre toute moissonneuse qui aurait besoin d'un
homme armé d'un râteau ou d'une fourche, pour débarrasser la machine du grain coupé, car il le fait très

mal, de manière à mettre presqu'autant d'épis dans le pied de la gerbe que dans la tête, ensuite pour peu que le grain soit passable, son ouvrage devient si fatigant, qu'il faut qu'il devienne le cocher et que celui-ci le remplace au moins toutes les heures, ce qui doit se renouveler très souvent.

Je suis allé le lendemain à la station de Broxburn, qui est à onze milles d'Edimbourg, et de là à deux kilomètres à pied, pour visiter M. Cochrane, excellent cultivateur, pour lequel j'avais un mot d'introduction de la part de M. Barlas, agent d'affaires, chargé par un très grand nombre de propriétaires résidant, ou n'habitant pas l'Ecosse, d'administrer leurs propriétés, ainsi que de faire les expertises entre les fermiers sortants et ceux qui les remplacent. Personne ne connaît mieux que lui l'Ecosse et le nord de l'Angleterre; personne n'est plus obligeant que lui, il est toujours heureux d'être utile et cela surtout aux jeunes cultivateurs, qui viennent dans ce pays pour s'instruire en agriculture. Ceux qui sont dans cette position, feront bien d'aller le trouver dans sa petite maison à droite, au bout de la jolie rue Gilmore-Place à Edimbourg; il leur donnera de bons conseils, les adresses des meilleurs fermiers à visiter, et des lettres d'introduction pour les cultivateurs chez lesquels ils pourraient se mettre en pension, pour plus ou moins longtemps, afin de se perfectionner, chez celui-ci, dans l'élève des bêtes bovines, chez celui-là, des bêtes ovines, chez tel autre, dans l'engraissement du bétail; enfin chez un cultivateur capable et entendu. Il m'a engagé de lui adresser des personnes ayant cette intention, ce que j'ai fait déjà plusieurs fois avec les meilleurs résultats.

M. Cochrane m'a reçu de la manière la plus aimable, et j'ai retrouvé chez lui un jeune allemand du royaume de Wurtemberg, qui y est en pension pour un an, et avec lequel j'avais eu l'occasion de causer au concours des moissonneuses. Il est venu chez M. Cochrane d'après le conseil d'un de ses compatriotes, qui y avait été lui-même et s'en était bien trouvé. Un autre jeune homme, ayant de fort bonnes manières, habitant d'Edimbourg, est aussi chez M. Cochrane pour son instruction agricole, il sortira de là pour cultiver sa propriété. Ces messieurs sont logés dans une belle maison bien meublée , sont bien nourris, ce dont j'ai pu juger par le déjeuner qui était servi lorsque je suis arrivé. Il se composait d'œufs frais, de thé pour les uns, de café pour les autres, de poisson et d'un plat de viande, enfin d'excellent beurre et de pommes de terre cuites à l'eau. Ils ont à une heure, avec un excellent rôti de canard, un autre de veau, de la bière et du sherry ; ce second repas, servi peu d'heures après le déjeuner, n'a été apprécié par moi que sur sa mine. Le soir un troisième repas. On les blanchit, et ils paient 50 fr. par semaine.

M. Cochrane cultive cent quatre-vingts hectares de bonnes terres, dont il paie 140 fr. l'hectare. Il n'a à la fois que cent cinquante moutons croisés dishley-cheviot, qui sont à l'engrais. Il a trente vaches croisées durham-ayrshire, qui donnent beaucoup de lait vendu à la ville en nature ou transformé en beurre. Sa baratte et sa machine à battre, ainsi que les accessoires, sont mis en mouvement par une chute d'eau provenant en partie des eaux de drainage.

M. Cochrane possède une moissonneuse de Bell depuis plusieurs années, et il a été hier si content du travail de celle de Hussey-Dray, qu'il s'est décidé à l'acheter quoique n'en ayant pas besoin. Il a aussi acheté hier, un semoir à onze lignes, d'un fabricant de Haddington, M. Scowler, de chez le père duquel j'avais fait venir, il y a trente-six ans, des charrues tout en fer et fonte. M. Cochrane m'a dit qu'il coupait avec son ancienne moissonneuse dix acres ou quatre hectares en dix heures.

Il fume suivant l'état de fertilité de la terre pour les racines, à raison de quarante ou cinquante mille kilogrammes, et ajoute à cela cinq cents kilogrammes d'un mélange par moitié d'os et de guano ; ce dernier lui coûte, pris à Edimbourg, 320 fr. les mille kilogrammes, et ce poids d'os écrasés lui coûte, pris dans la fabrique qui se trouve dans son village, 225 fr. M. Cochrane m'a fait entrer dans cette fabrique d'os pulvérisés : il s'y trouve deux énormes chaudières fermant hermétiquement, elles contiennent chacune trois tonnes d'os qui y restent vingt-quatre heures ; le fabricant compose avec la gélatine et des rognures de mauvaises peaux, une colle qui se paie 150 fr. les mille kilogrammes.

Ce fabricant nous a fait voir un mauvais champ qu'il avait acheté récemment, il contenait de très belles pommes de terre, et il nous a dit l'avoir fumé à raison de onze cents kilogrammes d'os par hectare ; les os sortant des chaudières passent sous des meules verticales à plâtre.

M. Cochrane nous a fait voir la différence de ses récoltes drainées à dix mètres et à une profondeur d'un mètre vingt-cinq, ainsi que celles d'un de ses voisins, comparées à celles d'un autre voisin qui n'a pas drainé, et cultive mal ; celles des deux premiers valent plus du double de celles du dernier.

M. Cochrane avait pris ses terres en mauvais état, il les a drainées à ses frais, et tellement améliorées que son propriétaire, par reconnaissance, lui a prolongé de neuf ans et au même prix son bail de dix ans près d'expirer. Il m'a dit que pour bien faire, il faudrait chauler ses terres de nouveau, mais que la chaux était fort chère.

Il n'a que peu de bétail, parce qu'un canal, venant d'Edimbourg, passe devant sa porte, et qu'il trouve plus d'avantage à y acheter des boues de ville et du fumier, qui lui coûtent en moyenne 2 shellings 1/2 et le port par bateau un et demi, ce qui fait 5 fr. les mille kilog. ; il croit que le fumier, fait chez lui, lui revient plus cher. Il engraisse un assez grand nombre de cochons élevés chez lui, et en a vendu sept en ma présence.

Je suis parti le lendemain dimanche pour Perth, par le plus beau temps qu'on puisse désirer. Le Forth, bras de mer qu'on traverse pour rejoindre le chemin de fer du comté de Fife, était comme une glace, tandis que les jours précédents, par un vent violent et froid avec des alternatives d'averses et de soleil, la mer était très mauvaise. Arrivé à Perth d'où j'espérais pouvoir me rendre à Aberdeen dans la journée, on me dit qu'à cause du dimanche, il n'y aurait un train qu'à minuit et l'autre le lendemain matin.

J'employai l'après-midi à faire une visite à M. Turnbull, qui m'avait si bien reçu en 1840 et 1847. Je le trouvai tout seul dans la fort belle maison de campagne qu'il a construite. Elle est entourée de très beaux arbres rares; on jouit de cette hauteur d'une vue admirable, sur cette magnifique vallée, ainsi que sur une rivière qui longe la ville après avoir parcouru de riches prairies, enfin sur un grand nombre de belles maisons de campagne, placées sur les coteaux environnants. M. Turnbull me conduisit au haut de la colline qui domine son habitation, il y possède une très belle futaie, et on y trouve plusieurs points de vue très remarquables, desquels j'ai aperçu le palais de lord Mansfield et un charmant château à lord Grey, qui vient peu dans cette délicieuse habitation, car il préfère le séjour de Paris; on aperçoit de ce point élevé et dans le lointain, les montagnes des Highlands.

M. Turnbull m'a fait parcourir sa culture, qui est d'une centaine d'hectares; il croisait déjà, lors de ma première visite, des vaches d'Ayr avec des taureaux durham, et il m'a confirmé ce qu'il m'avait dit, il y a vingt ans, que les produits femelles de ce croisement, donnent de quinze à vingt litres de lait, ainsi plus que leurs mères, sans compter qu'elles s'engraissent bien plus facilement que les vaches d'Ayr, et qu'elles pèsent près du double. Il m'a fait voir une douzaine de ces jeunes bêtes de premier croisement durham et Ayr, âgées de dix-huit mois; il les tient alternativement sur quatre champs qui forment ensemble une étendue de trois hectares.

Mais plus je parcours la Grande-Bretagne, plus je pense qu'on y aurait bien plus d'avantage à n'avoir pas tant d'herbages sur des terrains peu fertiles, qui, si on les cultivait au lieu de les laisser en pauvres pâtures, donneraient dans un assolement quadriennal bien plus de nourriture pour le bétail en mettant la moitié de la troisième sole en trèfle ordinaire, et l'autre moitié en trèfle hybride ou de Suède, qu'on changerait de place tous les quatre ans, en mettant ce dernier là où se trouvait le trèfle ordinaire et *vice versa ;* on aurait avec cela et les racines venues dans la première sole, beaucoup plus de nourriture de bétail et par conséquent de fumier, que sur les quatre années de pâtures. Si à cela on ajoutait ce que font de bons cultivateurs français et belges, une semaille de trèfle incarnat sur le chaume de froment comme récolte dérobée, et qu'en fauchant ce fourrage en vert pour le bétail, et labourant la terre au fur et à mesure de l'enlèvement du fourrage vert, on y repiquât, dans le courant du mois de mai et dans la première quinzaine de juin, des betteraves élevées en pépinières, cela augmenterait encore le fourrage sans diminuer le produit des récoltes sarclées. D'un autre côté l'abus qu'on a fait anciennement du trèfle ordinaire, en le faisant revenir tous les quatre ans, est la cause qu'on n'en fait presque plus en Angleterre; il se trouve remplacé par un herbage qui dure un ou deux ans et qui est loin de produire autant de nourriture que les trèfles ordinaires et de Suède; le premier des deux prospérerait de nouveau après une série d'années, où il n'a plus été cultivé, et la vesce serait encore une plante très productive qui pourrait être intercalée avec avantage.

Le peu de champs de trèfle que j'ai aperçus dans ce voyage avaient de belles secondes coupes, ce qui n'arrive pas aux herbages temporaires, ils sont même cette année tout à fait brûlés par le soleil et la sécheresse. Si nos bons cultivateurs français avaient un quart ou même une sixième partie de leurs terres en racines, ils pourraient nourrir autant de bétail que les Anglais; nous cultivons beaucoup de luzernes dans certaines parties de la France: cette plante a un grand mérite dans nos climats souffrant très-souvent de la sécheresse, c'est d'en être moins atteinte à cause de la profondeur de ses racines que le trèfle et d'autres fourrages artificiels. On ne voit presque pas de luzernières en Angleterre, et le peu de champs de cette excellente plante que j'y ai vu, donnaient de très-belles secondes coupes, tandis que les trèfles des champs voisins étaient complétement brûlés.

M. Turnbull m'a fait parcourir une très-grande pépinière qu'il a créée il y a de longues années pour une société dont il est le plus grand actionnaire, et dont il a remis la direction à un de ses neveux. J'y ai vus une grande quantité d'arbres rares, mais il m'a paru qu'en général ces jeunes arbres à hautes tiges ne sont pas aussi beaux que ceux de nos pépinières bien dirigées : la qualité du sol qui n'a pas ici une grande profondeur, sur un fond rocheux, et les grands vents qui règnent dans ce pays, peuvent en être la cause. Voici les noms de quelques-uns de ces jeunes arbres qui m'ont plu davantage : *picea nordmaniana*, *picea nobilis*, *pinus benthamiana*, *pinus jeffreana*; ces deux derniers se ressemblent infiniment; *pinus pyrenaica*, *pinus lambertiana*, *picea douglasii*, celui-ci, qui a été planté en 1836, est énorme et de toute beauté; *thryopsis boreale* et *thryopsis dolobrata*; ce sont deux variétés d'un charmant arbuste à fleurs, le *ceanothus azurea*.

On a construit depuis quelques années beaucoup de maisons de campagne entre la ville et l'habitation de

M. Turnbull, d'où on a la vue sur la belle vallée. Le terrain sur lequel elles sont construites et celui du jardin, a été acheté à raison de 750 fr. à payer annuellement et à perpétuité.

Je suis parti le lendemain matin pour Aberdeen, port de mer dont la population et le commerce augmentent grandement chaque année, ainsi que le nombre de belles rues bien bâties. Les jolies maisons de campagne entourées de charmants jardins ont aussi bien augmenté depuis mon dernier passage dans cette belle ville. Il ne faut plus maintenant que vingt-trois heures pour se rendre à Londres, et le chemin est ouvert jusqu'à Inverness, où se trouve l'embouchure du grand canal de Calédonie, sur lequel des bâtiments à voile se rendent dans la mer d'Irlande, en traversant l'Ecosse. On est en train de construire un chemin de fer, qui ira bientôt jusqu'à une petite distance de l'habitation de Balmoral, que la reine a fait construire pour elle dans les montagnes des Higlands, il y a quelques années, et où elle vient tous les ans avec sa nombreuse famille. Il est déjà ouvert jusqu'à moitié chemin de cette résidence. J'en ai profité pour me rendre chez mon excellent ami, M. Irvine Boswell, au château de Kingcausie, à six milles d'Aberdeen.

M. Boswell a fait sur cette terre d'immenses améliorations depuis l'époque où, pour se marier, il a quitté la garde royale, avec laquelle il avait fait la guerre en Espagne. Il a défriché environ cent soixante hectares de bruyères pour planter les plus mauvaises terres en bois et cultiver les meilleures, qui étaient en partie des vallées tourbeuses et marécageuses. Il y a obtenu de fort belles récoltes, et a fini par en faire des herbages loués principalement à des bouchers qui y engraissent des bœufs ou des moutons. Les meilleurs herbages durent une dizaine d'années, les autres seulement cinq ou six ans. Le vieux chef de culture qui me conduisait m'a dit que lorsqu'ils sont renouvelés, les deux premières années ces herbages sont très-productifs, la troisième ils faiblissent et redeviennent meilleurs ensuite. Lorsqu'ils ne sont plus bons, on les laboure pour y semer de l'avoine. L'année suivante, on y fait des turneps bien fumés, c'est-à-dire avec vingt-cinq ou trente tonnes de fumier et deux cent cinquante à trois cents kilos de guano par hectare et les turneps sont suivis par de l'orge dans laquelle on resème le pâturage ou l'herbage. M. Boswell loue quelquefois pour un an aux fermiers voisins les herbages usés, ils en paient de 300 à 350 fr. l'hectare, pour y faire une récolte d'avoine, mais la paille leur appartient. Ces herbages sont loués ordinairement pour un temps plus long, à raison de 100 à 110 fr. l'hectare.

M. Fortescue, neveu de Mme Boswell, qui a épousé la nièce de monsieur, a acheté, il y a quinze ans, avant de se marier, huit cents hectares d'assez bonnes terres, dans une des îles Orcades. Il y a construit une jolie maison qu'une tante, non mariée, est venue tenir dans cette espèce de désert. Depuis lors, sa jeune femme, qui avait été longtemps en pension à Paris, est allée habiter cette propriété, où le climat est assez doux lorsque d'abominables vents, qui sont malheureusement très-fréquents, ne règnent pas. Ils sont tellement violents qu'ils empêchent les arbres de réussir, et que lors de la moisson ils emportent quelquefois les gerbes à la mer. On attribue la douceur de ce climat, malgré sa position très au nord, à un immense courant maritime qu'on nomme le Gulf-Stream; il y arrive après avoir parcouru le golfe du Mexique, d'où il amène et jette souvent sur la plage de ces îles, des branches de palmiers ou d'autres arbres des pays chauds, ainsi que de beaux coquillages. Les gelées n'y sont ni fréquentes ni fortes, la neige qui y tombe fond de suite.

M. Fortescue a placé son habitation sur les bords d'une

petite baie, y a construit une jetée, et y tient un petit bâtiment marchant à la voile, d'une contenance de quarante tonnes, qui lui a amené de la chaux de Newcastle, des tuyaux de drainage, des bois de construction, son mobilier, ses provisions, ses instruments de culture, enfin tout ce qu'il lui fallait pour garnir sa ferme ; des chevaux de Clydesdale, vaches, brebis cheviot aux trois quarts desquelles il donne des béliers dishleys, et au dernier quart des béliers cheviot, pour avoir toujours des brebis cheviot de pure race, qui lui donnent avec les béliers dishleys des agneaux de demi-sang envoyés tous, ainsi que les mâles de race cheviot, par le petit bâtiment à Aberdeen, lorsqu'ils sont âgés d'environ six mois. On les nourrit le matin sur les bruyères rocheuses qu'on ne peut pas défricher, et le soir dans les herbages que M. Boswell loue à son neveu au même prix qu'aux autres fermiers. M. Fortescue achète dans le voisinage la récolte d'un certain nombre d'hectares de turneps, à condition de les faire manger sur place. Ils servent en hiver à la nourriture des cinq cents agneaux croisés dishley ou cheviot, vendus âgés de quatorze à quinze mois. Cette année ils ont produit 45 fr., mais il y a des années où ils arrivent à 50 fr. la pièce ; ces jeunes bêtes pèsent de soixante-dix à quatre-vingts livres anglaises, viande nette. M. Fortescue achète aussi dans les Orcades, des génisses et bouvillons croisés durham avec les très-petites vaches du pays. Ces bêtes coûtent de six à huit livres la pièce, et elles se vendent plus du double, après avoir été nourries à Kingcausie pendant quatre ou cinq mois.

M. Boswell m'a dit avoir dépensé trente mille livres sterlings ou 750,000 fr. pris ailleurs, ou sur le surplus des revenus de sa terre après y avoir vécu, pour agrandir et embellir son habitation, ses bâtiments de fermes, et construire plusieurs fermes dans ses défrichements, se faire un délicieux parc qui couvre plus de deux cents hectares et contient de superbes bois ayant bien de la valeur ; pour faire dans sa terre, plus de trois lieues de routes macadamisées et bien plus long de murs en pierres sèches, dont le haut est terminé à chaux et sable, murs qui coûtent le mètre courant, lorsque les pierres sont approchées, 1 fr. 80 de façon, enfin en drainage et autres grandes améliorations trop longues pour être détaillées. Lorsqu'il y est arrivé, cette terre donnait un revenu de deux cents livres sterlings ; maintenant elle a été taxée à raison de l'income tax, pour laquelle on paie un shilling par livre de revenu, comme produisant un revenu de deux mille livres sterlings. Les journaliers sont rares dans ce pays et ils gagnent toute l'année, hiver comme été, 2 fr. 50 par jour.

Je suis reparti à sept heures du matin de chez M. Boswell pour Aberdeen, et à onze heures pour aller à Tillyfour, chez M. Mac-Combie, le fameux éleveur de ces si belles bêtes sans cornes de couleur noire et de race d'Angus. Il demeure à quatre milles de la station d'Alford, sur un chemin de fer qui n'est pas encore achevé.

Ce fameux éleveur a gagné les deux premiers prix pour son taureau et une de ses vaches au concours international de 1856. L'Empereur a fait acheter un taureau et une vache de M. Mac-Combie.

M. Mac-Combie a l'air d'avoir cinquante ans. Il est resté garçon, et habite la maison où il est né, mais qui est la propriété d'un de ses frères, ministre de la religion presbytérienne.

Lorsque son père a voulu se reposer de ses longs travaux, il lui a loué sa ferme, composée de deux cents hectares, en lui donnant la somme de 12,500 fr. qui était insuffisante, mais il obtenait de son père des prêts d'argent, dont il lui payait cinq pour cent, ce qui lui a permis, non-seulement de pouvoir bien cultiver, mais encore de continuer un commerce de lin qu'il faisait avant d'être devenu cultivateur, il y a de cela une vingtaine d'années. M. Mac-Combie a augmenté petit à petit l'étendue de sa culture, qui maintenant est le double de ce qu'elle était lorsqu'il a commencé. Le prix moyen de son loyer est de 25 shellings les quarante ares, ce qui porte le prix de l'hectare à 80 fr.

Il a quatorze vaches de son admirable race de bêtes sans cornes, qui avec les taureaux et élèves, montent à peu près au chiffre de quarante têtes. Il engraisse chaque année trois cent quatre-vingts têtes de gros bétail de diverses races, et expose aussi chaque année à Smith-field une quarantaine de têtes de bœufs choisis dans la même espèce, mais changeant aussi de races ; cette année ce seront de très-beaux bœufs galloways ; il a l'habitude de remporter ainsi des premiers prix.

M. Mac-Combie m'a fait dîner avec son frère et sa belle-sœur, qui sont fixés depuis vingt ans en Australie, et qui sont venus passer quelque temps avec lui. Son frère est commerçant et se trouve être un des membres de la haute chambre législative australienne. Ils m'ont dit que le climat de leur nouvelle patrie était éminemment sain pour les adultes, mais détestable pour les enfants ; sur sept qu'ils avaient eus, cinq sont morts.

M. Mac-Combie m'a fait voir ensuite une ferme nouvellement construite d'après ses dessins. Il y loge en hiver une centaine de bêtes bovines et dix chevaux ; il s'y trouve un certain nombre de boxes pour les juments et les vaches qui allaitent. On n'a point de bêtes à laine dans cette partie de l'Ecosse. Le bétail est abreuvé à couvert pendant la mauvaise saison. Une chute d'eau fait tourner la machine à battre, un moulin pour les besoins de la ferme, ainsi que toutes les autres machines accessoires. Ces grands bâtiments très-solidement construits, et si commodes qu'on pourrait les donner comme modèle, ont coûté, sans la maison d'habitation qui est ancienne, 30,000 fr., en ne comptant pas les frais des transports qu'il a faits avec ses chevaux.

Les récoltes d'orge et d'avoine sont fort belles pour cette saison si sèche, mais les pailles sont courtes, il compte sur un produit d'environ cinquante hectolitres d'avoine. On ne cultive point le froment, car souvent il ne mûrit pas sous ce climat. M. Mac-Combie sème quatre-vingts hectares de navets, mais point de rutabagas ni de betteraves. J'ai remarqué un grand et très-beau champ de vesces mêlées d'avoine semé tard, pour servir à la nourriture des bœufs à l'engrais, qui sont ordinairement attachés à l'étable vers le 15 août, mais ne le seront cette année que le 1ᵉʳ septembre, l'extrême sécheresse ayant tout retardé.

M. Mac-Combie m'a conduit dans son cabriolet attelé d'une belle jument, qui a monté une côte raide et fort longue au grand trot, dans un excellent herbage de montagne, pour me faire voir quarante et quelques bœufs d'espèce galloway, destinés au concours de Smithfield, qui a lieu vers la mi-décembre, après un séjour d'environ dix-sept mois. Ayant été achetés âgés de trois ans, chez le capitaine Kennedy, près du port Patrick, à une grande distance d'ici, ils lui ont coûté, rendus à sa ferme, 400 fr. la pièce. Il dit qu'ils seront vendus entre 800 et 900 fr. Ils sont très-gras maintenant, et seront encore mieux nourris et soignés pendant plus de quatre mois. Il engraisse aussi des croisés courtes cornes autant qu'il peut, car ils sont bien plus précoces et prennent plus facilement la graisse. L'herbage dans lequel nous nous trouvions est un de ses meilleurs, il peut y nourrir pendant tout l'été un bœuf par quarante ares.

Nous sommes revenus ensuite derrière la ferme sur un herbage de mauvaise apparence, où se trouvaient ses quatorze vaches dont treize allaitaient leur veau, et un assez grand nombre de génisses d'un à deux ans ; ces dernières étaient pleines. M. Mac-Combie m'a fait ressortir les mérites d'un assez grand nombre de ses belles bêtes, et j'ai été d'admiration en admiration, tant ces vaches sont bien faites, ont des membres menus, la peau souple et fine. Ces vaches allaitant de gros veaux, sont à pleine peau, quoique n'ayant pour toute nourriture que ce qu'elles trouvent dans cette maigre pâture, très en pente et pierreuse, enfin d'un aspect qui ferait présumer la maigreur, au lieu de la graisse et de l'embonpoint qui vous entoure. Beaucoup de ces vaches, sinon presque toutes, ont remporté des premiers prix dans les grands concours. Son énorme taureau qui sert encore, est le même qui a remporté le premier prix en 1856, à Paris. Cet excellent éleveur a dans sa salle à manger, dix portraits peints à l'huile représentant une partie de ses animaux ayant remporté des premiers prix.

M. Mac-Combie m'a prié de lui traduire une lettre écrite en français par M. Dutrône, propriétaire normand, connu pour l'amour qu'il porte aux races bovines sans cornes, ce qui l'a amené à Tillyfour l'an dernier, où il a passé trois jours pour se rassasier de la vue de ces beaux animaux. M. Dutrône a heureusement trouvé chez M. Mac-Combie un jeune Français, fils du comte de Fontenay, qui a passé un an ici pour se perfectionner dans l'élevage des bêtes bovines ainsi que dans leur engraissement, comme l'avait fait avant lui M. Tisserand, maintenant inspecteur général d'agriculture des terres de la liste civile. M. de Fontenay a servi d'interprète à M. Dutrône, qui, dans la lettre que je traduisais, mandait à M. Mac-Combie, qu'il venait d'adresser à la société d'agriculture des Highlands, une médaille d'or pour être décernée à l'éleveur du meilleur taureau sans cornes, et une prime de 100 fr. devant être donnée au vacher qui aurait le plus longtemps bien soigné une étable de vaches sans cornes.

J'ai traversé aujourd'hui, moitié sur le chemin de fer d'Aberdeen à Inverness, et le reste sur un embranchement, soixante kilomètres d'un pays que j'avais vu il

y a vingt ans, en revenant de l'extrémité du nord de
l'Ecosse, où j'avais visité le duc et la duchesse de Sou-
therland dans leur vieux château de Dun Robin castle ;
je n'avais trouvé alors dans ce pays-ci presque que des
bruyères rocheuses et couvertes de grosses pierres, fort
peu de fermes et de villages. Les choses sont bien chan-
gées maintenant ; on voit des villages ayant de belles
églises, beaucoup de fermes neuves et très-bien bâties,
entourées de belles récoltes et d'herbages couverts de
beau et bon bétail, dont une assez grande partie est
composée de croisés courtes cornes ; à plus de distance
des fermes, des défrichements de bruyères pour lesquels
on a défoncé le terrain à quinze ou seize pouces de profondeur, ce qui a arraché un telle masse de pierres ou
rochers, que la terre a presque disparu sous ces blocs.

Si on trouve ici sous un rude climat, de l'avantage à
défricher de pauvres bruyères pleines de roches et
grosses pierres, qui exigent un drainage très-coûteux, à
cause des pierres du sous-sol ; qui n'ont point de marne
à portée, et pour lesquelles on est forcé de faire venir
la chaux du nord de l'Angleterre, ce qui coûte encore
fort cher, quoique venant par mer ; que serait-ce donc,
si on défrichait tant de bruyères en bons fonds, pas trop
sablonneux, sans pierres, ayant de la marne dans le
sous-sol, ou au moins pas hors de portée, ou dans le
cas contraire, ayant de la chaux à des distances peu
longues et à des prix peu chers, de 75 c. à 1 fr. par
hectolitre, bruyères comme il y en a tant en France!
Mais on comprend encore peu dans notre pays, que
pour cultiver avec profit il faut le faire bien, c'est-à-
dire fortement fumer, labourer profondément, drainer,
chauler ou marner, et très-bien sarcler ; qu'il faut pour
faire cela, avoir de bons attelages très-bien nourris, de
bons instruments d'agriculture, afin de pouvoir autant
que possible diminuer la main d'œuvre, qui dans les
pays arriérés est habituellement mauvaise et malgré cela

chère ; enfin que, pour faire les choses d'une manière profitable, il faut les bien faire, ce qui ne se peut qu'en faisant des avances considérables et proportionnées à l'entreprise, choses qui ne peuvent être faites que par des propriétaires à l'aise, connaissant la culture, ou au moins ayant choisi de bons régisseurs bien payés et ayant tant pour cent d'encouragement dans le produit net.

La plupart des propriétaires, qui veulent cultiver et améliorer les cultures de leurs fermiers par leur exemple, ne veulent ou ne peuvent y mettre un capital suffisant pour conduire à bonne fin leur entreprise qui est habituellement trop grande pour le capital disponible. Les choses faites à moitié ne réussissent que bien rarement, et lorsqu'elles ne réussissent pas, elles amènent des pertes qui découragent au bout de peu d'années lesdits cultivateurs améliorateurs qui finissent par prendre la culture en grippe, par l'abandonner en en disant pis que pendre, au lieu de reconnaître que si la chose a mal tourné, c'est qu'on n'a fait les choses qu'à moitié, qu'on n'avait la plupart du temps pas de connaissances agricoles suffisantes, et qu'au lieu de prendre un bon régisseur à qui il faudrait de 1,500 à 2,000 fr., le nourrir et le loger, on prend un garde ou un simple laboureur à qui on confie la direction de choses qu'il ne connaît et n'aime pas, parce qu'elles sont nouvelles pour lui.

Je suis revenu coucher à Aberdeen, et en suis reparti le lendemain matin en cabriolet pour aller visiter M. Cruickshanc, fameux éleveur de courtes cornes, qui cultive quatre fermes à quatre lieues de cette ville. Il n'est pas jeune et est resté garçon comme M. Mac-Combie. Sa culture, qui ne produit pas non plus de froment, s'étend sur quatre cents hectares, dont seulement seize sont en prés ; le reste est assolé de manière à donner à peu près un cinquième en navets ou rutabagas, moitié d'une sole en orge, une sole et demie en avoine et

le reste en herbages temporaires durant ordinairement
deux ans et quelquefois trois ; on fauche une fois la première année et le reste est pâturé. Les semences employées pour ces herbages sont composées de dix livres
de trèfle rouge des prés, cinq de trèfle blanc, trois de
celui de Suède ou alsic, avec du ray-grass anglais, car
il ne fait pas assez chaud pour celui d'Italie.

Ce qui est le plus remarquable dans cette grande
ferme, ce sont les deux cent soixante courtes cornes, les
veaux compris, qui la peuplent, car il n'y a pas non
plus de moutons ici. Les vaches sont toutes en fort bon
état de chair, quoique nourrissant leurs veaux qui peuvent avoir de cinq à sept mois, et qui ne seront sevrés
qu'en octobre, lors de la vente annuelle qui a lieu ici
tous les ans à cette époque. J'ai vu toutes les bêtes de
M. Cruickshanc, et je n'en ai pas aperçu une seule qui
fût maigre.

Les vaches n'ont pendant tout l'été que ce qu'elles
trouvent dans les pâtures ; en hiver, elles n'ont que de
la paille et des racines, soixante-dix litres de celles-ci
par tête. La jeunesse a deux livres de tourteaux de lin à
partir du moment où les veaux sont sevrés, jusqu'à un
an les femelles et jusqu'à deux ans les mâles. On donne
aux jeunes taureaux jusqu'à quatre livres de tourteaux.
Si on en donnait aux taureaux adultes ou aux vaches,
ils deviendraient trop gras et ne produiraient pas. Ce
qu'il y a de vraiment extraordinaire ici, c'est que toutes
ces bêtes, qui ne font que paître des herbages d'un et de
deux ans, qui sont loin d'être sur une terre naturellement très fertile, soient tous en si bon état.

Il y a quarante gros chevaux de travail qui paraissent
être bien nourris. Les vaches et élèves vont en pâture
dès que la pousse de l'herbe le permet, ces bêtes y restent jour et nuit une fois que les nuits ne sont plus froides, et elles rentrent à l'étable pour la nuit le 1ᵉʳ octobre,
mais sortent le jour tant qu'il ne fait pas très froid, ce

qui va ordinairement jusqu'à la fin de ce mois. Dans la vente qui a lieu tous les ans en octobre, il vend habituellement une quarantaine de taureaux depuis l'âge de huit mois à un et deux ans, et à peu près autant de femelles vieilles ou jeunes, tout cela sans compter les bêtes vendues à l'amiable dans le courant de l'année. Il venait, lorsque je suis arrivé chez lui, de vendre un jeune taureau et deux génisses 6,562 fr. pour la Nouvelle-Zélande. Lui ayant demandé quel prix des éleveurs, ne voulant que croiser, devaient mettre pour avoir un taureau convenable, il me répondit que des taureaux durham, âgés d'un an, dans les prix de 30 à 50 guinées, conviendraient parfaitement pour cela. Il vend aussi des veaux mâles de six à sept ou huit mois, de 20 à 40 guinées ; mais il vaut mieux acheter des taureaux d'un an ou quinze mois, que des veaux, parce que probablement ils ne seraient pas aussi bien soignés et élevés dans un autre lieu que chez lui.

M. Cruickshanc a fait sortir, pour me les faire voir, trois taureaux qui sont tenus dans la ferme qu'il habite ; le premier vient de chez M. Wilkinson, grand éleveur du comté de Northampton, le second de chez M. Douglas, fameux éleveur, demeurant à Athelstaneford : celui-ci a été payé 150 guinées. Le troisième, qui était le plus beau et le plus gros, n'avait qu'un défaut, c'est d'être assez mal corné. Il m'en a fait voir deux jeunes dans une autre ferme, qui promettaient beaucoup ; ils provenaient d'un fils du fameux Butterfly ou Papillon, que son éleveur, le colonel Towneley, avait exposé en 1856 à Paris, et qu'il a vendu 32,000 fr. pour l'Australie. La société, qui en a fait l'acquisition, a fait acheter dernièrement un de ses frères cadets pour à peu près la même somme, tant ils avaient été contents de Papillon. Le fils de ce dernier, que M. Cruickshanc avait acheté, lui avait coûté 400 guinées ou 10,500 fr. ; il l'a revendu depuis. Il a acheté un taureau de M. Tanqueray pour

155 guinées et beaucoup d'autres précédemment, tant il craint d'employer ses taureaux, afin d'éviter le trop de consanguinité.

M. Boswell et M. Barlas, qui connaissent bien M. Cruickshanc, m'ont assuré que lorsqu'une personne désirerait acheter un taureau dans la Grande-Bretagne, et qu'elle ne voudrait pas aller le choisir pour éviter un voyage qui augmenterait beaucoup le prix de cet animal, on pourrait s'adresser en toute confiance à M. Cruickshanc pour lui en demander un, en lui fixant le prix qu'on ne voudrait pas dépasser, et en lui disant chez quel banquier de Londres il trouverait le montant du prix d'achat. Ils ajoutaient que l'acquéreur pourrait être assuré d'être bien servi pour la somme fixée. M. Cruickshanc livrerait le taureau au bateau à vapeur partant pour Londres, qui le transborderait à bord d'un des bâtiments abordant à un des ports de Dunkerque, Calais, Boulogne ou le Hâvre, ou même Nantes et Bordeaux. Le trajet d'Aberdeen à Londres prend ordinairement dans la belle saison, trente-six ou quarante heures, et le prix de ce trajet ne serait que de 25 fr. Il m'a dit qu'il n'y avait aucun besoin de le faire accompagner. M. Cruickshanc a trois jeunes Ecossais en pension chez lui pour apprendre l'agriculture; ils paient 2,000 fr. par an.

Je suis parti le samedi 13 août, vers une heure, pour me rendre à Péterhead, petit port de mer, ayant une population d'environ 9,000 âmes, qui s'occupe principalement de la pèche de la baleine, des veaux marins et des harengs. C'est un trajet d'environ quarante-deux kilomètres que j'ai fait sur l'impériale d'une diligence qui parcourt cette distance en quatre heures. Le pays qu'on traverse n'est ni beau ni bien cultivé.

Je me suis rendu le lendemain matin à Mongruy, propriété de M. Hutchison qui m'avait envoyé déjà plusieurs fois des béliers southdowns pour des amis. Son troupeau provient de béliers et brebis achetés chez M. Jonas Webb; mais comme il est le seul propriétaire d'un troupeau de bêtes ovines dans cette partie de l'Ecosse, il a beaucoup de peine à se défaire de ses béliers, aussi me les a-t-il toujours vendus à fort bon compte, c'est-à-dire à 150 fr. la pièce. Le port est revenu à 40 ou 50 fr., suivant la distance que ces bêtes ont eu à parcourir en France, et dans les divers envois qui ont amené une trentaine de ces bêtes expédiées sans conducteur, il n'est arrivé aucun accident, et tous ceux qui en ont eu en ont été fort contents.

M. Hutchison ayant envoyé en 1856 trois brebis avec leurs agneaux au concours international à Paris, et n'y ayant pas trouvé M. Jonas Webb pour concurrent, celui-ci n'exposant que des béliers, a gagné le premier prix des brebis adultes.

Les personnes, qui voudraient avoir de bons béliers southdowns d'un an, n'auraient qu'à lui écrire de les expédier, en lui indiquant le banquier de Londres où il pourrait en toucher le montant.

J'ai trouvé M. Hutchison chez lui, ce jour étant un dimanche; il va les autres jours passer une partie de sa journée dans ses bureaux, car il continue, malgré la culture d'une ferme d'une centaine d'hectares, à s'occuper de la pêche de la baleine, et de la construction des navires destinés à la pêche, étant un des membres influents d'une société formée dans la ville. Il est devenu ainsi, lui le plus jeune de treize enfants, en état de racheter la propriété de son père, lorsqu'il l'a perdu. Le fils aîné est devenu à l'âge de vingt-deux ans constructeur de navires à la Nouvelle-Zélande. M. Hutchison est veuf depuis longtemps; il a marié sa fille aînée en Devonshire, à l'autre extrémité de la Grande-Bretagne. Il lui reste deux jeunes personnes qui viennent de terminer leur éducation dans une pension à Exeter, capitale du Devonshire, où il les a conduites, l'une ayant douze et l'autre onze ans, et depuis lors elles sont revenues tous les ans à Peterhead passer leurs vacances. Elles faisaient ce grand voyage toutes seules, sauf la traversée de la ville de Londres, où des amis du père venaient les chercher à l'embarcadère d'un chemin de fer et les reconduisaient deux jours après qu'elles s'étaient reposées, à l'embarcadère d'Edimbourg et d'Aberdeen. L'aînée de ces jeunes demoiselles, qui a 16 ans, conduit le ménage de son père, qui part tous les matins à neuf heures et revient à trois.

Son troupeau se compose de 200 bêtes ; il lui arrive quelquefois de vendre les plus beaux de ses béliers jusqu'à 3 et 400 fr., et il vend les brebis de 50 à 100 fr. J'ai vu dans le jardin de Mongruy une fort belle plante herbacée, qui peut servir d'ornement dans un jardin ; on la nomme herbe des Pampas. M. Hutchison a semé du sorgho de Chine qui, sous ce climat brumeux et froid, ne peut prospérer. Semé au commencement de mai, il n'a pas quatre pouces de haut, et est jaune. Celui semé dans une serre, ainsi que quelques pieds de maïs, est venu, mais n'y est pas même vigoureux. Ce qui vient à merveille dans ce climat ce sont les fraises. Les espaliers de ce jardin sont couverts de poires et de pommes, dans une année où on n'en voit presque nulle part.

M. Hutchison, étant voisin d'une côte où l'on prend énormément de harengs, emploie leurs dépouilles à former un compost, dans lequel entrent encore du sang des boucheries d'Aberdeen et de Peterhead, des sels de salaison de morues ou autres poissons, de l'acide sulfurique et de la bonne terre ; cet engrais est très-puissant. Ses laboureurs lui coûtent de 400 à 450 fr. ; il leur fournit une certaine quantité de farine d'avoine, de lait et de pommes de terre, au moyen desquels le maître valet les nourrit. Il m'a dit qu'il regardait l'introduction dans ce pays du trèfle hybride ou de Suède, comme une très-grande amélioration pour leurs herbages de deux ans et plus ; il y remplace avantageusement le trèfle ordinaire, qui ici n'est pas de longue durée.

J'ai couché à Peterhead ainsi qu'à Aberdeen, dans des Tempérance-Hôtels. On y paie bien moins cher que dans les autres hôtels d'Aberdeen, mais l'inconvénient y est qu'on est forcé d'y boire du thé ou de l'eau, en place de vin ou de bière. Dans celui de Peterhead on avait placé dans les salles à manger des affiches annonçant qu'on était prié de n'être pas bruyant, et que si l'on ne rentrait pas avant onze heures du soir, on ne pourrait plus être reçu.

Je me suis arrêté en quittant Aberdeen, retournant sur mes pas, à la station de Portlethen, pour visiter M. Walker, riche fermier chez lequel j'étais déjà venu il y a 8 ans, avec M. Boswell. M. Walker était absent, mais un de ses fils, après m'avoir fait déjeuner, me fit voir son bétail et une partie de la culture. J'ai vu dans mes deux visites, des étalons et juments de race clydesdale, dont il vend à de grands prix les élèves. On m'a dit que son étalon actuel avait coûté, il y a peu de temps, 150 guinées ou 3937 fr. , et les trois juments ensemble 7875 fr; elles avaient été très-souvent primées avant cette acquisition. M. Walker a en tout vingt et une juments, l'étalon et deux chevaux hongres, sans compter les poulains ; une centaine de têtes de bêtes bovines de race angus, dont 42 vaches. Ces bêtes sont d'une grande beauté et d'une douceur remarquable ; lâchées dans les herbages, elles se laissent presque toutes approcher et caresser. Il vend les jeunes taureaux depuis l'âge de six mois à celui de 16, de 20 à 50 guinées, et les femelles âgées de deux ans un peu moins cher. M. Walker a un troupeau provenant de béliers dishleys et de brebis à tête noire, dont tous les produits mâles ou femelles, âgés de dix-huit mois, sont vendus de 30 à 36 shellings la pièce, après avoir été tondus : les toisons ont été vendues 5 shellings.

Cet habile cultivateur et éleveur est veuf, a quatre enfants dont l'aîné, le jeune homme qui me conduisait, n'a que dix-huit ans. Il dirige la culture pendant les nombreuses et longues absences que M. Walker est obligé de faire, comme agent d'affaires rurales. Expert et commissionnaire pour l'achat des bestiaux pour les colonies et autres pays, il est chargé dans ce moment, d'acheter une certaine quantité de taureaux et génisses durham, qu'il doit expédier en Australie; il n'y avait encore d'arrivé à la ferme qu'un jeune taureau de couleur blanche, acheté 40 livres au concours d'Edimbourg. Il prend 5 p. 0/0 du prix d'acquisition, et en outre les frais de voyages. Le jeune Walker m'a paru fort bien élevé et très-intelligent; il a suivi pendant assez longtemps un cours de chimie, allant trois fois par semaine à Aberdeen.

M. Walker cultive quatre fermes dont l'étendue est de mille ares ou quatre cents hectares, dont cent vingt sont des pâtures à moutons sur les côtes et bords de la mer, et deux cent quatre-vingts en culture, sur lesquels on fait des herbages de deux ans. Il s'y trouve peu de prés et herbages permanents.

Les fermes longeant la mer, dont les bords sont habités par une quantité de pêcheurs, M. Walker achète tous les engrais que ces ménages réunissent à cet effet, et dans lesquels il y a une énorme quantité de mauvais poissons et de débris de ceux qui servent à la nourriture de ces gens. Ces engrais lui coûtent 3 fr. 10 la charge d'un bon cheval; il en met de soixante à soixante-douze mètres par hectare. Lorsqu'il ne peut pas s'en procurer suffisamment pour fumer les quatre-vingts hectares de racines qu'il fait chaque année, il y supplée par dix hectolitres de superphosphate, engrais auquel il ajoute de trois cent cinquante-six à quatre cent kilos de guano du Pérou par hectare. Son grième, ou chef de culture, a une maison avec jardin, la nourriture pour une vache, trente livres sterlings, dix-huit litres de farine d'avoine par semaine, et des pommes de terre. Les laboureurs ont de seize à vingt-cinq livres sterling, dix-huit litres de farine d'avoine par semaine, des pommes de terre, une pinte de lait sortant du pis de la vache chaque jour, et ils sont logés ; s'ils ne sont pas mariés, ils font bouillir eux-même leur lait, et y versent la farine en retirant la petite marmite du feu. Comme ils ne consomment pas toute la farine qu'ils reçoivent, le prix de celle qu'ils vendent, leur sert à acheter du café, du sucre, et les autres petites choses dont ils ont besoin pour leur nourriture. Les hommes de journées coûtent de deux schellings à deux schellings et demi par jour, et les femmes 1 schelling ; mon jeune guide m'a dit que les gages et journées, avaient augmenté des deux tiers depuis dix ans.

Je suis arrivé le même jour vers quatre heures, dans une fort belle maison de campagne située à mi-côte, et très-bien abritée du nord, d'abord par la partie supérieure de la colline, ensuite par une quantité considérable d'énormes et très-beaux vieux arbres, de diverses espèces, d'où l'on domine un très-beau pays bien cultivé et fertile, chez M. Lawson de Burntouc à une demi-lieue de la station de Kingsketle, sur le chemin de fer du comté de Fife, qui passe par Dundee. M. Lawson, qui n'est pas marié non plus, avait fini son solitaire repas. Il me fit dîner, et m'emmena ensuite à travers la vallée, dans une ferme nouvellement construite d'après ses dessins. Il me dit que les terres de cette riche vallée se louent jusqu'à 250 fr. l'hectare ; il a ajouté qu'il avait parcouru les quatre parties du monde pendant qu'il était dans les affaires, que s'étant trouvé indisposé, son médecin avait fini par lui conseiller de se retirer à la campagne, pour s'y occuper activement de culture, ce qui rétablirait sa santé bien détériorée, enfin qu'il avait suivi l'ordonnance et qu'il s'en trouvait fort bien. Il cultive une centaine d'hectares, qui n'étant pas dans le fond de la vallée, ne pourraient se louer que 150 fr. l'hectare. La moitié de la propriété est arrangée à la Kennedy, de manière à avoir un conduit souterrain en fonte, desservant chaque carré de cinq hectares. Ces terres sont placées sur la pente d'une colline, partie au-dessus et partie au-dessous des bâtiments de la ferme. Il se sert pour arroser de tuyaux en fil, après avoir employé ceux en gutta-percha, qui coûtent fort cher et ont le grand inconvénient de se fendre lorsqu'on les plie ; ceux en toile sans couture durent plus longtemps, pourvu qu'on les fasse sécher après s'en être servi, et leur prix d'achat est minime, comparativement aux autres.

M. Lawson suit un assolement de six ans que voici : 1re sole, racines très-fortement fumées ; 2e sole, froment; 3e orge, dans laquelle il sème l'herbage, avec huit livres de trèfle rouge, quatre de Suède et deux de blanc; il ajoute à cela du ray-grass d'Italie. Les 4e et 5e soles restent en herbage ; la 3e sole est en avoine et on recommence ensuite l'assolement. Il fauche trois fois l'herbage en ne l'arrosant qu'une fois avec le purin formé d'urine, à laquelle se mêlent les eaux des toitures, dans une énorme citerne. Cette citerne voûtée, a dix pieds de profondeur et embrasse tout le fond d'une cour qui va être complétement couverte, et contiendra en hiver une partie du bétail à l'engrais. Il se trouve ici au nombre de soixante têtes pendant onze mois de l'année, et ne passe que la moitié de ce temps dans les pâturages.

M. Lawson construit un nouveau bâtiment devant contenir dix boxes pour deux bêtes, ce qui portera le nombre de ses bœufs à l'engrais à quatre-vingts. Il leur alloue, lorsqu'ils arrivent, deux livres de tourteaux, ce qu'on augmente peu à peu de manière à porter la ration à cinq livres par jour et par tête. Sa grande étable contient deux rangs de stalles séparées par un corridor ayant deux mètres de largeur et dont le plancher se trouve plus élevé de dix-huit pouces, que celui sur lequel reposent les bêtes. Il règne sous lui un conduit, par lequel l'air extérieur est introduit à volonté, suivant les degrés du thermomètre. Il existe huit ouvertures par lesquelles l'air respirable sort du conduit; elles sont placées de manière à fournir l'air à deux stalles placées vis-à-vis l'une de l'autre, et qui sont faites pour contenir chacune deux bêtes. Les stalles sont séparées de leurs voisines par de superbes pierres, ayant seize centimètres d'épaisseur et quatre pieds de hauteur auprès de la mangeoire, ce qui empêche les bêtes de se gourmander. Sa toiture assez élevée, n'est pas séparée de l'étable par un grenier; elle est percée par plusieurs petites cheminées destinées à laisser échapper le mauvais air. Il existe derrière chaque rang de bêtes, une rigole qui emmène l'urine dans la grande citerne. Elles sont lavées deux fois par vingt-quatre heures, au moyen de deux robinets qui jettent l'eau dans les deux rigoles. On lâche l'eau une fois les gros excréments enlevés pour être mis sur le fumier. Chaque stalle a une mangeoire très-profonde en pierre, car on donne ici le fourrage toujours coupé; une petite auge en pierre posée à portée de la séparation des stalles, reçoit toujours de l'eau et laisse écouler le trop plein, de manière que les bêtes peuvent boire lorsqu'elles le désirent, ce qui leur est très-utile. Ces auges se vident facilement pour pouvoir être nettoyées. La paille servant de litière est coupée d'une longeur de $0^m,30$ afin de mieux s'imbiber d'urine et pour que le fumier s'éparpille plus facilement.

M. Lawson dit que lorsqu'on veut construire une ferme, il faut partir de trois principes : le premier, de tenir les bâtiments assez rapprochés les uns des autres, pour éviter la perte de temps dans la main d'œuvre ; de fournir au bétail de l'air respirable et oxygéné, de le débarrasser de l'hydrogène, tout en tenant la température à un degré convenable, pour que le bétail ait plutôt chaud que froid, enfin que la propreté puisse être facilement entretenue. Il met deux bêtes sans cornes dans chaque boxe, parce qu'elles sont plus douces et qu'elles ne peuvent pas s'estropier avec des cornes pointues; il a donné à ces boxes un mètre de profondeur au-dessous du niveau du sol.

Sa machine à vapeur, de la force de huit chevaux, est placée à poste fixe. Elle fait tourner une excellente machine à battre, qui nettoie si parfaitement le grain, qu'on peut l'expédier au marché sans autre nettoyage, le hache-paille, le brise-tourteaux, l'aplatisseur d'avoine, le laveur et le coupe-racines, et enfin une paire de meules; tout cela est mis en mouvement par la machine à vapeur, qui pompe l'eau et monte aussi les sacs de grains au grenier. Celui-ci est garni de stalles de manière à pouvoir contenir une bien plus grande épaisseur de grains, une fois qu'il a été bien séché dans les tourailles.

M. Lawson fait grand cas du froment de Fenton-Barn, qui est dû au père de M. Hope, un des fermiers les plus capables d'Ecosse. Cette variété a, entr'autres mérites, celui d'être très-blanc, d'avoir un grain rond, et de verser très-difficilement, ce qui permet de le semer dans une terre bien fertile, et alors de donner de grands produits.

M. Lawson m'a dit qu'il a récolté dans les sept années qui viennent de s'écouler, une moyenne de six quarters en froment et orge, en avoine sept, ce qui fait par hectare trente-trois hectolitres soixante-huit litres, pour les deux premières céréales, et trente-neuf hectolitres vingt litres pour la dernière. C'est en effet ici que se trouve la plus belle récolte que j'aie vu depuis que je suis en Ecosse; ses secondes et troisièmes coupes de fourrages sont très-vertes, épaisses et longues.

Il n'engraisse que des croisés durham et des bêtes angus ou galloways; ces deux dernières races ne s'engraissent ni aussi jeunes ni aussi facilement, mais leur viande est encore plus estimée que l'autre. Il espère qu'il arrivera à nourrir deux bêtes à l'engrais ou deux chevaux par hectare durant onze mois de l'année.

M. Lawson a dépensé neuf cents livres sterlings ou 22,500 fr. pour les bâtiments neufs de sa ferme, dont les deux tiers pour loger les soixante bêtes à engraisser.

Il a drainé sa ferme à quatre pieds anglais de profondeur ; ses gens ont appris très-facilement à diriger la machine à vapeur. J'ai vu encore six fortes meules de froment dans sa cour à meules. Comme j'admirais près de sa maison des fuchsias hauts de deux mètres et couverts de cette jolie petite fleur, il m'a dit qu'il n'était pas obligé de les couvrir de paille en hiver, parce qu'ils sont abrités des vents du nord par sa maison. Il m'a reconduit à la station du chemin de fer et je suis allé coucher à Edimbourg, étant parti le matin d'Aberdeen et ayant visité deux fermes très-remarquables. J'ai retrouvé les premiers froments après avoir quitté Aberdeen, près de Stonehaven, petit port de mer entouré d'une fertile vallée abritée des vents du nord.

Je suis reparti le lendemain matin pour la ville d'Ayr, ne m'étant arrêté à Glasgow que pendant une couple d'heures. Les rues de cette très-grande ville sont larges et bien bâties, et les magasins fort beaux. La Clyde qui sert de port, est couverte de bâtiments. J'ai admiré quelques beaux monuments. A midi nous entrions à Ayr. On voyage extrêmement vite sur ces chemins de fer anglais. En descendant du wagon, je vis un omnibus se remplir de monde. Ayant demandé où on allait, on me répondit qu'on allait voir le monument qui a été érigé il y a peu de temps, à un poète très-estimé, Burns, mort à trente-sept ans. Ce joli monument, composé d'une coupole assez élevée, supportée par neuf colonnes, est placé dans une position fort pittoresque et se trouve entouré d'un joli jardin bien entretenu ; il est dû à une souscription.

Je suis allé de là à environ deux kilomètres pour

revoir ce pauvre Cunning-Parc, que je savais être redevenu une simple ferme. M. Telfer s'étant lancé dans des spéculations hasardeuses, s'est trouvé forcé de vendre cette ferme si bien cultivée, cette charmante laiterie, sa jolie maison, enfin ses instruments perfectionnés. Le nouveau propriétaire, qui n'a pas acheté le cheptel, va entrer en jouissance à la St-Martin prochaine.

Je suis revenu tout triste à la ville, et je suis allé faire une visite à M. Kennedy, le propriétaire de la ferme de Myermill, dont le fermier portant le même nom, avait établi sur une grande échelle l'irrigation avec des engrais liquides, que des tuyaux en fonte posés sous terre amenaient souvent jusqu'à une grande distance de la ferme, et qu'on distribuait au moyen de tuyaux en gutta-percha ou en fil, ces derniers faits sans coutures, servant à distribuer sur les terres à une certaine distance autour de chaque regard.

M. Kennedy me reçut fort bien, et je le priai de me dire à quoi il fallait attribuer le manque de réussite de M. Kennedy, son ancien fermier, et celui de M. Telfer; si cela devait être attribué à ce système, ou bien à ce qu'ils avaient fait une dépense trop considérable pour les capitaux dont ils disposaient pour se monter, ou enfin si cela était une suite de la mauvaise administration desdites cultures.

M. Kennedy me répondit que quant à son fermier, ce n'était pas la dépense occasionnée par le système qui était la cause de son manque de réussite, puisque c'était lui, le propriétaire, qui avait payé les frais; mais que son fermier ne s'occupait pas assez de sa culture, ne tenait pas une comptabilité régulière, et négligeait les détails de l'exploitation, que ses fréquentes absences empêchaient de bien marcher. De mon côté, j'avais entendu dire en Angleterre que M. Kennedy, le fermier, était devenu le régisseur de sir Robert Peel, et qu'il n'avait pas pu conserver cette bonne position, enfin qu'il était allé en Australie. M. Kennedy ajouta, que pour M. Telfer il paraissait que la dépense de 75,000 fr. qu'il avait faite dans la propriété de vingt hectares, dont la moitié seulement était arrangée d'après ce systême et cela sur des sables des bords de la mer sans aucune consistance, avait été trop considérable pour sa fortune, et que s'étant en outre occupé d'affaires, il avait fini par être culbuté. Ayant dit à M. Kennedy qu'on m'avait rapporté que M. Raalston, de Dunduff, qui avait aussi établi ce systême, n'avait pas mieux réussi, M. Kennedy me dit que cela n'était pas exact, et que M. Raalston avait quitté Dunduff pour prendre la ferme de Lagg, propriété du marquis d'Aylsa, dans laquelle il avait aussi établi le systême d'irrigation par tuyaux souterrains, dont il se trouvait bien, et que MM. Craig, à Dunduff, et Bone, à Greenan, suivaient aussi le même systême. Il m'a donné ensuite l'adresse de ces trois messieurs, afin que je pusse aller les visiter.

Il ajouta qu'il paraissait que l'irrigation avec engrais liquides quoique pouvant convenir à d'autres plantes, convenait pour la culture du ray-grass d'Italie, et aux prés ou herbages à demeure, et qu'elle ne réussissait fort bien que dans des terres légères, ne se battant pas, et absorbant facilement le purin. J'ai remarqué aussi dans les Flandres que l'emploi des engrais liquides se fait sur les récoltes en terres légères plus que sur les fortes, et que lorsqu'on veut en mettre sur ces dernières, ou l'employait avant le dernier labour.

J'ai pris le lendemain un tilbury pour aller visiter les fermiers employant le systême à engrais liquides. A trois milles d'Ayr je suis arrivé chez M. Bone, qui demeure dans la ferme de Greenan. Il m'a fait voir une vingtaine d'hectares dont les trois quarts sont irrigués, lorsque cela est utile, avec de l'eau venant d'une distance de seize mille mètres, par un tuyau de dix centimètres de diamètre qui fournit à la ferme toute l'eau qui lui est nécessaire, et sert aussi à irriguer les quinze hectares ci-dessus mentionnés, lorsqu'une sécheresse intervient comme cette année, ce qui au reste est fort rare.

M. Bone m'a dit qu'il avait semé au printemps trois cents kilos de guano par hectare sur un fourrage mêlé de trèfle et de ray-grass d'Italie, après quoi il avait arrosé avec de l'eau ; la partie qu'il faisait faucher alors, en était à sa troisième coupe, et ce fourrage m'a paru fort beau. M. Bone m'a conduit ensuite sur une pièce de cinq hectares de prés, qui se trouvant plus basse que la cour de ferme, reçoit les urines mêlées d'eaux grasses, de lessives, de vidanges et d'eau naturelle, aussi cet herbage est-il très-abondant. Les autres récoltes de la ferme m'ont paru belles.

Je me suis ensuite rendu chez M. Raalston à la ferme de Lagg, qu'il a louée en 1852. L'ayant trouvée en fort mauvais état, il y a dépensé une forte somme, en sus de celle que le marquis d'Aylsa, son propriétaire, lui a fournie pour la remettre sur un bon pied.

Il a une étable partagée en stalles à deux bêtes. Elle contient quarante têtes été et hiver. Une cour garnie de hangars en loge encore vingt autres. Ce sont principalement des vaches d'Ayr à l'engrais qui y restent généralement pendant cinq mois ; le reste des bêtes est pris parmi les jeunes bœufs croisés durham, venant de l'île d'Airan, ainsi que des agnelles de race cheviot, qu'il achète âgées de quatre à six mois pour dix ou douze shellings afin de remplacer ses vieilles brebis cheviot, car ses élèves provenant des béliers dishleys et brebis cheviot, sont vendus gras, mâles et femelles, âgés d'un an ou seize mois, M. Raalston ne voulant pas, comme ils sont destinés à paître des coteaux couverts de bruyères qui se trouvent exposés aux terribles vents de mer, donner deux fois du sang dishley, ce qui les rendrait trop délicats pour se contenter de ces tristes pâtures, et pour supporter le froid.

L'assolement de M. Raalston est quadriennal : racines fortement fumées, froment ; troisième sole, trèfle mêlé de ray-grass d'Italie et de l'avoine ensuite. Dans vingt-quatre hectares soumis au système à engrais liquides, au moyen de tuyaux en fonte placés sous terre, au lieu de trèfle mêlé de ray-grass, il ne met que le dernier seul, et ne le conserve cependant qu'un an.

Comme l'urine de soixante bêtes à l'engrais en été et de vingt de plus en hiver, ne suffit pas pour irriguer les six hectares, en ray-grass d'Italie, il n'arrose pas les trois autres soles destinées aux céréales, mais donnant de l'engrais liquide à la sole des racines avant de les semer, il met trois cents kilos de guano par hectare et l'arrose avec de l'eau. Nous sommes allés voir de près le ray-grass d'Italie qu'on fauchait pour la troisième fois, il était très-épais et plus haut que mon parapluie. On l'arrose chaque fois qu'il a été coupé, et au printemps avant qu'il n'ait poussé.

Il m'a fait voir trois réservoirs à purin, de forme circulaire, qui ont quinze pieds de profondeur. Ils contiennent ensemble trois cent quinze mille litres ; ils ne sont garnis que d'un seul rang de briques cintrées. Il les a fait ronds afin de pouvoir y adapter une manivelle, comme il s'en trouve dans les barattes, pour pouvoir bien mélanger le purin au moment de s'en servir ; mais cet appareil n'est pas encore construit. Chacun de ces réservoirs lui est revenu à 250 fr. ; et l'arrangement du système d'irrigation, par tuyaux en fonte placés sous terre, étant alimentés par la gravitation et sans machine à vapeur, qui n'est pas nécessaire ici, lui est revenu par hectare à 300 fr. M. Raalston m'a dit n'avoir pu établir ce système plus en grand, par suite du manque d'eau dans le temps où l'irrigation est la plus efficace.

Ses récoltes en céréales sont belles pour l'année, excepté dans les parties les plus élevées de la ferme, où il y a peu de terre sur la roche. Les récoltes sarclées sont très belles et très nettes. Il cultive des betteraves globes jaunes et des choux cabus. Il m'a conduit dans un grand champ où la machine de Hussey-Dray fonctionnait pour la première fois. Comme le froment se trouvait fort incliné dans le même sens, la moissonneuse le prenait à rebrousse-poil et revenait ensuite à vide. Le terrain était en grandes planches larges de plus de dix mètres et on les prenait en biais. Il en résultait que le chaume était un peu plus long près et dans les raies séparant les planches; mais l'ensemble était coupé très près de terre et cela fort proprement. Quatre hommes et autant de femmes suivaient la moissonneuse pour lier les gerbes, et ils ramassaient soigneusement les épis traînant autour des gerbes, pour les mettre dans les javelles, qui étaient très bien faites.

Les fourrages secs ou verts sont passés par le hache-paille. Les bêtes à l'engrais reçoivent dans le commencement deux livres de tourteaux, qu'on finit par porter plus tard à cinq livres par bête; on ajoute dans le dernier mois de la farine de maïs.

En arrivant sur cette ferme, M. Raalston a commencé par faire faire une pièce d'eau à une certaine élévation au-dessus de la ferme elle-même, qui est placée à mi-côte, afin d'y rassembler les eaux de drainage, de sources et de pluies; il a fait faire ensuite une roue en fer et tôle ayant six mètres de diamètre, l'eau y arrive par un conduit fait en planches. Le tout est peint fréquemment afin de mieux se conserver; cette chute fait aller la machine à battre et tous ses accessoires; mais la sécheresse de cet été est si persistante, qu'il n'y a plus d'eau, ce qui a forcé M. Raalston de louer une batteuse mue par une locomobile de la force de huit chevaux, qui lui coûte 50 fr. par jour, et bat autant de quarters, mesure de deux cent quatre-vingts litres, ou cent quarante hectolitres; le froment qui en sort est très propre, rond et blanc. Il fait venir de Glasgow des os arrivant de Buénos-Ayres, qu'il fait dissoudre avec de l'acide muriatique mêlé d'eau. Après un certain temps, le phosphate de chaux se sépare de la gélatine ; une fois égouttés , il les ressuie en y ajoutant du guano de la mer Rouge, nommé corra-moria ; il ne coûte que 100 fr. la tonne, mais ne contient point d'ammoniaque et seulement du phosphate de chaux ; il en ajoute trois cents kilos par hectare en sus du fumier pour les racines , et met huit cents kilos de ce mélange lorsqu'il n'a plus de fumier.

M. Raalston , grand et bel homme , a quatre enfants. Son fils aîné a loué, il y a peu de temps, une ferme dans le comté de Lancastre, où les terres sont moins chères que dans ce pays. Une de ses filles est mariée ; j'en ai aperçu une qui m'a paru fort bien. Son autre fils, un beau garçon, aide son père dans sa culture.

La maison de ferme est fort bien extérieurement, de même qu'à l'intérieur. Elle est entourée d'un joli jardin plein de belles fleurs et de fuchsias, ayant jusqu'à huit pieds de haut et qui sont très volumineux. Ils n'ont pas besoin d'être empaillés en hiver. Les murs sont garnis de beaux espaliers plantés par M. Raalston. Il a été d'une obligeance extrême pour moi.

Je visitai non loin de là une ferme. Etant entré dans la maison, j'y vis une grosse femme fort sale, entourée d'enfants débraillés et pieds nus. Elle avait l'air d'une servante ; c'était cependant la fermière. Lui ayant demandé où je pourrais trouver son mari, elle me donna son fils aîné qui me conduisit dans un champ fort éloigné, mais heureusement le long de ma route, et il finit par m'indiquer son père qui se trouvait à l'autre bout du champ auprès de ses moissonneurs qui coupaient le froment avec de grandes faucilles, et je trouvai que l'ouvrage y était beaucoup moins bien fait que dans le champ moissonné avec la machine de Hussey-Dray. Ce fermier m'a dit qu'il payait pour ses meilleures terres 150 fr., pour les autres 100 fr. et pour les plus mauvaises 50 fr. par hectare. Ce brave homme a aussi une vingtaine d'hectares qu'on peut arroser avec des engrais liquides, ce qui, je suppose, a été établi par le propriétaire, car il ne m'a pas fait l'effet, ni par ce que j'ai vu de sa ferme, ni par ce qu'il m'a dit, d'être un homme à faire une aussi forte dépense, qu'on pourrait dire hasardée. Il me reconduisit jusqu'à mon cabriolet; il voulait me faire retourner sur mes pas pour me montrer son terrain à engrais liquides; mais comme c'était fort loin, je le remerciai, et je me rendis à la ferme de Castlehill, une des deux fermes cultivées par le marquis d'Aylsa, dont j'aperçus de fort loin le château posé sur une très haute roche qui s'élève perpendiculairement du bord de la mer. Il a la vue sur un îlot ayant la forme d'un gros pain de sucre, sur lequel on entretient une lumière pour éviter les naufrages.

Je n'ai trouvé à la ferme qu'un maître-valet; il surveillait ses ouvriers qui faisaient la moisson d'un champ de froment avec une machine de Hussey-Dray, champ dont une assez grande partie était déjà coupée. Comme cette pièce de terre, ainsi qu'une grande partie des autres de cette ferme, ont une très grande pente, la moissonneuse ne fonctionnait qu'en descendant, et les chevaux avaient déjà assez de peine à la remonter sans qu'elle fût en opération. Cet homme me dit qu'on coupait par jour, en changeant l'attelage, trois hectares; ainsi cela dépasserait de beaucoup quatre hectares si on n'allait pas la moitié du temps à vide. La besogne était très bien faite; on liait en très petites gerbes qu'on mettait en douzaines, dont deux gerbes liées ensemble formaient un chapeau pour abriter les autres.

L'agent du marquis survint, et il m'apprit qu'il habitait la petite ville de Maybole, où il fait la banque et vient de temps en temps visiter les fermes de la terre du marquis qu'il administre; il est frère de M. Bone, le premier fermier que j'avais visité ce jour. Il me fit voir les bâtiments de la ferme qui sont spacieux et commodes. J'y ai vu vingt-cinq vaches laitières d'espèce ayrshire. Il les croise avec un taureau durham acheté en Angleterre pour 25 livr. sterling. Il élève tous les veaux et achète encore d'autres veaux croisés durham, quelques jours après leur naissance, pour les engraisser entre l'âge de deux et trois ans. J'en ai vu une quarantaine qui m'ont paru bien maigres. M. Bone m'a dit qu'il avait aussi fait arranger vingt et quelques hectares, avec des tuyaux en fonte placés sous le sol, pour pouvoir arroser avec des engrais liquides. Comme chez MM. Lawson et Raalston, des robinets fournissent l'eau qui sert à nettoyer plusieurs fois par jour les rigoles placées derrière les animaux, pour conduire les urines dans les citernes.

Les chevaux, ici comme dans la ferme de Lagg, ne reçoivent en hiver que fort peu d'avoine aplatie, à moins de travailler fortement; alors on leur en donne seize livres; ils ont de la paille coupée en place de foin; mais on leur donne chaque soir, pendant la mauvaise saison, deux soupes qui contiennent de mauvais grains qu'on a fait bouillir avec des rutabagas. Il m'a dit que la ferme de Myermill était louée 200 fr. l'hectare, près de Girwan, ville de 7,000 âmes, où je fus coucher, mais où le mauvais temps m'empêcha de visiter une grande et belle ferme qui paraissait fort bien cultivée, et qu'on m'a dit être louée 200 fr. l'hectare, malgré sa grande étendue.

J'ai rencontré en y venant un joli équipage contenant de nouveaux mariés qui paraissaient être bien assortis. Le mari faisait partie de l'armée de Crimée, il y a peu de temps. On m'a parlé aussi d'un Français, le duc de Coigny, qui par sa femme est propriétaire d'une grande terre dans ces environs, où il est fort aimé de ses fermiers, car on le dit très bon propriétaire. Il ne vient dans sa terre que tous les trois ans. Le pays que je venais de traverser m'a paru fort beau, car toutes les crêtes des collines étaient couvertes de beaux bois. On m'a dit que le père du marquis actuel d'Aylsa, qui est mort il n'y a pas longtemps, avait fait toutes ces remarquables plantations sur son immense terre, qui, m'a-t-on dit, doit rapporter plus de 800,000 fr. par an.

Je n'ai pu partir de Girwan que le lendemain, vers une heure, par un temps affreux, vent et pluie, exposé à tous les deux, me trouvant perché sur une banquette étroite de l'impériale, les quatre places de l'intérieur étant prises. Je ne comprends pas que dans un pays où il pleut si souvent, les diligences puissent être si peu commodes. Nous avons relayé trois fois dans les douze lieues qu'il y a entre Girwan et Newton-Stewart, petite ville assez jolie pour le pays, où j'avais passé quelques jours il y a vingt ans; un tiers de ce chemin nous fit traverser un triste pays, où l'on ne voit que des bruyères tourbeuses, des marais, ou de petits lacs. Ce désert, étant fort élevé au-dessus du niveau de la mer, est très froid et des plus tristes, ce qui n'a pas empêché, il y a vingt-cinq ans, deux beaux-frères, riches habitants de Liverpool, de venir s'y fixer en achetant une immense étendue de ces bruyères sans bois. Les ayant partagées entre eux, ils y construisirent chacun une habitation qu'ils entourèrent de grandes plantations qui ont l'air, vues de loin, de prospérer. Ils n'ont rien défriché le long de la route. On disait ces messieurs grands chasseurs; ils trouvent là une énorme quantité de grouses, de coqs de bruyères et de lièvres. Le reste de ce voyage, auquel il faut ajouter près de quatre lieues que je fis encore cette après-midi, m'a fait traverser un pays pittoresque et généralement assez bien cultivé, dans lequel j'ai vu bien des vaches d'Ayr, mais surtout de nombreux troupeaux de bêtes noires sans cornes de l'espèce galloway, comté dont ils prennent le nom. J'ai vu beaucoup de ces bêtes pâturant dans ces bruyères tourbeuses, ce qui prouve que cette belle race n'est pas difficile, ni pour la nourriture ni pour le climat; elle ne donne pas beaucoup de lait, mais sa viande est de première qualité. Les récoltes de pommes de terre, de navets, rutabagas et betteraves, sont fort belles et très propres dans tout ce pays.

Je me suis rendu le lendemain matin, 29 août, chez M. Caird, l'auteur des *Lettres sur l'agriculture anglaise*, publiées dans le *Times*, ainsi que de plusieurs autres ouvrages fort estimés, entr'autres un voyage agricole en Irlande fait il y a quelques années, et un autre de 1858 en Amérique, qu'il m'a donnés tous deux, dans les deux visites que je lui ai faites à vingt années de distance.

M. Caird est membre du Parlement, ce qui le tient absent, pendant la moitié de l'année, de la ferme d'environ deux cent quarante hectares que lui loue le comte de Galloway et dont le loyer est de 30,000 fr. Il y tient toujours au complet une vacherie composée de cent vaches du comté d'Ayr, ou des croisées durham. Il les loge, les nourrit en été sur à peu près quatre-vingt-seize hectares d'herbages ne durant que deux ans, et qui fournissent aussi le foin que les vaches consomment en hiver lorsqu'elles ne peuvent pâturer. M. Caird fait pour elles une quarantaine d'hectares de racines très bien fumées et soigneusement sarclées, fournit encore la paille d'avoine qu'elles peuvent manger et enfin la litière nécessaire. Tout cela est livré à un vacher qui avec sa femme, son fils et deux grandes filles, soignent ces bêtes et font le fromage. Ce sont les femmes des laboureurs et ouvriers de la ferme qui font la traite, que les gens du vacher surveillent en essayant de traire un certain nombre de vaches, après qu'elles l'ont été, afin de voir s'il ne reste pas de lait dans le pis.

Ce fruitier est depuis douze ans chez M. Caird, il avait été d'abord à ses frais dans le comté de Cheshire, pour y apprendre à faire du fromage de Chester, car il avait reconnu quel avantage le premier fruitier de M. Caird avait d'abord eu, après avoir été envoyé par son maître chez des amis dans les environs de Chester, pour y apprendre la fabrication du fromage qu'on fait dans ce comté, et qui se vendait plus cher que le dunlop qu'on fabrique en Ecosse. Lorsque le premier vacher et fruitier quitta, M. Caird prit celui-ci, et après quelques années l'envoya dans le Wiltshire pour apprendre à faire le fromage, nommé chedder-cheese, qui non-seulement se vend mieux, mais a en outre l'avantage d'être plus facilement fabriqué. Le fruitier actuel, homme intelligent et actif, a pour lui les veaux qu'il vend au bout de quelques jours. Il donne, d'après son arrangement avec son maître, pour chacune des vaches quatre-cent quatre-vingts livres anglaises de fromage chedder-cheese, qui ont été vendues d'avance pour l'année, 7 pences ou 70 centimes la livre, ce qui donne 330 fr. par vache, ou 33 mille fr. pour les cent têtes. Le vacher est en outre obligé d'acheter chaque année deux cent quatre-vingts hectolitres de maïs, féverolles ou pois, pour nourrir et engraisser cent gros cochons, qu'il vend à son profit, mais dont le fumier reste à la ferme. M. Caird paie ses vaches en moyenne 10 à 12 livres; les croisées durham sont les plus chères, car elles sont plus pesantes et elles donnent au moins autant de lait que celles d'Ayr. M. Caird est remplacé dans la direction de sa ferme par un simple maître-valet, depuis longtemps à son service. Il lui donne 1500 fr., le loge, le chauffe et lui nourrit une vache. Son bail de vingt et un ans expirera dans trois ans, et il ne sait pas encore s'il en recommencera un autre, car il achéterait une terre à améliorer, s'il en trouvait une qui lui convînt. Une partie de sa ferme contient un sol mis à l'abri des marées, qui est argileux et froid ; il lui préfère infiniment le sol de ses coteaux, en terres légères et pierreuses.

Il m'a fait voir un champ d'une quinzaine d'hectares semé en turneps et rutabagas d'une grande beauté et sans manques. Ils n'ont reçu que mille kilos du guano de Curra Moria, île située dans la mer Rouge ; la meilleure qualité de ce guano ne coûte que 150 fr. la tonne, et il convient pour la culture des racines, quoiqu'il ne contienne presque pas d'ammoniaque. Il m'a dit qu'il lui eût fallu pour 200 fr. de guano du Pérou, au lieu de 150 fr. du guano de Curra Moria par hectare, pour avoir une pareille récolte de turneps, dont il estime le poids à soixante quinze mille kilos l'hectare. Son assolement est quinquennal : un cinquième en récoltes sarclées, pommes de terres, betteraves et turneps; un cinquième en orge ou en avoine; deux cinquièmes en herbage et un cinquième en froment, dont le produit moyen sur une série d'années est de douze quarters ou 33 hectolitres soixante litres l'hectare. Il a une moissonneuse de Hussey-Dray, dont il est fort content. M. Caird m'a dit avoir été avec M. Denizon, le président actuel de la Société royale d'agriculture d'Angleterre, chez le ministre des affaires étrangères, pour l'engager à proposer au gouvernement du Pérou, de rendre le commerce du guano libre et de faire vendre les cargaisons de guano par adjudication publique à leur arrivée au port, ce qui devrait produire infiniment plus au gouvernement du Pérou, que son arrangement actuel avec la maison Gibbs, qui fait des bénéfices énormes, en tenant le prix du guano tellement élevé, qu'il y en a maintenant quatre cent mille tonnes en magasin, sans être vendues.

M. Caird est persuadé que si le gouvernement péruvien adoptait cette proposition, il aurait beaucoup plus d'argent de son guano, tout en le vendant beaucoup meilleur marché. La maison Gibbs a prêté au Pérou un énorme capital à 5 p. 0/0, et elle emprunte à 3 p. 0/0. Les îles à guano sont la caution qui répond du capital. M. Caird prétend qu'il y a pour cinquante ans de guano dans les îles Chincha, et encore pour fort longtemps après, dans les îles Lobos.

Il m'a dit qu'on avait été fort inquiet l'an dernier en Angleterre, lorsqu'on avait appris que l'Amérique ne pourrait fournir du froment, sa récolte étant manquée, et qu'on avait été très-étonné ensuite, de l'énorme quantité de froment fournie par la France à l'Angleterre. Il dit que l'Amérique peut fournir une immense quantité de maïs à l'Europe, mais que le froment et l'avoine n'y réussissent souvent pas bien, sans compter la mouche hessoise qui détruit énormément de récoltes de froment. Il dit que les extrêmes de froid et de chaleur du climat de l'Amérique, ne conviennent pas aux céréales. Il ajoutait que ce qu'il avait vu de ce pays pendant les trois mois qu'il a employés l'été dernier à parcourir les comtés de l'intérieur, lui ferait préférer une petite position en Angleterre, à une grande fortune en Amérique.

M. Caird nous a conduits, Mme Caird, ses enfants et moi, dans sa calèche, pour me faire voir le parc et une partie de la terre du comte de Galloway, qui était absent. Nous avons employé plus de six heures du plus beau temps qu'on puisse avoir, même dans les meilleurs climats, à faire cette délicieuse tournée, tant en voiture qu'à pied. Il m'a dit que la famille du comte était une des branches de l'ancienne famille royale des Stuarts ; que le comte actuel n'était pas riche, ayant payé de grandes dettes laissées par ses père et grand père. quoique la loi du pays l'en dispensât ; qu'il avait treize enfants vivants. Cette terre lui donne un revenu de vingt-cinq mille livres sterlings, ce qui fait six cent vingt-cinq mille f. Il n'y a encore qu'une de ses filles de mariée. Son château est plutôt original que beau, mais il se trouve entouré d'un parc admirable, contenant les plus beaux arbres de bien des espèces, qu'on puisse voir, et comme on n'en voit plus sur le continent, ce qui n'a pas empêché le comte et ses père et grand-père de faire de très-grandes plantations. Le comte emploie chaque année une trentaine de mille francs, à construire de nouveaux cottages, qui coûtent de 1500 à 2000 fr., pour remplacer les anciens qui sont souvent fort modestes, mais généralement embellis par de beaux lierres qui cachent les vieux murs, et par de petits jardins placés devant les maisons et qui contiennent de belles fleurs très bien soignées, le comte donnant beaucoup de primes à la petite société d'horticulture. Ce beau parc est entouré à certaine distance par des coteaux et de petites montagnes. Il est bordé par la grande baie de Wigton, et une petite baie pénètre jusqu'à quelques centaines de mètres du château, dont le nom est Galloway. Nous avons suivi à pied une promenade longeant pendant fort longtemps les bords de la mer, que nous dominions souvent de quelques centaines de pieds: nous apercevions en face l'île de Man, sur la droite la presqu'île de Port-Patrick, sur la gauche les montagnes qui entourent la baie de Kirkeudbright, et plus loin encore, celles du côté de Carlisle : avec le temps doux et magnifique qu'il faisait, c'était réellement un des plus beaux séjours qu'on pût désirer. Nous avons vu dans notre course de belles fermes payant mille livres et quelquefois plus; des terres très bien cultivées; de beaux cottages logeant le ministre, et des employés supérieurs de la terre. La ferme cultivée par ce seigneur nourrit des bêtes de race galloway. Plusieurs fermiers élèvent des vaches ayrshire et font à l'exemple de M. Caird, des fromages de Chester ou de Chedder. M. Caird a une grande bibliothèque dont sa femme a hérité de son père, qui était colonel du génie et a été employé dans diverses parties de l'Europe, aussi Mme Caird, qui est fort aimable, parle-t-elle le français, l'allemand, l'italien. Elle est d'une santé délicate et elle dit que le climat de la baie de Wigton lui réussit mieux en hiver que celui du voisinage du palais de cristal, près de Londres, où M. Caird a loué une jolie maison de campagne et une petite ferme qu'il cultive.

Je me suis trouvé sur la diligence qui m'a amené de Girwan à Newton-Stewart, avec un monsieur fort aimable et qui m'a fait trouver très-courtes les 5 heures de ce voyage. Il m'a dit qu'étant du comté de Galloway, ses parents l'avaient mis à l'âge de douze ans à bord d'un navire de commerce, qui l'avait laissé au Pérou, où il avait passé une dizaine d'années. Étant revenu dans son pays, il s'était marié à trente ans, et ayant perdu sa femme, qui ne lui avait pas donné d'enfants, il s'est mis à parcourir d'abord l'Europe, ensuite l'Asie, voulant voir dans cette partie du monde les lieux cités dans la Bible. Après plusieurs années de voyages dont la dépense se montait à deux et trois livres par jour, il est revenu en Ecosse et s'est remarié ; il a deux garçons et une fille. Il s'est fixé dans une petite ville auprès de Greenock, où il fait valoir une petite ferme, en s'occupant de l'éducation de ses enfants.

Il m'a entretenu pendant une bonne partie du voyage d'une manière fort intéressante. Il m'a paru être fort entendu en culture ; il connaissait tous les lieux par où nous passions et l'histoire de bien des personnes habitant les propriétés que nous apercevions. Ayant rencontré beaucoup de tombereaux chargés de chaux à une dizaine de milles avant d'arriver à Newton-Stewart, il me dit que ces gens allaient la chercher au petit port de cette ville ; qu'elle leur coûtait sept ou huit shellings, le tombereau attelé d'un cheval. Il faut quatorze ou quinze charges pareilles par hectare, pour détruire la bruyère du désert que nous venions de traverser, et pour former une assez bonne pâture. Il a ajouté que partout où l'on pouvait irriguer les bruyères, elles disparaissaient et formaient d'assez bonnes pâtures. Ce monsieur m'a dit encore, que dans tous ses voyages il cherchait à causer avec les classes laborieuses, et surtout avec celles des campagnes, et qu'il avait remarqué que c'étaient celles de la France qu'il avait trouvé les plus intelligentes et les plus polies, enfin que c'était les paysans de ce pays, qui avaient le mieux répondu aux questions qu'il leur adressait. Après eux c'étaient les pauvres Irlandais qui lui paraissaient les plus intelligents, quoique les moins instruits.

Etant retourné à Newton-Stewart, j'y ai attendu le passage d'une diligence qui m'a transporté en moins de deux heures à Glenluce. Ce trajet m'a laissé apercevoir alternativement des coteaux bien cultivés et des plaines ou vallées humides et tourbeuses, qu'on ne défriche pas encore. On y voit quelques misérables cahutes, dont les pauvres habitants ont des petits champs de pommes de terre, poussant vigoureusement dans cette tourbe, mise en planches de deux mètres de largeur, dont l'entre-deux creusé à soixante centimètres de profondeur, avait servi à recouvrir les tubercules placés à la surface du terrain béché. Ces rigoles ont pour but d'assainir ce terrain sauvage et marécageux, d'où l'on tire des mottes de gazon tourbeux, qui servent de combustible. J'ai vu des fermes, quelques habitations de propriétaires, de misérables chaumières, mais pas un seul village entre ces deux petites villes.

Glenluce, où j'avais aussi couché en 1851, m'a paru augmenté et embelli, par un assez grand nombre de nouvelles maisons bien bâties. Je suis parti de grand matin de mon petit hôtel où j'avais une chambre meublée très-convenablement, où l'on était bien servi et dont le maître m'a fourni un joli tilbury attelé d'un beau et bon cheval, pour me conduire dans la grande terre d'Anchnes. Elle forme le bout gauche de la presqu'île du port Patrick, qui se trouve le point le plus rapproché de l'Irlande. Il ne faut que quatre heures pour se rendre du petit port de ce nom dans cette île. Cette propriété appartient à M. Mac-Doughal, l'ancien colonel des grenadiers écossais de la garde, connus sous le nom des Colds-tream.

Je venais visiter M. Mac-Culloch, un de ses fermiers qui est en même temps son agent, et qui est, je pense, un des meilleurs cultivateurs de toute la Grande-Bretagne. M. Mac-Culloch qui, dans le principe, n'était qu'agent du colonel, a fini par lui demander la permission de se créer une ferme d'une centaine d'hectares en la construisant près de la jolie maison qu'il occupait, ce qui lui fut accordé à condition que le fermier établirait les murs à son compte et que le propriétaire paierait le reste.

M. Mac-Culloch a donc construit sur un plan fait par lui, une étable qui contient en hiver jusqu'à cent vingt bêtes, dont un tiers sont des vaches de race d'Ayr, et le reste des bêtes de race galloway, qu'il engraisse pour être vendues aux bouchers à l'âge de trois ans. Il n'a encore fait que du fromage de Dunlop, mais il est très-lié avec M. Caird, et va l'imiter en faisant dorénavant du chedder-cheese qui est bien plus profitable.

Les urines de ces vastes étables se rendent dans une énorme citerne, placée sous un hangar, sous lequel est aussi le fumier. Les toits à cochons entourent ce hangar et peuvent s'ouvrir de manière à lâcher les porcs sur le fumier, par bandes distinctes, suivant leur âge.

Le trop plein de la citerne se rend dans une autre, placée au bas d'un plan incliné, ce qui permet au moyen d'un bout de chemin creux, de reculer le tonneau à engrais liquides, et à l'aide d'un grand robinet de le remplir très-vite. Ce purin sert à fertiliser un champ de ray-grass d'Italie, arrosé avant qu'il ne pousse, et ensuite après chacune de ses cinq coupes; dans un climat plus chaud, il pourrait en donner sept ou huit, en remplaçant l'urine, lorsqu'elle vient à manquer, par trois ou quatre cents kilos de guano détrempé dans trois cents hectolitres d'eau, et s'il faisait très-chaud par deux cents kilos de nitrate de soude, fondus dans la même quantité d'eau.

Une roue hydraulique fait tourner la machine à battre, ainsi qu'un hache-paille américain, d'un modèle que je n'avais pas encore vu. Il se compose d'un cylindre armé de lames, et fait dit-on beaucoup plus de besogne que toutes les autres machines de ce genre. Trois chaudières placées à côté du hache-paille, servent à cuire des racines et du tourteau, avec le bouillon desquels on arrose et fait macérer la paille hachée, qui avec des racines forme la nourriture de toutes ces bêtes qu'on vient servir en passant par un corridor d'où l'on remplit leurs mangeoires profondes. L'eau arrive dans les diverses étables et sert à abreuver les animaux ou à laver les rigoles.

M. Mac-Culloch a encore une autre ferme dans laquelle il loge plus de cent bêtes bovines et autant de moutons de race cheviot. Il donne à ces brebis des béliers new-leicester, race dont le colonel a un fort beau troupeau. Il vend chaque année une quarantaine de béliers dans les prix de six à huit livres. M. Mac-Culloch m'a dit que si j'avais envie de bêtes new-leicester ou de génisses pleines des espèces ayrshire ou galloways, dans les prix d'une douzaine de livres, il se ferait un plaisir de me les acheter et de me les expédier par le bateau à vapeur. Il dit que les meilleures vaches ayrshire donnent une vingtaine de litres à nouveau lait.

Les récoltes de M. Mac-Culloch sont belles pour l'année; ses betteraves, cultivées sur une grande échelle, ainsi que les turneps et les pommes de terre, sont très-propres. Ces dernières sont plantées sur des tourbières profondes, que je lui ai vu drainer il y a huit ans; les rigoles ont cinq pieds de profondeur afin qu'une fois le terrain tassé, les tuyaux se trouvent encore à quatre pieds de la surface. Il en a une vingtaine d'hectares dont il tire un fort bon parti; elles sont aussi belles en fanes qu'en tubercules, et il espère qu'elles lui donneront de dix-huit à vingt tonnes par hectare.

Pendant que j'étais chez lui, il a reçu la visite de l'associé de la maison Proctor et Rieland, qui fabrique fort en grand et dans trois établissements situés l'un à

Birmingham, l'autre à Cheltenham, enfin le troisième à Liverpool un engrais, dont elle a un dépôt à Rouen chez M. Bodicum. Cet engrais se vend 200 fr. la tonne, on en met de deux cents à deux cent cinquante kilos par hectare pour froment, de cinq à six cent cinquante kilos pour turneps, et de sept cent cinquante à huit cent cinquante pour betteraves. Cet engrais se compose d'os pulvérisés, de sang, de tourteaux, et M. Mac-Culloch en a fait un essai comparatif avec trois autres engrais, en en mettant pour la même somme; c'était du sang desséché, du guano, et un autre engrais fabriqué par une autre société.

Jusqu'à cette heure c'est celui de M. Proctor qui paraît l'emporter, mais pour savoir celui qui vaut le mieux, il faudrait connaître les produits de cet engrais pendant au moins deux années. Ces messieurs ont parlé d'une excellente pomme de terre comestible et produisant beaucoup, qu'ils nommaient lapston-kydney, on la dit hâtive et se conservant bonne jusqu'en juillet de l'année suivante. On a dit ensuite que pour que les pommes de terre de l'année précédente redeviennent bonnes à manger, il fallait les peler et les laisser tremper dans l'eau pendant vingt-quatre heures avant de les faire cuire. Une autre pomme de terre, très-appréciée en Angleterre, se nomme regent's-heusnest.

M. Mac-Culloch nous a conduits ensuite dans la grande ferme qu'il a construite il y a une dizaine d'années et qu'il cultive pour le colonel, celui-ci ayant voulu détruire l'ancienne ferme de la réserve, qui était trop près de son habitation. Le colonel étant venu nous rejoindre, nous a fait visiter ses belles étables dans lesquelles on peut attacher quatre cents bêtes bovines pendant l'hiver. La place à fumier avec sa citerne se trouve au milieu du carré des bâtiments; elle est aussi couverte et le fumier se trouve de même recevoir les unes après les autres les bandes de cochons. On nous a conduits après sur les bords de la mer, ce qui nous a fait voir une partie de ses récoltes et apercevoir un de ses troupeaux de new-leicester.

Le colonel a fait creuser profondément une pièce d'eau assez grande dans laquelle l'eau de mer arrive à chaque marée, au moyen d'un mur dans lequel on a laissé des passages par lesquels les poissons peuvent pénétrer en même temps que la marée ; ces passages sont garnis de portes en fil de fer qui se lèvent facilement lorsque les poissons entrent, mais qui restent fermées lorsqu'ils veulent ressortir. On a construit à côté de cette basse-cour à poisson, un joli cottage qui loge une famille de journaliers, dont les enfants sont employés à chercher des coquillages à marée basse, qu'on débarrasse, à mesure qu'on en a besoin, de leurs coquilles pour les jeter aux poissons qui en sont très-avides, et qui pour en attraper se laissent prendre à la main. Il y en avait un très-grand nombre ayant jusqu'à deux pieds de longueur et de bien des espèces différentes.

J'ai parlé au colonel du mérite des lupins jaunes pour les sables maigres et non calcaires, et comme il en a plus d'un millier d'hectares, il va en essayer l'an prochain, ce qui rendra un grand service à cette presqu'île, où se trouvent d'énormes étendues de pauvres sables.

J'ai aussi attiré son attention sur l'inoculation contre la péripneumonie, car M. Mac-Culloch a perdu l'an dernier par cette maladie très-contagieuse trente de ses jolies vaches d'Ayr, parmi lesquelles il s'en trouvait qui lui avaient coûté entre 6 et 800 fr. Le colonel m'a dit qu'ayant traité les siennes par l'homéopathie, il n'en avait perdu que quatre.

M. Mac-Culloch pense que pour éviter de grandes pertes, il faut élever et engraisser des bêtes bovines, ovines et porcines. Il dit que la fabrication de fromages recherchés donne des bénéfices remarquables lorsqu'on n'est pas à la portée d'une ville où le lait trouve un bon débit. Il nous disait aussi que le croisement des brebis cheviot par des brebis à longue laine, dishleys, cotswold ou lincolnshire, est une chose très-avantageuse, car les brebis cheviot peuvent vivre dans des pâtures naturellement maigres. Elles sont très-productives en agneaux, fort bonnes nourrices, et on peut compter sur un agneau et demi par brebis si on ne les nourrit pas trop mal.

Il serait fort heureux pour la France que l'Empereur voulût bien faire importer un troupeau de race cheviot pour en garnir une ou plusieurs de ses fermes dans les Landes et en Sologne, avec les béliers duquel on améliorerait les troupeaux landais ou solognots.

Les vaches des races galloway et angus, conviendraient aussi mieux dans les fermes du pays à mauvais sables et bruyères, que les salers que j'ai vues à la Grillère, car cette dernière belle et grande race, provient des excellents pâturages du Cantal, et ne peut réussir en Sologne, qu'en la nourrissant abondamment dans les étables.

Les terres se louent cher dans les environs de Stranrawer, petit port de mer d'où partent des bateaux à vapeur pour Ayr et Glasgow, ainsi que pour Belfast, en Irlande, et du côté de Glenluce, le prix s'élève jusqu'à 80 et 100 fr. l'hectare ; elles n'ont cependant pas l'air d'être bien fertiles.

On travaille à force au chemin de fer, qui va relier avec Port-Patrick la ville de Dumfries qui l'est déjà avec Carlisle. Ce chemin de fer donnera la vie à cette côte qui jusqu'à cette heure n'a que des bourgades au lieu de villes et où l'industrie est encore inconnue. Ce chemin de fer ira aussi rejoindre celui qui est près d'être terminé entre Ayr et Girwan.

Je suis parti le lendemain matin de Glenluce pour Dumfries, voyage d'une trentaine de lieues, fait par un beau jour sans soleil mais doux, et qui a demandé huit heures et huit relais de trois chevaux ayant pas mal de sang, traînant une voiture peu lourde par elle-même, mais portant de douze à seize personnes et leurs bagages. Ce voyage m'a fait parcourir, à part quelques lieues de bruyères tourbeuses, dont j'ai déjà parlé, un beau ou joli pays, la route suivant les bords de la mer à une certaine élévation, d'où l'on a souvent de fort beaux points de vue. J'admirais de temps à autre de belles maisons de campagne, entourées de parcs et de beaux arbres, de jolis cottages embellis par des fleurs, de bonnes fermes bien cultivées, quelques jolis villages clair semés, enfin trois bourgades prenant cependant le titre ambitieux de ville, telles que Newton-Stewart, Wigton et Kirkcudbright. Dumfries est une ville véritable, mais laide et importante seulement par les foires ou marchés de bestiaux, où se vendent d'énormes quantités de bêtes galloway, bêtes sans cornes, des vaches d'Ayr venant de l'autre côté de Glasgow, des bêtes west-highlands, enfin des petites bêtes à laine cheviot ou à tête noire, et leurs dérivés par croisements avec béliers dishleys ou southdowns, ces derniers sont rares; peu de cochons, cet animal étant bien plus rare en Ecosse qu'en Angleterre, où au contraire on en a beaucoup.

Je voyais et admirais pendant ce voyage une quantité de lots d'environ vingt bêtes noires sans cornes, du comté de Galloway. C'est réellement une belle et bonne espèce de bêtes bovines, ainsi que les angus qui sont plus grands, plus fins, mais ont besoin de meilleures pâtures. Quel dommage que ces deux excellentes races, dont la viande est si bonne, ne soient pas un peu meilleures laitières, du moins quant à la quantité, car la qualité en est très-bonne. Je connais un excellent cultivateur et éleveur de cette dernière race, qu'il a infiniment améliorée, M. Watson de Keylor, près de Dundee, qui depuis plus de trente ans a toujours une trentaine de vaches, choisies à la vérité sur une centaine, qui lui élèvent chaque année par tête, quatre veaux. Lorsqu'elles vêlent,

on leur donne un second veau, on les sèvre une fois
âgés de trois mois, pour leur en donner deux autres à
nourrir, et les meilleures vaches en nourrissent encore
un cinquième pendant six semaines, le dernier pouvant
être vendu au boucher.

Je me suis embarqué, le 24 août, au matin, sur le
chemin de fer de Dumfries à Glasgow, désirant voir
cette autre partie du pays avant de retourner à Edimbourg, où je suis arrivé le soir, car j'avais manqué deux
trains, dont l'un m'eût conduit à Wishaw, petite ville où
l'on tire parti des eaux d'égouts, pour irriguer des prés,
et l'autre à Stirling d'où je serais revenu à Edimbourg
par une autre ligne, afin de voir une autre partie de
l'Ecosse, en ne suivant pas le chemin que je venais de
parcourir récemment.

Ayant été voir cet excellent M. Barlas, Gilmore place
84, et lui ayant parlé des cheviots, il m'a dit que si
quelqu'un en voulait on n'aurait qu'à lui en demander;
qu'il était lié avec M. Horne, qui a les plus beaux troupeaux connus de cette race, si sobre et si rustique, dans
les terres à l'extrémité de l'Ecosse, sur la mer du Nord,
au comté de Caithnes. M. Horne est avocat attaché au
barreau d'Edimbourg, ce qui ne l'empêche pas d'être
très-habile agriculteur.

Je viens de passer quatre heures à parcourir les
énormes prairies commençant auprès de la ville d'Edimbourg, qui est placée sur une colline élevée. Elles descendent d'un côté jusqu'au port d'Edimbourg, nommé
Leith, et s'étendent jusqu'à Portobello, grand village
où l'on prend des bains de mer. Ces prés se louent en
moyenne de 875 fr., à 1450 fr. l'hectare; plus ils se rap-
prochent de la ville, plus ils produisent, et plus cher on
les loue. On les fauche dans son voisinage cinq fois et
quatre fois quand on en est loin. Ce sont les eaux sortant
des égouts de la ville et qui reçoivent toutes les vidanges
qu'on y emploie. Elles ont transformé même les plus

pauvres sables des bords de la mer en prairies d'une haute fertilité et valeur.

J'ai questionné un homme qui venait d'achever le chargement de deux tombereaux de cette herbe avec laquelle il les avait fortement enfaités ; ces voitures étaient attelées chacune d'un fort cheval ; il m'a dit qu'il lui fallait un tombereau et demi de cette herbe, à chacun des trois repas de ses trente vaches d'Ayr, peu fortes, mais qui donnent abondamment de lait, à la vérité bien moins gras que celui des bêtes noires sans cornes et même que celui des bêtes croisées courtes cornes. Ces prés faits sur les sables des bords de la mer près de Portobello, à une lieue et plus de la ville, ne reçoivent que des eaux qui ont déjà servi plusieurs fois à irriguer, les prés plus rapprochés de la ville se trouvant plus élevés ; ces pauvres sables donnent encore quatre très bonnes coupes, fort épaisses et ayant de trente six à quarante centimètres de hauteur, au point qu'elles versent. Cet homme m'a dit que chaque acre de quarante ares nourrissait pendant tout l'été trois vaches à lait, et qu'une coupe pouvait donner de treize à quatorze tombereaux bien enfaités d'herbe, dans cette partie la plus éloignée de la ville et la moins fertile de ces fameux prés.

Etant revenu à Edimbourg, je me suis rendu l'après-midi chez M. Gibson qui occupe une grande ferme, celle de Wolmet, à deux lieues de la ville, et qui passe pour être un des meilleurs cultivateurs de ces environs. J'avais un mot d'introduction pour lui que M. Barlas m'avait donné, ainsi que pour cinq autres cultivateurs distingués. Malheureusement M. et Mme Gibson étaient allés en ville, et leur maître valet dans les champs au loin, où il moissonnait avec une machine Hussey-Dray ; je m'y suis rendu et je l'ai vue très bien fonctionner dans un beau champ d'orge, où ne se trouvaient que peu de places versées : elle coupait moins près de terre sur les parties non versées. Le maître valet m'a dit qu'il coupait habituellement avec elle, en ne changeant pas les chevaux, quatre hectares en huit heures, et que la chose se faisait très bien.

Ayant vu deux champs de navets fort bien sarclés, mais encore bien jeunes pour la saison, j'en demandai la raison, et on me répondit qu'ils n'avaient été semés qu'après l'arrachage des pommes de terre hâtives vendues en ville pour la consommation. La maison de M. Gibson était entourée d'un joli jardin où se trouvait une serre qui contenait entr'autres plantes une treille et de beaux raisins.

M. Barlas m'a dit que des cultivateurs du continent, qui voudraient faire venir d'Ecosse des animaux reproducteurs quelconques, pourraient s'adresser en toute confiance, pour l'achat et la vente du bétail, à un commissionnaire nommé John Swan, Cattle-agent ; il prend 3 p. % du prix d'acquisition et les frais de nourriture pendant que les bêtes restent chez lui.

J'ai quitté Edimbourg le matin du 27 août pour retourner du côté de Londres ; je me suis arrêté à la station où se trouve un embranchement du chemin de fer allant sur Northberwick, petite ville sur les bords du Forth.

Je me rendis de là à Athelstaneford, ferme située à une bonne lieue de la station, et qui est occupée par un célèbre éleveur de durham, M. Douglas. Il cultive deux cents hectares qui composent deux fermes ; il est occupé de la construction d'une belle maison dans celle où il m'avait donné rendez-vous. Cette dépense sera partagée entre le propriétaire et le fermier. M. Douglas n'est pas marié, mais il est encore en âge de pouvoir prendre une compagne.

Il m'a dit avoir des étables pour loger cent vingt bêtes bovines et avoir huit cents bêtes ovines à l'engrais. Il élève avec un soin tout particulier des bêtes durham et en a ordinairement de trente à quarante. Les taureaux, génisses et vaches, destinés à concourir, sont tenus dans des boxes qui ont chacune leur cour. Les vaches pleines, ou allaitant leurs veaux, vont en pâture, mais rentrent dans les étables lorsqu'il fait froid et mauvais. On donne à ces bêtes en boxes, de l'avoine, des tourteaux de lin et de la farine de fèves, et cela de manière à ce qu'il en reste dans les mangeoires, aussi sont-elles très grasses et belles. On estime les génisses de deux ans à 200 et même jusqu'à 300 guinées par tête ; j'ai vu des veaux mâles âgés de sept à huit mois dont on portait le prix à 200 guinées. Si j'avais des durham à acheter, j'irais plutôt chez M. Cruickshanc, à Sittingtton, près Aberdeen, qu'ici.

Ce que j'ai vu, jusqu'à cette heure, de la culture des Lothians, est bien ; mais les récoltes sarclées n'y sont pas à beaucoup près aussi belles que sur la côte de la mer d'Irlande, entre Ayr et Dumfries. M. Douglas m'a dit avoir vendu à M. de la Tréhonnais un taureau 200 guinées, et à M. Dupéron un taureau de 160, et une génisse pleine d'un fameux taureau pour 200 guinées ; il a remporté dans les derniers concours des Sociétés royales d'Angleterre et d'Irlande, ainsi que dans celle des Highlands, bien des premières et secondes primes pour ses durham.

Il m'a semblé que les récoltes étaient moins belles une fois que j'eus quitté l'Ecosse, pour entrer dans les comtés de Northumberland et de Durham, en Angleterre. J'y ai vu bien des terres en jachère complète et par conséquent moins de récoltes sarclées ; mais, d'un autre côté, j'ai aperçu bien moins de bruyères que dans mon voyage de 1851 et à plus forte raison dans ceux de 1847 et 1840. J'avais passé, à cette dernière époque, deux jours chez le fameux éleveur de durham, M. Bates, à Kirkleavington, près de Darlington, en Yorkshire, mort depuis quelques années. N'ayant pu me procurer l'adresse de deux bons cultivateurs que je voulais visiter, et le dimanche s'étant opposé à ce que j'en visitasse deux autres, je me trouvai plus avancé que je ne le comptais dans mon voyage de retour, en rentrant à York.

J'ai visité le 29 la ferme du capitaine Gunter qui est aussi un des fameux éleveurs de durham, quoiqu'il n'ait commencé que depuis peu d'années à entrer dans cette difficile carrière. Sa ferme se trouve à la porte de la petite ville de Wheterby, une des stations du chemin de fer entre York et les bains d'Harrawgate. J'ai fait cette partie de mon voyage avec un Allemand, M. Steedman, fixé depuis vingt ans en Angleterre. Il arrive de Dresde où il est allé mettre son fils au collége ; il allait aux bains sulfureux de Harrawgate. Il m'a dit qu'il connaissait beaucoup un ingénieur allemand fixé en Angleterre, M. Leyrig, qui a inventé une machine centrifuge avec laquelle on a d'abord séché le linge et la laine dans les lavoirs de laine, et qui a été employée depuis à séparer la mélasse de la cassonade ; depuis, il s'est arrangé avec M. Cail pour la fabrication de cet appareil en France.

M. Steedman m'a aussi parlé d'une nouvelle invention, nommée mentitubulaire, comme devant économiser énormément la consommation du charbon de terre, et qui est due à un homme éminent dans la fabrication de diverses machines industrielles. Son nom est M. George Fletsher et son établissement est à Farnham place, London-Borough. M. Knowles, que j'avais trouvé en 1851 chef de la très remarquable vacherie de feu lord Ducie, est maintenant l'agent du capitaine Gunter qui ne vient que de temps en temps visiter cette ferme.

M. Knowles, qui par sa grande intelligence avait aidé lord Ducie à établir sa magnifique vacherie, vendue à de si hauts prix lors de sa mort, espère bien faire de son nouveau maître un des meilleurs éleveurs de courtes cornes ; il a même la prétention de le mettre en tête de tous

les autres, et cela par la possession de tout ce qui reste
de la race des duchesses formée par M. Bates de Kirkleavington, car cette famille de durham a acquis depuis
sa mort la plus haute réputation et se vend à des prix
fabuleux. Aussi les élèves femelles âgées de deux ans,
que M. Knowles fait pour le capitaine, et qui sont de
père et mère de la famille des duchesses, se vendent de
10 à 20,000 fr. la pièce, et des veaux mâles, sevrés à
sept ou huit mois, arrivent à 4 ou 5,000 fr. M. Knowles
loue des taureaux de cette race de 100 à 200 liv. sterling
par an ; le saut du taureau dont il se sert se paie 40 liv.,
m'a-t-il dit.

Ses jeunes bêtes sont tenues isolées dans des hangars
formant boxes ; elles reçoivent, tout en tétant leur mère,
de cinq à sept cents grammes de tourteaux de lin, ou
bien aussi le même poids d'un fruit qui vient dans les
pays très chauds, entr'autres dans la Pouille, dont j'ai
oublié le nom et dont les mille kilos coûtent en Angleterre de 100 à 125 fr. Toutes les bêtes destinées à paraître dans les concours sont très grasses. Elles ne vont pas
en pâture, et comme la sécheresse a brûlé toutes les herbes, on est forcé de leur donner du foin qui n'a pas
bonne mine. En hiver on leur donne du tourteau, du
foin et des racines. Ces jolies bêtes aiment à être cares-
sées et sont d'une grande douceur. Il n'en a qu'une quarantaine en tout ; comme il pleuvait à verse, je n'ai pu
aller voir les mères qui étaient dans les herbages à une
assez grande distance. Le capitaine Gunter élève aussi
des cochons qui ont une grande réputation ; les petits
porcelets sont déjà excessivement gras, on ne les vend
qu'âgés de cinq à six mois et de 8 à 10 liv. la pièce ; leur
tête m'a paru moins fine que celle de la race de
M. Pavy qui en a cependant tiré la souche de chez le
capitaine.

J'ai demandé à M. Knowles, si lui, qui est si bon
connaisseur et qui est fixé dans le milieu du comté

d'York qu'il connaît très bien, y étant né, comté où se trouvent le plus grand nombre d'éleveurs de bons durham, ne voudrait pas se charger d'acheter et d'expédier des jeunes durham ayant de bons pedigree en règle. Il m'a répondu qu'il lui arrivait très souvent d'être chargé de faire ce genre d'acquisition et d'envoi. Il m'a dit avoir acheté plusieurs fois des bêtes durham pour M. de la Tréhonnais, et que M. Wilson, qui avait été chargé par le prince Albert d'acheter pour l'Empereur les vingt-huit vaches et deux taureaux qui se trouvent à Fouilleuse, l'avait emmené avec lui pour faire cette acquisition. Il a ajouté que le prix moyen de ces dernières vaches avait été d'environ 2,500 fr. la pièce.

Lui ayant demandé ensuite combien les cultivateurs du continent, qui voudraient se monter en bonnes bêtes durham, sans les payer très cher, devraient y mettre pour avoir des bêtes portées sur le Herd-Book, il a répondu qu'avec 40 ou 50 guinées cela pouvait se trouver, en n'allant pas frapper à la porte d'éleveurs à grande réputation, et même, disait-il, chez quelques-uns d'eux qui n'auraient pas pu vendre aux prix exagérés qu'ils demandaient lorsque les Américains venaient, mais ceux-ci ne sont plus revenus depuis leur crise commerciale, et les fermiers sont obligés de se défaire de leurs bêtes à un âge donné. Il m'a donc dit que des cultivateurs, voulant se monter en bêtes durham, pourraient venir chez lui, qu'il les piloterait, et que les personnes, ne voulant pas venir, n'auraient qu'à lui marquer les prix qu'elles ne voudraient pas dépasser, et lui indiquer le banquier de Londres chez lequel elles auraient envoyé l'argent qui solderait les bêtes achetées.

Je me suis trouvé en wagon avec un pépiniériste dirigeant une pépinière de quarante hectares d'étendue, à la porte de la ville d'York. Il a été envoyé par le gouvernement anglais dans la colonie africaine de Cape-Coste, afin d'y enseigner la culture du coton ; il y a passé trois ans et a été souvent fort malade. Je lui ai demandé quels étaient les engrais qu'on employait avec le plus de succès pour favoriser la croissance des arbres rares, dont on voulait activer la végétation et la croissance ; il m'a dit qu'on employait beaucoup d'eau dans laquelle on avait fait délayer les gros excréments des bêtes à cornes et encore mieux les crottins des moutons ; on met de ce dernier engrais d'un quart à un tiers de la quantité d'eau, pour en faire une espèce de purée liquide ; on emploie aussi l'urine, le guano, la suie, le tout mélangé d'eau.

J'ai couché à Leeds, et je suis allé visiter le lendemain M. Horsfall, dont j'avais lu avec le plus grand intérêt les nombreux articles sur la meilleure manière de nourrir les vaches et d'engraisser les bêtes pour la boucherie, méthodes qui ont été publiées depuis une douzaine d'années dans le journal de la Société royale d'agriculture d'Angleterre. Il demeure à Burley-Hall, en Yorkshire, dans la vallée de la Warf, rivière qui passe aussi chez le capitaine Gunter à Wheterby.

Il m'a dit qu'ayant quitté les affaires il y a une douzaine d'années, il avait acheté son habitation avec vingt-cinq hectares, dont vingt sont en prés ou herbages, et cinq en terres labourables, qui produisent sur un hectare vingt ares de grandes fèves de marais, qui étant très-fortement fumées lui produisent quelquefois jusqu'à soixante hectolitres de fèves par hectare. Il sème un hectare en froment et autant en avoine. Il plante un hectare en betteraves globes jaunes, quarante ares sont semés en rutabagas, la même étendue en kohlrabys. Les tournailles de ses récoltes sarclées sont semées en colza dont le fourrage vert est enlevé ou enterré avant que le sarclage à la houe à cheval ne commence. Il fume si fort ses racines et les sarcle si bien, que les betteraves lui donnent assez habituellement cent tonnes, et les autres racines de soixante à soixante-quinze mille kilos. Comme ces dernières sont moins bonnes pour la formation du lait ou du beurre, on en nourrit les bêtes à l'engrais, et les betteraves sont réservées pour les vaches laitières. La paille que M. Horsfall récolte est coupée et cuite à la vapeur avec des farines, du tourteau et des racines, et il est encore forcé d'acheter de dix à quinze tonnes de paille.

M. Horsfall tient en hiver de vingt à vingt-cinq vaches croisées durham, achetées prêtes à veler et qui coûtent, quoique généralement fort maigres, de quinze à seize livres, ou de 375 à 400 fr., car il n'en prend que des jeunes. Il ne les conserve habituellement qu'un an, les tarissant pour les engraisser ensuite, une fois qu'elles ne donnent plus guère de lait. Lorsqu'il trouve parmi elles de très-bonnes laitières et s'entretenant bien, il les conserve plus longtemps.

Leur nourriture, dans la mauvaise saison, se compose de trente-six livres de betteraves mangées crues, cinq livres de tourteaux de colza, deux de germes d'orge achetés dans les brasseries, une livre de son qu'on fait cuire, avec sept kilos de paille hachée, dont un tiers provient de féverolles, un tiers de froment et le reste d'avoine ; chaque vache reçoit six livres de foin partagées en deux repas. Il donne aux meilleures laitières, afin de les empêcher de s'épuiser, de deux à trois livres de farine de fèves. Le produit moyen en lait est de neuf à dix litres par tête, dans les trois cent soixante-cinq jours de l'année. Les vaches vont dans les prés en été, mais elles ont malgré cela un repas de nourriture cuite, car si le tourteau de colza, d'après l'expérience de longue date de M. Horsfall, convient mieux pour produire du bon lait et du bon beurre, que celui de lin, dont le prix est le double, ce n'est qu'après avoir été bouilli, car le tourteau de colza cru, dès qu'on en donne plus d'un kilo à une vache laitière, communique un mauvais goût à son lait. Les vaches laitières vendues grasses ne produisent en moyenne que 75 fr. de plus que leur prix d'achat.

M. Horsfall achète en général ses bêtes au meilleur marché possible, mais en faisant attention à ce qu'elles n'aient aucun des défauts qui pourraient les empêcher de donner, étant bien nourries, une bonne quantité de lait ou de s'engraisser facilement. Il a ordinairement une trentaine de vaches ou génisses à l'engrais. Les jeunes bêtes lui coûtent habituellement de onze à douze livres, et sont revendues après un séjour de six à sept mois en été et d'un peu moins en hiver lorsqu'elles sont tenues à l'étable, rapportant six livres de plus qu'elles n'ont coûté d'achat.

M. Horsfall tenant ses bêtes à couvert et attachées lorsqu'il fait froid, n'en a au plus que quarante-six têtes en hiver, ne possédant que ce nombre de stalles; elles ont une largeur de quatre pieds et les bêtes s'y trouvent séparées de leurs voisines, de manière à ne pouvoir les chagriner. Il se trouve au pied de la mangeoire une espèce de paillasson fait en filaments de noix de cocos, qui servent à empêcher les vaches qui couchent sans litière, de s'écorcher les genoux en se relevant. Ils coûtent 2 fr. mais ne durent qu'un an. A la fin de la stalle et près des pieds de derrière de l'animal, existe une citerne couverte d'une claire-voie, dont les bois en chêne ont à peu près trois pouces de largeur et dont les bords sont garnis d'une bande de fer large d'un demi-pouce, précaution prise contre l'usure des traverses composant la claire-voie. Cette citerne contient les engrais liquides et solides, comme ils viennent de l'animal. Sa profondeur est de   , sa largeur de trois pieds et sa longueur de quatre; l'engrais qui s'y réunit contient à peu près trois quarts d'urine, le reste se compose des gros excréments. Lorsque les citernes sont pleines, on les vide dans de grands tombereaux attelés de deux bons chevaux. Leur contenu répété trente fois, forme l'engrais consacré à chacun des dix-huit hectares qui sont irrigués avec l'eau d'un ruisseau, et qui longent la rivière de Warf. Ces prés sont fauchés deux fois, et pâturés une fois que l'herbe a repoussé ; leur produit en foin est en moyenne de douze tonnes l'hectare. Les cultivateurs voisins ont souvent offert de payer 10 fr. chaque tombereau de cet engrais semi-liquide.

L'habitation de M. Horsfall se trouvant placée au bas d'un bourg d'environ 1,600 âmes, qui est bien bâti et contient un assez grand nombre de jolies maisons annonçant une grande aisance, a pu réunir les eaux sortant des égouts qui se perdaient dans la rivière, et au moyen d'un siphon il est parvenu à leur faire traverser un chemin encaissé, et à les employer à l'irrigation d'un pré de deux hectares.

Il achète tous les ans, vers la fin d'octobre, soixante brebis à longue laine et d'un grand poids. Elles lui ont donné cette année cent neuf agneaux vendus à partir de l'âge de six semaines jusqu'à celui de trois mois, en moyenne 28 fr. 75. Les mères sont vendues en août à un boucher qui les enlève à mesure de ses besoins, mais elles doivent toutes être parties avant le premier octobre de l'année suivante ; on leur donne à partir du 1er janvier une demi livre de tourteau de colza par tête jusqu'à leur départ ; quant aux agneaux ils en mangent tant qu'ils en veulent.

Les soixante brebis avec leurs cent neuf agneaux pâturent depuis le quinze mars au quinze mai ou deux mois sur les deux hectares irrigués avec les eaux d'égouts, et les mères y reviennent du quinze septembre jusqu'aux gelées, et malgré le long pâturage d'un si grand nombre de bêtes, ces deux hectares lui donnent habituellement encore dix tonnes de foin ou regain chacun. Dans ce moment, le 30 août, ce pré ressemble exactement aux prés irrigués avec les eaux des égouts d'Edimbourg, que j'ai vus il y a peu de jours et qui en étaient à leur quatrième coupe. Ceux de M. Horsfall reçoivent au moins deux irrigations après chaque coupe, et avec cela un véritable parcage des brebis et agneaux. Les racines et les fèves reçoivent le fumier des quatre chevaux et ceux des cochons assez nombreux. On y ajoute de ce purin épais et enfin cinq cents kilos de guano du Pérou par hectare. C'est avec ces énormes fumures qu'on obtient des récoltes si profitables.

La cuisson des tourteaux de colza, du son, des germes d'orge avec les sept kilos de paille hachée par tête d'animal et par jour, se fait dans trois chaudières en tôle, fermant hermétiquement et contenant chacune environ un hectolitre. Elles ont un double fond percé par des trous de la grandeur d'une pièce de cinquante centimes. La vapeur est amenée d'un générateur et pénètre par le dessous de la chaudière. Les bêtes à cornes qu'on engraisse sur les herbages reçoivent chaque jour, dans la ration cuite, un tourteau de colza pesant un kilo. Les chevaux reçoivent aussi la nourriture cuite, mais on y ajoute de l'avoine aplatie

M. Horsfall a une très belle race de cochons provenant d'une truie de la grande race du Yorkshire, dont les oreilles n'étaient pas tombantes, ce qui doit faire supposer qu'elle provenait déjà d'un croisement. Il a donné à cette truie un verrat new-leicester, et s'en est tenu à ce premier croisement dont il a marié les élèves ensemble. Il vend son lait dans le bourg 1 fr. les quatre litres et demi, et moitié lorsqu'il a été écrémé doux. Il m'a dit que lorsque le beurre se vend 1 fr. la livre anglaise, il y a plus d'avantage à faire du beurre, et à vendre le lait écrémé.

Sa laiterie est fort petite pour le nombre des vaches à lait qu'il a, mais les terrines plates qui contiennent le lait, sont placées sur des plateaux garnis de plomb, et plongées dans de l'eau qui est toujours tenue à la température convenable, au moyen de robinets d'eau froide ou chaude, dont il y en a un qui coule toujours. Il y a trois rangs de plateaux placés les uns au-dessus des autres, entourant la laiterie, enfin un quatrième placé au-dessus des autres, contient une couche de deux pouces d'épaisseur de charbon de bois pulvérisé, qui d'après les expériences suivies par un médecin distingué enlève toute espèce d'odeur. Aussi dans cette très petite laiterie qui contient le lait d'une vingtaine de vaches n'en sent-on pas la moindre. M. Horsfall m'a dit qu'il tenait à n'avoir qu'une petite laiterie, parce qu'on y entretenait bien plus facilement une température égale et convenable, que dans une grande.

Les vaches achetées pour donner du lait, sont prises dans celles qui sont à leur deuxième veau. Elles sont taries lorsqu'elles ne donnent plus que six litres de lait, à moins qu'elles ne soient remarquablement bonnes laitières. La meilleure qu'il ait conservée pour cette qualité, est une croisée durham et angus. Elle est aussi la plus belle et la plus grasse de l'étable. M. Horsfall vend les veaux dans les premiers huit jours de leur naissance aux prix de 30 à 38 fr., car ils proviennent de taureaux durham et leurs mères sont déjà croisées durham, ce qui détermine les fermiers du voisinage à les acheter pour les élever.

La Warf, cette jolie rivière, a aussi ses inconvénients, qui sont de ronger ses bords malgré et par derrière les plantations de saules. Lorsque les eaux sont basses, M. Horsfall commence par faire peler les gazons du bord à arranger. On enlève ensuite la terre qui se trouve minée en-dessous et qui tomberait bientôt dans la rivière; on l'arrange en talus qu'on recouvre ensuite avec les gazons, fixés au moyen de branches de saules qu'on fend afin de les empêcher de repousser.

On a ici le soin de bien répandre les fientes de vaches, et de faire faucher en automne les touffes d'herbe que les bêtes ont dédaignées; cette herbe est fort bien mangée par les chevaux. M. Horsfall m'a dit qu'on fabrique dans le comté de York une moissonneuse à un cheval, dont on est fort content et qui même coupe les grains versés assez bien. Ce qui est étonnant pour moi, c'est de voir les excellentes terres de ce pays si riche et industrieux, ne se louer que moitié de ce que des terres, ne paraissant pas meilleures, se louent en Ecosse : là, 200 fr. l'hectare et ici 100 ou 125 fr. ; la seule raison que j'entrevoie est l'absence des baux comme dans la plus grande partie de l'Angleterre.

La course de plus de deux lieues que j'ai faite en omnibus, entre la station du chemin de fer et Burley, m'a fait voir une délicieuse vallée avec ses deux bourgs et encore des villages contenant des manufactures; on y voit aussi beaucoup de jolies petites maisons à deux ou trois croisées de face, ayant un rez-de-chaussée et un premier, sur le devant desquelles existe un petit jardin garni de fleurs, et entouré de balustrades en fer; elles sont construites par des sociétés, qui les vendent isolément ou les louent à raison de 3 ou 400 fr.

Je suis revenu coucher à Leeds à l'hôtel du Bœuf et de la Souris, où j'ai été mieux logé, nourri et à meilleur marché, que je ne l'avais été depuis deux mois que je voyage dans la Grande-Bretagne. La population de cette ville très industrielle, est, m'a-t-on dit, de cent vingt mille âmes, et on y bâtit énormément.

Je suis parti à sept heures pour me rendre à Hull, où je suis arrivé à neuf, malgré plus d'une demi heure d'arrêt dans une station à quatre embranchements ; la pluie à verse et le vent froid qu'il faisait m'ont empêché de jouir de la vue des belles parties de ce voyage. Je suis reparti à onze heures par un nouveau chemin de fer, qui traverse le Holdernes, plaine en terres d'alluvion très fertiles, assez difficiles à cultiver, où l'on ne voit que de grandes fermes dont la culture ne m'a pas paru des plus avancées; on y faucille les froments à plus d'un pied de terre, pour faucher ensuite les chaumes, comme cela se pratique dans le centre de la France. Les froments sont cependant semés en lignes et les féverolles qui sont en général manquées en Angleterre, sans être belles dans ces excellentes terres, ne sont cependant pas mauvaises.

Je suis arrivé à la station de Pattrington vers une heure moins un quart. Il m'a fallu ensuite une bonne demi-heure pour me rendre à la très remarquable ferme de ce nom, qu'un de MM. Marshal, grands fabricants de toile de lin à Leeds, a fait construire il y a douze ou treize ans, sur une terre de quatre cents hectares très fertiles qu'il a acquise alors. Un bon gros homme du pays se trouve le chef de cette culture. Il est logé d'une manière un peu mesquine, si on compare l'habitation aux énormes bâtiments de ferme. Le baillif m'a dit qu'il nourrissait une demi douzaine de garçons laboureurs qui ne sont pas mariés, et qui gagnent de 250 à 400 fr. suivant leur âge et habileté. Ceux qui sont mariés ont deux schellings par jour sans logement. Le baillif m'a fait voir de belles remises, un grand atelier de charronnage avec sa forge; une énorme grange contenant une machine à vapeur de la force de douze chevaux, sa batteuse avec les accessoires, deux paires de meules à faire de la farine, etc. etc., une pompe qui monte l'eau dans un grand réservoir, d'où elle se rend dans toutes les parties de la ferme où elle peut être utile.

J'ai vu, en fait d'instruments, des semoirs de Hornsby, les machines de Croskyll de Beverley, grand fabricant qui demeure à sept ou huit lieues d'ici. J'y ai vu aussi une moissonneuse de Bell non perfectionnée; elle ne coupe bien que les grains peu hauts, mais elle fauche bien, m'a-t-on dit. On n'a ici que les charrues de Small sans perfectionnements, celle de Ransome sans avant-train, enfin celle de Howard. Ayant demandé au chef de culture laquelle de ces deux dernières charrues lui convenait le mieux, il me dit que c'était celle de Ransome surnommée Free Trade Plough, et qu'elle demandait moins de force de traction que celle de Howard de Bedford à deux roues inégales.

J'ai surtout été content des étables faites pour contenir une trentaine de vaches à lait qui ne s'y trouvent qu'en hiver. Ce sont des croisées durham. De six rangs de boxes, occupées dans la mauvaise saison par soixante-dix-huit bêtes à l'engrais, chaque paire de rangs de boxes a son chemin de fer, pour aider à la distribution de la nourriture et à l'enlèvement du fumier. Il y a ensuite quatre rangs de hangars, qui ont aussi leur chemin de fer pour chaque double rang. Il existe beaucoup de cheminées pour dégager le mauvais air, car tous ces bâtiments n'ont que la toiture au-dessus des bêtes. Les hangars sont destinés aux élèves qui y sont très-bien abrités des vents violents qui règnent dans ce pays presque plat et entouré par la mer. Il y a ensuite des hangars mal abrités qui sont occupés par des bêtes du nord de l'Ecosse qui craignent peu le froid. On peut loger ici près de 200 bêtes bovines.

On les nourrit en hiver avec des racines et de la paille hachée arrosée avec de l'eau bouillante dans laquelle on a fait dissoudre de la farine de fèves et du tourteau de lin, car on ne connaît point ici les mérites de ceux de colza, qui ne coûtent que moitié de ceux de lin.

Toutes les bêtes, attachées en boxes ou lâchées dans des cours garnies de hangars, peuvent boire lorsqu'elles en ont envie, car il y a partout des abreuvoirs qui reçoivent continuellement de l'eau, dont le trop plein s'en va par des tuyaux placés sous terre.

Le baillif m'a fait voir des froments très-beaux et m'a dit qu'il en avait récolté une année jusqu'à soixante-dix hectolitres par hectare. Sa récolte n'est pas terminée. Il espère avoir cinquante hectolitres et dit que cela lui arrive encore assez souvent ; ses trèfles de cette année ont bien des taches, qui proviennent de la verse des froments.

Les trèfles de l'an dernier, mêlés de ray-grass d'Italie, sont d'une grande hauteur et épaisseur. Il y a sur la ferme un beau et très-nombreux troupeau de bêtes new-leicester. Un des fils du propriétaire de cette belle ferme habite à un kilomètre de là. Son oncle a construit au bord du chemin de fer de grands bâtiments pour y rouir du lin dont il cherche à introduire la culture dans ces fertilissimes terres d'alluvion. Il fait venir les lins des environs d'York.

Je me suis rendu de Pattrington à une station plus loin qui aboutit à un village dont la création a été commencée il y a cinq ans, pour devenir des bains de mer. La société du chemin de fer a construit un superbe hôtel pour recevoir les baigneurs. Il a coûté 400,000 fr. et n'a pu se louer que 5,000 fr. Il y a déjà un grand nombre de jolies maisons construites, mais tout cela est fort triste, pas un arbre, pas un jardin sur d'excellentes terres fortes qui collent aux pieds après la moindre pluie.

Les hautes marées rongent la côte qui a une épaisseur de quinze ou seize pieds d'excellente terre argileuse. J'ai vu deux pauvres vieillards ayant chacun deux ânes avec lesquels ils vont chercher sur les bords de la mer des cailloux qu'ils transportent dans les rues qu'on va macadamiser ; celui que j'ai interrogé m'a dit qu'on lui payait un shelling par tonne de cailloux, il faut cinq tours de ses deux ânes pour former une tonne ; il peut monter quatre ou cinq tonnes par jour, cela lui fait quatre ou cinq shellings, mais il faut là-dessus se loger, se nourrir ainsi que sa femme et enfin les deux ânes ; il faut ramasser avec un rateau les cailloux et les charger. Il m'a dit qu'il y avait anciennement une église autour de laquelle se trouvait le cimetière, et que la mer a enlevé l'église et fait disparaître le cimetière, où se trouvaient enterrés son père et sa mère , il y a de cela quarante-cinq ans.

J'ai aperçu un très-grand champ de fort beau lin, et un fermier que j'ai rencontré m'a dit qu'il venait d'en vendre trois hectares soixante ares pour cent huit livres ou 2,700 fr., ce qui n'est pas cher s'il était aussi beau que celui que j'ai vu. Les betteraves globes cultivées fort mal par de pauvres journaliers étaient énormes.

J'ai couché à Hull et en suis reparti le lendemain matin pour visiter M. Wells, grand fermier qui habite à Ayrmin , une fort jolie habitation entourée de très-beaux arbres. Il était à la chasse et je n'ai pu le voir. On m'a dit que je trouverais son chef de culture dans une autre grande ferme qu'il fait aussi valoir à une lieue de son habitation , et malheureusement le baillif était aussi absent. J'ai visité la ferme bâtie il y a peu d'années et qui est fort commodément arrangée. J'y ai vu une bonne machine à battre, un grand semoir avec la houe à cheval de Garett, des scarificateurs, des buttoirs pour les énormes champs de pommes de terre qui étaient fort propres et bien buttées, un rouleau Cambridge, une herse de Norwège, de bonnes charrues. J'ai compté une quarantaine de grandes meules fort bien faites et très-bien couvertes; pour les faire on pose de la longue paille devant soi sur la meule, et on la fixe au moyen d'une corde assez mince qui a été trempée dans du goudron de gaz; on entoure avec elle un bâton pointu par un bout et ayant soixante centimètres de longueur, qu'on enfonce horizontalement dans la meule pour maintenir la paille; ces cordeaux, qui font le tour de la toiture de la meule, ne sont guère séparés les uns des autres que par soixante centimètres, afin d'éviter que la violence des vents ne vienne déranger la couverture.

M. Wells élève des chevaux de luxe dont les juments ne sont attelées qu'à deux aux charrues, car ces excellentes terres d'alluvion ont encore le mérite de n'être pas difficiles à cultiver. J'ai vu un grand nombre de ces beaux attelages, occupés à labourer très-superficiellement les chaumes entre les rangs des moyettes de froment ou de fèverolles, qui n'étaient pas encore enlevées.

J'ai rencontré dans les environs de Howden, jolie petite ville où se tient une grande foire de chevaux de luxe dans le mois de septembre, plusieurs voitures chargées de lin qui se dirigeaient vers la station du chemin de fer que je venais de quitter. J'ai remarqué entre cette ville et Gool, fort jolie ville et petit port qui ne date que d'une vingtaine d'années, un certain nombre de champs considérables qui avaient produit du lin. Cette culture convient parfaitement dans ces terres d'une si haute fertilité.

Ce pays se trouve entre trois rivières dans lesquelles la marée remonte : c'était anciennement un immense marais qui, au moyen de travaux bien entendus, est devenu une des plus riches parties de la Grande-Bretagne.

Je suis parti de Gool en chemin de fer vers une heure. Le pays que j'eus à traverser entre cette ville, Normanton, Derby, Leamington, Warwick, Stratford on Avon et Oxford, m'a paru beau et riche pendant la plus grande partie de ce voyage. Ayant couché à Derby et le lendemain à Oxford, je revins sur mes pas le jour suivant jusqu'à Shipping-Norton-Junction, station isolée où le convoi de la veille, sur lequel je me trouvais, ne s'était pas arrêté. J'eus environ six kilomètres à faire à pied par un très-beau temps qui était fort chaud, pour me rendre chez M. Langston, membre du Parlement, à Sarsden-Lodge, que M. Fowler m'avait engagé à visiter pour sa culture remarquable et comme ayant une machine à labourer à la vapeur. M. Langston, dont la sœur avait épousé lord Ducie, qui est mort il y a quelques années, a donné sa fille unique à son neveu le présent lord Ducie que j'avais vu monter en wagon avec mylady et ses deux jolis enfants, au moment où j'en descendais.

M. Langston cultive huit cents hectares, et cela à ce qu'il m'a paru avec une grande habileté. Quatre de ses nombreuses fermes se trouvaient placées dans un village dont toutes les maisons, sauf une, sont sa propriété, et où il a construit une forte belle église, qui a coûté 150,000 fr. L'agglomération de ces quatre fermes l'a décidé, à cause de l'éloignement où elles se trouvaient des terres qu'elles cultivaient, à les transformer en maisons de journaliers et à en reconstruire d'autres d'une manière bien plus convenable et commode au milieu de leurs terres et herbages. Il m'en a fait visiter trois dans lesquelles j'ai vu des étables très-simples et très-commodes pour le bétail et pour ceux qui le soignent.

Les maisons destinées aux futurs fermiers sont spacieuses mais simples et cependant convenables à de bons fermiers. Elles seront comptées dans les futurs loyers pour 1,500 fr. en sus de la valeur des terres, m'a dit M. Langston ; il employait des bœufs pour les travaux de culture, et j'ai vu des bœufs croisés durham, depuis bien des générations, et élevés chez lui, ainsi que des herefords qui ont la réputation d'être de bons travailleurs, qu'il avait achetés. Je lui ai demandé si les durham, qui sont presque purs, travaillent aussi bien que les herefords, et il m'a répondu, en même temps que le maître valet qui nous accompagnait, qu'ils n'y trouvent pas de différence et qu'ils ne faisaient qu'un quart de moins de labours que de bons chevaux. On les a mis à l'engrais depuis l'acquisition de la charrue à vapeur.

Chacune des nouvelles fermes a une machine à vapeur à poste fixe de la force de douze chevaux, coûtant 5,000 fr. et la batteuse 2,500 fr. ; mais il y a ensuite les machines accessoires, entr'autres une paire de meules pour moudre les grains destinés au bétail, car on moud ici l'avoine avec moitié orge pour les chevaux et les veaux. Toutes les bêtes à cornes reçoivent pendant l'hiver trois livres de tourteaux de lin et celles qu'on engraisse six.

M. Langston, ayant beaucoup de prés, donne à son bétail du foin pour un tiers ou moitié de sa nourriture. Cela fait qu'il ne leur donne pas autant de racines, d'abord parce qu'il est persuadé que cent à cent vingt livres par tête, ne leur sont pas profitables, ensuite parce que ses terres calcaires n'ayant pas toujours une grande profondeur et le climat de sa position plus au sud ne sont pas aussi favorables à la production des racines. Tous les fourrages passent par le hache-paille et sont mélangés aux tourteaux et aux racines coupées.

M. Langston m'a fait voir dans la première ferme un beau taureau courtes cornes, âgé de quinze mois, qui a remporté le second prix à Warwick, et qu'il compte vendre, car il a acheté celui qui avait remporté le premier prix ; il avait été élevé et présenté au concours par sir Charles Knightley, éleveur à haute réputation et cela de longue date ; un beau veau mâle de couleur blanche, âgé de huit mois, était aussi destiné à être vendu ; mais je n'ai pu savoir les prix qu'on veut de ces trois belles bêtes, le régisseur se trouvant absent. Nous sommes allés ensuite dans les prés des trois fermes voir les vaches durham de pur sang qui m'ont paru fort belles ; il m'en a montré une achetée récemment 2,500 fr. et qui était loin d'être la plus belle. J'ai vu dans la troisième ferme un taureau que M. Langston a loué pour une année 3,750 fr. du capitaine Gunter, dont l'agent, M. Knowles, venait d'envoyer un homme, avec deux vaches blanches, la mère et la fille, pour être servies par son taureau qui est du sang de M. Bates, quoiqu'il y en eût d'autres du même sang dans la ferme de Wheterby. Cela fait voir combien les éleveurs distingués tiennent à ce que leurs vaches soient saillies par des taureaux qui aient les qualités des défauts des vaches et souvent les défauts des qualités des vaches, afin de corriger dans les produits les imperfections de la femelle par les qualités du mâle, et celles du mâle par les mérites de la femelle, et pour que les mêmes qualités, qui pourraient exister chez les deux parents, ne donnent pas un défaut au produit en place de ces qualités.

M. Langston possède un troupeau de six cents brebis et leur suite, race convenant bien aux terres calcaires, et·en même temps celle en usage dans ses environs; je lui ai demandé quelle race il préférerait, si les circonstances ci-dessus indiquées n'existaient pas; il m'a répondu que ce serait la race des shropshiredowns qui sont plus gros que les southdowns, donnent pour plus d'argent de laine, et sont en même temps plus rustiques que les autres races. La même chose m'avait été dite la veille par un fermier du Derbyshire avec lequel je m'étais rencontré en wagon, mais qui se trouvait, par les habitudes de ses environs, forcé d'employer des béliers lincolnshire à toisons très longues et bien fournies, qu'il achetait le 2 octobre à la foire de Peterborough, dans les prix de dix à douze livres, pour les croiser avec les brebis dishleys qui existent dans son pays.

M. Langston, ayant fait établir un appareil destiné à faire chauffer les fers de repassage, en même temps qu'une pièce où l'on sèche le linge, s'en est si bien trouvé, par l'économie de bras et de chauffage, qu'il en fait établir dans toutes ses fermes, car, dit-il, dans un climat aussi humide que le nôtre, le blanchissage et surtout le séchage du linge est extrêmement embarrassant: cela force les fermiers d'avoir une lingerie bien plus considérable, ce qui diminue leur capital qui est presque toujours trop petit dans les entreprises agricoles.

Il est excellent pour les pauvres ouvriers dont un très grand nombre est logé dans des maisons à lui; ils sont fort bien logés pour 62 fr. 50 c. par an, tandis que ceux aussi bien logés que les siens, paient plus de 100 fr.; il leur donne par ménage un jardin, et ceux qui le désirent, peuvent avoir dans un champ formant trois soles partagées dans leur longueur par deux chemins, de manière que les voitures puissent approcher de toutes les parcelles dont l'étendue est de quatre ares; chaque ouvrier qui en veut doit en prendre trois parcelles qui doivent être béchées et tenues proprement : une d'elles doit être plantée en pommes de terre et être très bien sarclée, dans la seconde ils doivent faire des fèves aussi tenues bien nettes, dans la troisième du froment; j'ai oublié le prix du loyer, mais assurément il est peu élevé.

Il a arrangé un petit bâtiment où les journaliers peuvent à tour de rôle venir battre sur un pavé à grandes dalles leur petite récolte, ou les glanes de leurs enfants; ceux qui cultivent remettent au policeman 60 cent. et ceux qui n'ont que des glanes 30, et au moyen de cela cette petite grange se trouve entretenue de fléaux, pelles, tamis et autres ustensiles dont on a besoin en pareil cas.

Je suis allé coucher à Londres, et en suis reparti le lendemain matin 5 septembre pour Rothamsted, près Saint-Albans, afin de visiter M. Lawes, le grand expérimentateur, qui a commencé il y a vingt ans à faire des expériences comparatives de culture et chimie agricole; il a dépensé dans la première moitié de ce temps, consacré entièrement à chercher à éclairer sa science agricole, chaque année plus de 1,000 liv. sterlings, et dans la seconde moitié plus de 1,500 liv. à ces recherches et essais comparatifs. M. Lawes était absent, ainsi que son régisseur, M. Ransome. Je trouvai le docteur Gilbert, savant chimiste, qui travaille avec M. Lawes depuis seize ans à ces recherches. Il a eu la complaisance de me faire voir tout son grand et beau laboratoire qui, au lieu d'être comme en 1851 dans une petite grange arrangée à cet effet, est placé maintenant dans un beau bâtiment où une dizaine de personnes sont employées à préparer, à faire et à enregistrer ces analyses ; ce bâtiment a été construit au moyen d'une souscription qui a produit plus de 40,000 fr. ; elle avait été organisée et remplie par les agriculteurs des comtés environnants qui ont voulu, par là, donner un témoignage de leur reconnaissance à M. Lawes, de tout ce qu'il a fait depuis si longtemps et avec une si grande persévérance dans l'intention d'être utile à l'agriculture.

M. Gilbert m'a dit que M. Lawes avait bien dépensé 50,000 fr. à arranger et à meubler l'intérieur de ce grand laboratoire qui contient l'immense quantité d'analyses qu'on a faite ici depuis vingt ans, dont on conserve les résultats dans des bocaux, bouteilles et fioles bien bouchés. Une immense quantité de registres contiennent les comptes-rendus par écrit des analyses. J'ai vu chauffer dans cinq fours des espèces de plats creux, en platine, contenant autant d'objets en train d'être analysés ; ces plats coûtent, m'a-t-il été dit, de 3 à 500 fr. la pièce.

M. Lawes a fait construire une charmante petite maison pour M. et Mme Gilbert ; elle se trouve près de la route par où passe l'omnibus qui m'avait amené de la station du chemin de fer de Saint-Albans.

Non loin de là se construisait une grande caserne, ou réunion de logements de ménages d'ouvriers ; la façade présente au rez-de-chaussée une porte et une croisée et deux croisées au premier ; chacun de ces logements est séparé de celui de ses voisins et a son escalier.

J'ai vu ensuite une jolie maison n'ayant qu'un rez-de-chaussée, partagée en plusieurs salles, dont une est réservée aux lectures et allocutions que l'aumônier vient faire certaines soirées de la semaine, et les autres pièces servent à réunir les membres du club des ouvriers dans un lieu où ils peuvent aussi avoir des rafraîchissements à prix coûtant, ce qui les empêche de fréquenter les cabarets. Ce club est entouré des petits champs que M. Lawes leur loue pour y faire leurs pommes de terre, etc., etc.

J'ai rencontré l'aumônier, superbe vieillard de soixante-cinq ans, mais n'en paraissant pas plus de cinquante. Il est fort grand et a la plus belle et la meilleure figure qu'on puisse voir. Il est veuf, a sept enfants tous établis, dont deux sont chirurgiens dans l'armée. Il m'a dit avoir habité la France pendant six ans et se ressouvenir toujours avec plaisir de ce temps. Il a comme moi appris étant âgé de cinquante ans, lui un peu de français et moi à parler fort mal l'anglais. M. Gilbert a eu aussi la complaisance de me faire visiter la ferme, où les chevaux sont tenus en boxes comme cela avait déjà lieu lors de ma première visite, en 1851. Ils n'y sont pas attachés et peuvent ainsi bien mieux se reposer. Ils se voient sans pouvoir se toucher. J'ai vu là de nombreuses meules de céréales et de foin très bien faites ; elles sont posées sur des pieds en fonte. Les chaumes des céréales sont épais, quoique en lignes, et annoncent avoir donné de belles récoltes qui avaient été sarclées à la houe à cheval ; les betteraves, rutabagas et navets, étaient très beaux et bien sarclés. M. Gilbert m'a fait voir des expériences faites depuis seize ans sur le même terrain, où l'on cultive depuis cette époque, sur de petits lots d'une terre argileuse pleine de petites pierres, toujours du froment, non fumé sur le numéro un, et fumé avec diverses espèces d'engrais sur les autres. La même chose se fait pour l'orge, l'avoine, les fèves, les vesces, le trèfle, les betteraves, rutabagas, navets etc., etc. Le froment revenant tous les ans, avait fini par tellement se remplir de mauvaises herbes, et surtout de folle avoine, qu'on a été obligé de le semer sur un espèce de billon large d'un pied, en laissant la même largeur de terrain sans y rien semer, afin de pouvoir bien le sarcler et ès-herber. La féverolle ne voulant plus venir du tout au

bout de dix ans, on a été quatre ans à semer autre chose
sur ces parcelles, et on a recommencé à la cultiver
depuis deux ans. Les rutabagas et navets qui ne rece-
vaient pas de fumier avaient fini par disparaître. Les
essais de culture successive de trèfle n'ont pas mieux
réussi, malgré l'emploi de bien des engrais divers, excepté pendant quelques unes des premières années ;
le trèfle levait bien, mais disparaissait en hiver.

Bien des engrais ont aussi été essayés sur les prés, et
ce qu'il y a de plus remarquable, c'est que sur les parties
qui ont reçu plusieurs années de suite des engrais am-
moniacaux, toutes les légumineuses ont disparu, tandis
que les parcelles qui ont reçu les engrais minéraux, en
sont couvertes. L'herbe des premières parcelles est d'une
qualité bien moindre, mais elle est si serrée et si abondante, qu'en définitive elle vaut davantage que celle des
parcelles pleines de légumineuses.

Le docteur m'a dit que sur une moyenne de dix
années les froments de la grande culture produisent
quarante bushels ou cinq quarters par quarante ares, ce
qui ferait trente-cinq hectolitres par hectare. Quelques
années en donnent moins, mais d'autres produisent
jusqu'à cinquante bushels, ou boisseaux, ce qui ferait
par hectare quarante-cinq hectolitres, cela comme
moyenne d'une grande culture. Le docteur m'a fait
faire un bon dîner et m'a ensuite reconduit à la station
du chemin de fer de St-Albans.

Je me suis arrêté à Watford pour visiter la ferme de
lord Essex, ce qui m'a fait traverser une assez grande
partie du grand parc de ce seigneur, où se trouvent des
arbres séculaires encore plus remarquables que ceux du
parc de M. Lawes. On voit très fréquemment dans la
Grande-Bretagne des chênes ayant quinze ou vingt pieds
de tiges sans branches, des hêtres, des frênes, des ormes,
des plânes, érables et tilleuls, ayant à la hauteur de cinq
pieds au-dessus du sol, de quinze à dix-huit pieds de

tour; les arbres résineux et les cèdres y sont moins âgés.
La jolie ferme de lord Essex ne contenait que quatorze
vaches, que je suppose être des bêtes croisées durham,
des cochons noirs de race essex perfectionnée, de bons
instruments mais rien de bien nouveau. Le chef de culture étant absent, je n'ai pu trouver personne pour me
renseigner; les champs cultivés étant loin de la ferme,
qui est entourée d'herbages où je ne vis, comme dans le
reste du parc, que des bêtes à laine d'espèce hampshire-
down, mélangées avec les daims, ma visite a été manquée.
J'avais entendu dire ou lu, que lord Essex avait essayé
du système d'arrosement avec des engrais liquides
passant dans des tuyaux de fonte posés sous terre et
j'eusse désirer les visiter, mais j'ai été obligé d'y renon-
cer à regret, le jour baissant.

Je suis reparti le lendemain à six heures du matin par
un train express qui m'a rendu en deux heures à Cambridge. Je n'ai donc pu m'arrêter à la station de Shelford,
qui n'est qu'à deux milles de la ferme de Babraham, où
je voulais me rendre pour visiter le fameux cultivateur
et éleveur de southdown et de courtes cornes, M. Jonas
Webb, que j'ai trouvé chez lui, mais fort souffrant de
la goutte, ce qui ne l'a pas empêché de me conduire dans
une de ses fermes malgré une pluie à verse, mais nous
étions dans son coupé. Il me fit voir une assez grande
partie de ses cent soixante durham, qu'il a fait amener
dans une grange où nous étions à couvert et pouvions
admirer à notre aise ces très belles bêtes. Nous avons
visité ensuite la jeunesse qui se trouvait dans les étables.
M. Jonas Webb a commencé, dès qu'il a eu une ferme, à
former son magnifique troupeau de southdown, et n'a
pu penser à se créer une vacherie de courtes cornes qu'il
y a vingt-cinq ans; mais il n'a reculé vis-à-vis d'aucune
dépense, pour arriver à son but, en achetant d'excellents
reproducteurs dans les étables les plus renommées, et il
a réussi ainsi à former une vacherie qui est très belle et

en même temps des plus nombreuses d'Angleterre. Il n'a pu améliorer autant son troupeau, que parce qu'il avait une énorme quantité de béliers, dans lesquels il pouvait choisir ceux qui avaient le plus de bonnes qualités, et en formant un grand nombre de lots de brebis parfaitement appareillées, c'est-à-dire ayant autant que possible les mêmes qualités et les mêmes défauts. Il a cette année treize lots de brebis aussi pareilles que possible dans chaque lot. Il donne à chacun de ces lots les béliers qui ont les qualités qui manquent aux brebis dudit lot, et qui pèchent du côté où les brebis ont le plus de mérites ; voilà la manière que les bons éleveurs emploient pour améliorer leurs troupeaux. Pour pouvoir faire cela il faut d'abord acheter un bon fond de bêtes, et leur fournir les béliers qui leur conviennent, et si on ne les a pas chez soi, il faut aller les choisir ailleurs et les avoir coûte que coûte. Il fait de même pour les durham. Il a un grand nombre de taureaux, au point qu'une année il en a vendu trente-cinq ; il peut donc choisir parmi eux. Il cultive trois fermes et réunit dans chacune d'elles les vaches qui se ressemblent le plus. Il tient dans les fermes plusieurs taureaux choisis pour les vaches qu'ils doivent servir. Dans la première ferme que nous visitions, il y avait cinq taureaux pouvant faire le service et on choisit soigneusement celui qui convient le mieux à la vache qui doit être saillie. M. Jonas Webb fait partir demain pour la Nouvelle-Zélande, un jeune taureau vendu 150 guinées, et quatre génisses pleines pour 408 guinées.

Ses vaches sont très-productives, et pour obtenir cette qualité, il nourrit les jeunes bêtes très-fort jusqu'à l'âge de deux ans, époque où ordinairement elles produisent leur premier veau. M. Jonas ne laisse pas téter les veaux, non qu'il suppose que cela ne convienne pas mieux à l'élève des veaux, mais afin de disposer les vaches à prendre le plus vite et avec le plus de succès le taureau , ce qui arrive le plus souvent trois semaines après le vélage.

M. Webb m'a fait voir une vache pure durham (il n'en a pas d'autres), âgée de quinze ans, dont il a obtenu treize veaux qui ont prospéré ; une autre, âgée de onze ans, qui vient de lui donner son onzième veau ; une autre vache lui a donné neuf veaux ; une autre, qui n'a pas encore sept ans, lui en a donné sept ; une de ses vaches qui n'a que six ans, lui a donné huit veaux en quatre parts. Ce que je viens de citer d'après M. Webb, doit faire voir que lorsqu'on sait bien soigner et diriger les vaches durham, elles peuvent donner autant de veaux qu'aucune des autres races de bêtes à cornes.

Le temps ayant fini par s'éclaircir, nous avons pu aller visiter sept ou huit lots de brebis, sur treize qui ont été appareillés. M. Webb a sept cents brebis mères et quatre cents béliers, les agneaux mâles conservés comme reproducteurs compris. Il lui arrive quelquefois d'avoir cent cinquante agneaux élevés par cent mères, mais le plus souvent il en a cent trente avec cent brebis. Il a loué quelques béliers jusqu'à deux cent cinquante guinées pour une saison de monte, mais la moyenne du loyer de ses béliers est entre vingt et vingt-cinq guinées. Le poids moyen de ses moutons, âgés de douze à quatorze mois, est de quatre-vingts livres anglaises de viande nette. Il m'a dit qu'il vendait pour les pays étrangers de très-bons béliers, dans les prix de dix, quinze et vingt guinées, étant âgés de quinze à dix-huit mois et les antenaises dans ceux de cinq à dix guinées.

Il m'a dit qu'il réformait les antenaises dont la première toison, l'agneau n'ayant pas été tondu, ne pèse pas sept livres. Il dit que les toisons des brebis sont en moyenne du poids de cinq livres, et celles des béliers de huit à neuf. La laine se vend de 1 fr. 60 à 1 fr. 80 la livre lavée à dos.

M. Jonas Webb m'a fait voir un très-bel étalon de

race suffolk qu'il a élevé, et qui est le fils d'une jument âgée de vingt-un ans lorsqu'elle l'a fait et qui a remporté beaucoup de primes. Cette jument a donné depuis un autre poulain et est encore pleine. Il a seize juments suffolk, qui sont employées à ses travaux de culture et qui lui font des poulains. Il a aussi une belle porcherie de race essex, mais n'en élève pas un grand nombre.

M. Webb suit l'assolement de quatre ans, mais la nature de ses terres ne lui permet de semer du trèfle que tous les six ans pour l'avoir bien réussi. Il met du trèfle hybride dans une des soles à fourrage, dans l'autre du sainfoin à deux coupes qui ne dure qu'un an à moins qu'il ne soit très-beau, et dans ce cas il laisse cette pièce de sainfoin pendant quatre ans, afin de ne rien changer dans l'assolement. Il met du trèfle blanc, de la lupuline et du ray-grass d'Italie dans la troisième sole qui ne peut porter du trèfle ordinaire. Il m'a dit, comme beaucoup d'autres cultivateurs, que les rutabagas et navets ne réussissent plus aussi bien qu'anciennement, et qu'ils manquent assez souvent; enfin qu'ils produisent bien moins de poids que les betteraves globes jaunes, ce qui fait que la culture de cette excellente racine augmente tous les ans. Ses béliers avaient encore dans leurs parcs des betteraves de l'an dernier les 5 et 6 septembre, et on avait commencé depuis deux jours à en arracher de nouvelles pour leur en donner ainsi qu'aux agneaux-béliers. Ces jeunes globes ont déjà de six à sept pouces de diamètre et jusqu'à un mètre de tour; je n'en avais pas encore vu d'aussi gros cette année. On n'en donnera plus dès que le colza fourrage sera bon à être abandonné à ces belles bêtes.

J'ai vu des lots d'agneaux-béliers dans un parc assez étendu où se trouvait un coin d'un champ semé en sainfoin en lignes, dont ils mangeaient la seconde coupe en fleurs ayant dix-huit pouces de haut et étant assez épaisse.

Une autre partie du parc était en colza ayant la même hauteur et il était aussi semé en lignes.

On ajoute à cette si bonne nourriture verte une livre de provende composée par quart, de farine de fèves, orge, avoine et tourteaux de lin. C'est comme cela qu'on nourrit ces jeunes béliers devant être loués en moyenne au moins 500 fr., et dont les moins beaux sont vendus pour les pays lointains de 250 à 500 fr. ; mais les plus beaux loués ou vendus arrivent jusqu'à 3,000 fr. et quelquefois plus.

M. Webb m'a dit qu'il donnait de préférence les plus jeunes béliers aux plus vieilles brebis, et les plus vieux aux plus jeunes femelles. Il compte qu'un bélier doit servir cinquante-cinq brebis, mais il en donne aux plus jeunes mâles jusqu'à soixante-dix. Les maîtres valets reçoivent chez lui depuis 17 fr. 50 à 22 fr. 50 par semaine et sont logés ; les laboureurs 13 fr. 75, ils ont tous un jardin. La moisson de cette année s'est faite dans le commencement pour 31 fr. 25 l'hectare, et a coûté le double à partir du moment où elle était à moitié faite.

M. Jonas Webb m'a dit qu'un grand nombre de ses vaches sont de bonnes laitières, elles donnent le plus ordinairement quatre gallons ou dix-huit litres pendant les trois premiers mois après le vélage, ensuite trois gallons et enfin deux ; beaucoup de celles que j'ai vues avaient des pis énormes et de beaux écussons. Les veaux boivent le lait de leur mère ; ils reçoivent aussi dans le commencement de la farine de froment, plus tard un mélange de farine d'orge, d'avoine et de tourteaux de lin. Ils en consomment au bout de peu de temps une livre par jour, et cette quantité est augmentée à mesure qu'ils grandissent, jusqu'à la dose de deux livres de tourteaux et quatre de farine. La première année ils mangent trente-six litres de racines et dans la seconde soixante-douze et même jusqu'à quatre-vingt-dix.

Les jeunes mâles pas assez bien faits pour rester taureaux sont vendus gras âgés de deux ans, et pesant de sept à huit cents livres, viande nette. Lorsqu'une vache avorte, on la sépare de suite des autres qui seraient, dit-il, occupées à la sentir et finiraient par faire de même. Il ne les présente au taureau que dix mois après l'avortement, mais les nourrit très-bien, afin de leur conserver leur lait. M. Webb m'a dit que les taureaux vendus chez lui le moins cher le sont à quarante guinées et que les meilleurs dépassent le chiffre de deux cents.

La plus grande partie de ses terres étaient assez mauvaises lorsqu'il a commencé à les cultiver, il y a de cela quarante ans, mais elles sont devenues bonnes à force d'engrais et de labours profonds. Ses froments sont fumés et les racines reçoivent quatre à cinq cents kilos d'engrais sang par hectare; cet engrais contient outre le sang qui y entre, une plus grande partie encore d'autres engrais.

Il m'a dit qu'il avait essayé de tous les engrais qui se trouvent dans le commerce, et que c'est l'engrais sang qui pour la même somme d'argent, avait toujours donné les plus belles récoltes. Il ajoute à cet engrais le même poids de sel, excepté pour les terres fortes que le sel durcit, il ne leur en donne donc que moitié.

Il ne payait lorsqu'il est entré dans la ferme que 52 fr. par hectare, et son loyer actuel dépasse 77 fr. Il paie 94 fr. d'une ferme de cent trente-deux hectares appartenant à la sœur de sa femme, car la terre en est bien meilleure.

Il cultive quatre cent quatre-vingts hectares de terres labourables et en a quarante en prés. Sa récolte d'orge ayant été mouillée, il la fera consommer par son bétail qui la paiera plus cher qu'elle ne le serait au marché. Les brasseurs ayant de si forts droits à payer, ne se servent que d'orge de première qualité.

Mme Webb a neuf enfants qu'elle a eu le bonheur d'élever tous. J'ai vu son fils aîné ainsi que le plus

jeune. Le premier est fermier et le second aide son père.
Il n'y avait que trois demoiselles à la maison, et toute
cette jeunesse est fort belle, ce qu'on trouve très naturel
lorsqu'on voit les parents. J'ai admiré le caractère doux
de M. Webb qui, malgré son grand état de souffrance
occasionné par une forte attaque de goutte, ayant eu à
réprimander des gamins chargés de surveiller les diffé-
rents lots de brebis ou béliers, leur parlait d'une manière
calme mais faisant impression. Ce qu'il y a de bien
remarquable dans cette culture, c'est que M. Jonas
Webb est maintenant aussi bon éleveur de bêtes courtes
cornes que de southdowns, pour lesquels il a acquis une
réputation non seulement européenne, mais aussi sur
tout le globe, car il expédie de ses animaux dans les
quatre parties du monde. Il faut dire aussi que c'est la
chose la plus rare, que de voir un cultivateur exceller à
la fois dans l'élevage des bêtes bovines et ovines, comme
cela est ici, et ajouter encore que M. Webb fait, sinon
sur une grande échelle, du moins de fort bons élèves de
chevaux de la belle race du Suffolk, et qu'il produit encore des cochons de très-bonne race, des essex améliorés.
Et enfin malgré tous les soins et occupations que cela lui
donne, sa culture est aussi bien soignée et entendue que
possible.

Je suis parti de Babraham pour Ipswich, sur un chemin de fer n'ayant qu'une voie, où la plupart des trains
sont mixtes et ne vont pas vite. Je ne suis arrivé que
vers une heure. Le pays que j'ai traversé est plat, peu
fertile et peu peuplé. Je me suis rendu de suite en arrivant à la manufacture d'instruments aratoires et de machines à vapeur locomobiles et autres, de MM. Ransome
et Sims, que j'avais déjà visitée dans deux de mes précédents voyages. Je venais prier ces messieurs qui
fabriquent les charrues à vapeur de M. Fowler, de m'en
faire connaître les prix et de m'en faire voir de plus une
à l'œuvre. Ils me remirent d'abord un superbe catalogue

bien relié et doré sur tranches, plusieurs cahiers contenant la description et des planches représentant les charrues à vapeur au repos et à l'œuvre. Ils firent atteler ensuite, et me donnèrent un de leurs principaux employés pour me conduire chez un grand fermier des environs de la ville, qui était en train de labourer avec leur fameuse charrue. Elle était près d'achever un champ d'une quarantaine d'acres de terres légères, où se trouvaient des pentes raides ainsi que d'anciennes marnières ou sablières, dont une avait dans le milieu huit pieds de profondeur, et qui avaient été bien labourées malgré ces grandes inégalités et les pentes raides de l'entrée et de la sortie de ces grandes fosses. On a mis quatre jours à achever la pièce, et deux hommes avec autant de garçons de quinze à seize ans qui paraissaient fort au courant de leur besogne, l'avaient apprise dans cette pièce de terre. J'ai été enchanté du labour de la quadruple charrue, qui aura fait ses quatre hectares par jour dans cette terre facile.

Un monsieur bien mis qui assistait à cette culture, me fut indiqué comme étant le fermier ; deux jeunes gens qui l'accompagnaient étaient ses pensionnaires et élèves en agriculture. Il m'a dit habiter à Buttley-Abbey, commune où M. Crisp, fermier très-connu, réside aussi. M. F. Wolton, m'a dit que c'est de chez lui que ce dernier a tiré les beaux cochons suffolk de couleur noire que j'avais trouvés si remarquables à l'exposition de Warwick. Il m'a dit que comme M. Crisp, il est aussi éleveur de chevaux de race suffolk qui remportent souvent des primes. Lui ayant demandé combien il vendait ses jeunes cochons, il m'a dit qu'il ne les vendait qu'à l'âge de trois ou quatre mois, et que leur prix était de cinq livres la pièce. Voici son adresse : Bell-Farm, près Ipswich, en Suffolk.

M. Ransome, les deux frères, et leur associé M. Sims emploient plus de onze cents ouvriers, dont les moins payés ont douze shellings par semaine, et les mieux rétribués gagnent jusqu'à quarante shellings ou 50 fr. pour six jours de travail.

Nous avons longé dans cette course une grande pièce de terre sur laquelle se trouvaient beaucoup d'assez jolies maisonnettes entourées de petits jardins, dans un desquels se trouvait une petite serre. Mon guide m'a dit que ces terrains avaient été achetés par une société qui s'était formée dans la ville afin de céder des parcelles de terre aux ouvriers économes qui auraient mis de côté une somme suffisante pour se construire une habitation et payer le terrain en un certain nombre de termes; cette facilité qu'ont les bons ouvriers de se loger et d'avoir un petit jardin, en a déjà décidé un assez grand nombre à s'y fixer, et on assure que cet exemple entraîne beaucoup de ces gens à se ranger et à économiser pour arriver un jour à avoir aussi leur maisonnette et jardin. La fabrique de MM. Ransome et Sims occupe une bonne partie d'un côté du bassin à flot qui a été construit depuis une quinzaine d'années.

Je suis allé coucher à Kelvédon pour visiter le lendemain M. Mechy. J'avais fait en 1840 le même voyage qu'aujourd'hui, et avais aperçu alors entre Cambridge et Ipswich, surtout du côté de Newmarket et Bury-Saint-Edmund, d'immenses bruyères; aujourd'hui je n'en ai vu que fort peu, excepté dans les environs d'Ipswich. Les terres m'ont paru généralement bien cultivées, on y voit d'immenses champs de récoltes sarclées, signe certain de bonne culture, car les racines bien fumées et sarclées sont la récolte qui fournit le plus de nourriture pour le bétail, à étendue égale, et elles produisent par conséquent le plus de fumier, le meilleur moyen d'obtenir de bonnes et abondantes récoltes.

J'ai remarqué dans ce pays beaucoup de scarificateurs à trois socs, de Bentall, qui servent à peler les chaumes, même avant l'enlèvement des moyettes. Je voulais

refaire une visite à M. Paccard, fabricant d'engrais pulvérulents, principalement composés de pseudo-copro-
lites, qu'il concasse et fait moudre ensuite pour leur
appliquer des acides sulfurique ou muriatique allongés
d'eau ; mais l'heure du chemin de fer m'en a empêché,
et ces messieurs m'ont dit qu'il avait fait une assez jolie
fortune depuis dix ans qu'il a entrepris ce commerce, et
qu'on tire maintenant une grande quantité de coprolites,
car on en a découvert des lits épais et d'une plus facile
extraction que ceux que j'avais visités il y a huit ans
dans ces environs.

Je me suis rendu le lendemain matin à Triptree-Hall,
chez l'alderman Mechy, distance de cinq milles de Kel-
vedon. Comme il était à Londres, je visitai la ferme
avec son maître valet, car il était trop tôt pour demander
madame. Ce jeune cultivateur m'a dit être depuis six
ans au service de M. Mechy. Il ne gagne que 18 francs
par semaine, mais il est nourri. Le grand nombre d'é-
trangers qui viennent visiter cette culture réputée augmente son petit revenu. Il m'a paru très intelligent et
avoir profité des leçons de son digne maître ; comme
c'était ma quatrième visite, je me contentai de voir la
ferme et les champs rapprochés. Les bêtes bovines à l'engrais, sont deux à deux par boxe ; elles ne reçoivent point
de litière, couchant sur des planchers à claires-voies, à
travers lesquels on fait passer les gros excréments, qui
sont entraînés avec les urines, par un petit courant d'eau
qui les conduit dans une vaste et très profonde citerne,
qui a coûté à elle seule 2000 fr.; une double pompe
mise en action par une machine à vapeur à poste fixe,
de la force de six chevaux, qui dessert aussi la batteuse ainsi que le coupe-racines, le hache-paille, et
les autres accessoires. Cette machine, qui existe d'ancienne date, sert encore à refouler le purin dans les
tuyaux en fonte posés sous terre ; un homme et un
garçon arrosent par jour deux hectares, mais il faut en-

core le chauffeur, qui, du reste, s'occupe aussi d'autres soins, en surveillant la machine. On se sert ici d'un nouveau genre de tuyaux flexibles, pour arroser les deux hectares de ray-grass d'Italie ; ils sont aussi en toile sans couture, mais on y applique deux couches d'une matière qu'on nomme en anglais *Indian rubber*, nom que je ne puis traduire ; cette préparation les fait durer bien plus longtemps que s'ils n'étaient pas enduits. Toute la propriété de M. Mechy, qui s'étend sur environ soixante-dix hectares, est pourvue de tuyaux souterrains ; on a donc arrosé aussi les trèfles, dont la seconde coupe est magnifique, malgré l'extrême sécheresse ; on a de même irrigué avec du purin les betteraves, qui sont ici aussi grosses qu'à Babraham. Quant aux rutabagas qui ont aussi reçu de l'engrais liquide, ils ne produisent guère que moitié des betteraves. M. Mechy achète les croisés durham devant être livrés à la boucherie âgés de deux ans, lorsqu'ils n'ont encore qu'un an. Les derniers achetés ont coûté 150 fr., et l'on m'a dit qu'ils seraient vendus au concours de Smithfield en décembre, de 700 à 750 fr., ce qui m'a paru fort exagéré. On tient ici un très grand nombre de cochons, dont une partie seulement y a été élevée, et le reste acheté ; les grands cochons sont tenus dans des pièces dont le plancher est en claire-voie. Les douze énormes meules que j'ai vues ont été estimées contenir chacune quatre-vingts hectolitres de froment ; elles sont toutes posées sur des pieds en fonte, et sont si bien faites, que je n'en avais jamais vu de pareilles, car le fond dépasse d'au moins quatre pieds leurs supports de fonte ; les gerbes ont été tellement serrées lorsqu'on faisait la meule, que leurs pieds, après qu'on eut fait la toilette de la meule, comme c'est partout l'usage dans la Grande-Bretagne, en se servant de vieilles lames de faux emmanchées comme un couteau, ont l'air d'être un plancher, dans lequel on n'aperçoit aucune fissure : il est impossible que les souris puissent s'y introduire.

M. Mechy donne sa moisson à faire à huit ouvriers qui travaillent habituellement pour lui, aux conditions suivantes, et cette année elle lui est revenue à 32 fr. 60 l'hectare, tandis que ses voisins qui n'ont pas de moissonneuses à fournir à leurs moissonneurs, ont payé 62 f. 60. Sa machine ne m'a pas paru être au niveau des moissonneuses perfectionnées de ce moment. Ces gens doivent couper avec la moissonneuse tout ce qui n'est pas trop versé, lier, mettre en douzaines, rentrer les gerbes avec des charrettes attelées d'un cheval qu'on leur fournit, enfin faire et couvrir les meules, le tout pour la somme ci-dessus indiquée et trente litres de petite bière par hectare. On m'a présenté ensuite un livre où les visiteurs inscrivent leurs noms et adresses; j'y ai vu ceux de quelques Français, mais ceux d'un grand nombre d'Allemands, Suédois et Russes. Il s'y trouve aussi quelques Italiens, Romains et Napolitains. Un jeune Français, M. Dutertre, est venu se loger dans un village voisin pendant un été, afin de pouvoir étudier la culture anglaise chez M. Mechy et chez les meilleurs fermiers de ces environs. J'ai fini par faire ma visite à madame, qui m'a dit que son mari regretterait infiniment de ne s'être pas trouvé chez lui à mon passage. J'ai admiré une énorme serre qui touche son salon, et qui contenait bien des arbres et plantes rares.

Je me suis rendu de Triptree-Hall dans la petite ville de Wilham, désirant visiter la grande culture de M. Crump, mais comme il était absent, je n'ai pu obtenir que fort peu de renseignements sur cette grande ferme. J'ai vu dans les hangars tous les instruments et machines perfectionnés, la moissonneuse de Hussey-Dray comprise. Je pensais y trouver aussi la charrue à vapeur de Fowler, mais on m'a dit que M. Crump lui avait fait labourer une bonne partie de ses terres, et qu'il avait été très content de son ouvrage, mais qu'il ne l'avait pas achetée, parce que son prix eût fait une trop grande brèche à son capital. M. Crump engraisse une très grande quantité de moutons. Lorsque la température le permet il en tue chez lui ainsi que des cochons, et les envoie à Londres. Les panses et parties des animaux qui ne peuvent être mangées sont mises en composts et forment d'excellents engrais. Le lait de ses vaches est vendu en détail à 80 centimes le gallon ou quatre litres et demi. On voit dans cette partie de l'Angleterre beaucoup de cultures maraîchères, dont les produits s'expédient à Londres; j'ai aussi remarqué dans les champs, de nombreuses bandes de cochons, qu'on m'a dit être engraissés dans les fermes, où on les tue pour les envoyer dans la capitale.

Etant revenu à Londres, je suis allé le lendemain à Wandworth et de là à une lieue plus loin, pour voir le labourage à vapeur établi sur des rails de chemin de fer, suivant le système inventé par M. Halket, mais j'ai trouvé l'établissement démonté. Il restait encore sous un hangar le plancher monté sur quatre roues, dessous lequel devaient être adaptés les charrues, les herses, semoirs, rouleaux qui devaient les uns après les autres exécuter les cultures, et qui se trouvaient épars et abandonnés sans aucune surveillance, à la bonne foi publique. Les deux petites machines à vapeur étaient encore exposées sur cette plate-forme, les rails étaient en partie démontés, enfin tout était détraqué. Ayant pu me procurer dans un cabaret voisin, l'adresse du pied-à-terre que M. Halket avait choisi, j'y trouvai une dame âgée, qui me dit que ce monsieur, qui est officier de marine, avait renoncé pour le moment à cette affaire, et qu'il se trouvait maintenant chez un frère, qui est ministre anglican.

J'ai vu dans cette course, encore assez éloignée de la station du chemin de fer, plusieurs rangées de petites maisons assez gentilles, à deux ou trois croisées, à rez-de-chaussée et premier, ayant des petits jardins, et

d'autres rangées formées de très belles maisons, construites le long d'une route suivant une assez jolie vallée
parcourue par un fort ruisseau. Malgré l'immensité de
la ville de Londres, qui s'agrandit chaque jour, tous les
environs, pour peu qu'ils offrent le moindre coup d'œil,
se garnissent de ces rangées de belles ou modestes
maisons.

J'ai quitté Londres par un nouveau chemin de fer
pour me rendre à Maidstone. Cette nouvelle ligne join-
dra bientôt les villes de Canterbury, Margate et Douvres
par une ligne directe traversant le comté de Kent, dont
une partie est fort jolie, grâce à de fort beaux et nombreux vergers, houblonnières, petits bois, et jolies maisons
de campagne. Je me suis rendu de Maidstone à Preston-
Hall, fort jolie habitation de M. Belts, qui est à sept
kilomètres de la ville. Je savais qu'il s'y trouvait une
belle et bonne culture, et que M. Morton le père, qui
avait été l'agent du grand-père du lord Ducie actuel,
avait construit en partie et arrangé la ferme de M. Belts,
comme il avait aussi construit celle de Porters, près
Watford, la ferme la mieux distribuée que j'aie jamais
vue. La ferme de Preston-Hall, sans être aussi bien que
la précédente, mérite encore d'être visitée par quelqu'un
qui voudrait construire. Il s'y trouve deux rangs de
boxes séparés par un chemin de fer; plus loin et toujours
le long des rails, un rang de stalles où les vaches laitières sont attachées, et de l'autre côté un autre rang de
stalles occupées par les chevaux de travail. Le chemin de
fer longe plusieurs hangars garnis de mangeoires où
se trouvent des élèves, qui sont en liberté dans des cours.
Il parcourt aussi les bords de la grange, va le long des
bâtiments contenant les greniers, et entre dans la cuisine
du bétail, car ici les grains destinés à cet usage sont
moulus et cuits. Tout le fourrage est coupé et les litières
le sont aussi. La paille tombe en sortant de la machine à
battre dans la maie du hache-paille et elle tombe dans

un magasin, si elle est destinée à la nourriture. La litière est transportée dans un hangar par une large toile
sans fin. Tout cela est arrangé de la meilleure manière,
pour éviter le plus possible la main-d'œuvre devenue si
rare et si chère. Les toits à cochons jouissent aussi du
chemin de fer. Enfin, je le répète, les propriétaires
voulant construire des fermes, ou les architectes chargés
d'en fournir les plans devraient avant de se mettre à
l'œuvre, visiter cette belle ferme, qui est si rapprochée
de Folkstone, et s'ils en avaient le temps, visiter encore
les fermes suivantes, qui peuvent aussi servir de modèles :
celle de lord Torrington, peu éloignée de la précédente,
située près de Tunbridge ; celle de lord Maclesfield, près
Wattlington, non loin d'Oxford ; celle de M. Marjori-
banks, près Henley on Thames, non loin de Reading ;
les trois fermes du parc de Windsor, culture du prince
Albert ; celle de M. Tucker, à Abbeymills, près Strat-
fort et Londres ; celle du duc de Bedford, à Wooburn
Abbey, près Bedford ; celle de Whitefield à lord Ducie,
près Tortworthcourt, non loin de Glocester ; celle de
Porters, auprès de Watford, à dix-huit milles de Londres,
la plus remarquable ; celle de Liscard, près Birkenhead
et Liverpool ; celles du colonel Mac-Doughal et de M.
Mac-Culloch, à Ancheness, près Port-Patrick (Ecosse) ;
celle de Pattrington, près Hull ; enfin celle de Burntuck,
à M. Lawson, dans le comté de Fife, aussi des plus remarquables.

En prenant dans toutes ces fermes ce qu'il y a de
mieux, on ferait quelque chose de parfait, si la chose
était possible.

Le régisseur de la ferme de Preston-Hall, dont l'étendue est de trois cent vingt hectares, est encore jeune et
paraît très capable. Il occupe un charmant cottage. Il a
été très obligeant pour moi quittant une société qui se
trouvait chez lui, pour me faire voir sa ferme. Il m'a fait
voir un fort beau taureau qu'il a acheté chez M. Stratton,

et il a de très belles vaches durham de pur sang. Ayant
vu de beaux élèves mâles, de l'âge de sept à neuf mois,
je lui en ai demandé le prix, qu'il m'a dit être de 18 à
20 livres. Ses beaux cochons blancs de race suffolk sont
vendus, âgés de trois mois, 5 livres la pièce. On élève
aussi des chevaux de travail dans cette belle ferme, et on
a pour cela un bel étalon suffolk ; j'ai vu des plantations
de frênes et de chataigniers dont on fait des perches
pour les houblonnières, ou des cercles, ou enfin des
manches d'outils. Les bêtes à laine que je n'ai vues que
de loin, m'ont paru être des dishleys. Les haies sont
très bien taillées, les champs étaient pleins de faisans,
qui ne paraissaient pas sauvages.

Les environs de cette habitation et de Mardstone,
m'ont paru charmants et j'ai regretté bientôt de ne plus
les apercevoir, la nuit étant venue, et elle ne m'a quitté
que dans les environs de Douay.

Je me suis rendu de là à Lens, chez M. Decrombecque,
en traversant cinq lieues d'un pays d'une fertilité admirable, dans lequel on a trouvé depuis une dizaine
d'années des mines de charbon très-abondantes, à côté
desquelles on construit de grandes casernes d'ouvriers
mineurs qui transforment les villages en villes. M. Decrombecque m'a fait voir une bonne partie de ses deux
cent vingt sept hectares semés ou repiqués en betteraves
superbes, cent quatre-vingt-sept sur la terre de sa
ferme, et quarante qui n'ont été loués que pour y faire
une récolte de betteraves, auxquelles il n'alloue qu'une
dose de guano. Il a une quarantaine d'hectares de betteraves qui ont été repiquées après qu'il y eut pris une
récolte de fourrages consommés en vert. Tout le reste
de la grande culture de cette précieuse racine, est semé
sur billons qu'on a eu le soin d'aplatir en les roulant
plusieurs fois avant de les semer. Ses froments et avoines
ont été de toute beauté et n'ont pas mûri trop vite. Il n'y
a que les colzas qui aient peu produit.

Ses cent et tant de boxes et ses grandes vacheries ou bouveries sont toujours pleines de bêtes à l'engrais, qu'on ne manque pas d'inoculer lorsqu'on les achète. Il a près de trois cents bêtes bovines. J'en ai vu partir seize pour le marché de demain à Lille : trente-quatre kilomètres à faire en deux jours avec des bêtes bien grasses en bœufs comtois et génisses flamandes, dont la nourriture avait été composée de quatre ou cinq kilos de paille hachée, à laquelle on ajoutait deux kilos de tourteaux pulvérisés dont moitié d'œillette et le reste de colza. On arrose ce mélange avec des résidus de distillation pour qu'il soit bien humecté et que la poudre de tourteaux ne s'envole pas, et on laisse fermenter pendant quarante-huit heures ; les bêtes consomment en outre en trois repas soixante litres de résidus liquides de distillation de grains ou une partie de pulpe de sucrerie ; dans le dernier mois de l'engraissement les rations sont augmentées de deux à quatre kilos de tourteaux de lin, suivant la taille de l'animal. En été ces bêtes mangent aussi de la luzerne verte passée au hache-paille et mêlée au reste de cette nourriture composée. Les chevaux, au nombre de trente-quatre à trente-cinq têtes, mangent aussi de cette nourriture fermentée, dans laquelle il n'entre qu'un kilo de tourteaux et huit à dix d'avoine aplatie.

L'année dernière, vu la cherté de l'avoine, M. Decrombecque l'a remplacée par de l'orge venue d'Egypte, et qu'il n'a payée à Dunkerque que 13 fr. les cent kilos. Il va avoir plusieurs centaines de bêtes à laine pour les engraisser ; les brebis de race artésienne déjà achetées, ont coûté de 32 à 35 fr. la pièce.

M. Decrombecque arrache toutes ses betteraves avec une espèce de charrue à sous-sol, qui sert aussi à donner des cultures entre les lignes de ces racines placées à cinquante centimètres les unes des autres, mais il craint les sarclages tardifs, assurant que si l'on coupe leurs radicules, les betteraves contiennent moins de sucre. Il butte ses racines afin de diminuer le plus possible leurs collets. Ses repiquages ne se font qu'avec du plant gros comme le petit doigt d'une main d'homme, et il n'en a presque pas perdu, malgré l'excessive sécheresse de cet été. M. Decrombecque compte sur un produit moyen de quarante mille kilos, mais il a des champs devant arriver à soixante mille. La maladie des betteraves qui brûle les feuilles du cœur existe dans ses terres provenant de défrichements de bois.

Il regarde le tassement des terres au moyen de rouleaux très-pesants et principalement avec celui de Croskyll, comme une des choses les plus essentielles et les plus profitables en culture, autant pour la bonne réussite des betteraves que pour celle des céréales en général et particulièrement du froment. Il dit que cela rend la verse des céréales bien plus rare. M. Decrombecque a acheté une grande quantité de guano sortant d'un bâtiment qui avait coulé; il l'a payé 200 fr. les mille kilos après qu'on l'eut fait bien sécher. Les tourteaux avariés lui coûtent 50 fr. la tonne. Il les mélange avec le guano auquel il ajoute aussi son noir animal. Il a payé les tourteaux de lin 20 fr. les cent kilos, ceux d'œillette 16, et ceux de colza 12. Il m'a fait voir des tourteaux de cette dernière graine, dont la couleur était pâle, et m'a dit qu'ils proviennent de colza venu de l'Inde. Le charbon de terre pris au pied de la mine de Lens coûte 1 fr. 50 l'hectolitre.

Ses contre-maîtres de culture gagnent 1,800 fr. sans être nourris, mais ils sont logés. Les hommes de journée pour la culture sont payés de 1 fr. 50 à 1 fr. 75. Les femmes travaillant dans les champs gagnent de 90 c. à 1 fr. Dans la sucrerie elles ont de 1 fr. 25 à 1 fr. 75 ; ce dernier prix est pour celles qui sont employées dans la raffinerie, où il fait une chaleur extrême.

M. Decrombecque distille beaucoup de seigle et d'orge,

et réussit à merveille depuis qu'il a chargé M. Ferdinand Franck-Delerne, d'arranger sa distillerie à sa manière, ce que ce dernier a aussi fait à la grande satisfaction de M. Hette, fabricant de sucre, distillateur à Bresle (département de l'Oise); M. Franck-Delerne demeure à Lille.

La sécheresse a été si intense dans les environs de Bresle que M. Hette ne pourra commencer à arracher des betteraves que dans le courant d'octobre, ou un mois plus tard qu'à l'ordinaire, afin de donner le temps à ces racines de grossir. Il a depuis qu'il distille du grain singulièrement augmenté l'élevage et l'engraissement de ses cochons; il en a maintenant plus de cinq cents petits ou grands. Son petit moulin moud cinq sacs de seigle par vingt-quatre heures. La machine à vapeur d'une force de dix chevaux, fournie par Flaud, rue Jean-Goujon, à Paris, a fonctionné continuellement depuis six ans et n'a pas exigé pour 20 fr. de réparations. Elle fait cependant marcher une grande quantité d'appareils des plus utiles, ce qui économise bien de la main d'œuvre ; elle a un autre mérite, celui de coûter moins cher, et encore celui de prendre peu de place.

M. Hette a établi une comptabilité agricole en partie double excessivement détaillée et cependant facile à apprendre pour un homme un peu intelligent. Il m'a assuré qu'il ne faudrait pas un mois pour qu'il fût capable de faire son bilan tous les mois, et qu'au bout d'un an de pratique il serait capable de tenir la comptabilité de dix fermiers qui ne seraient pas trop éloignés les uns des autres. De simples laboureurs que M. Hette a choisis parmi les plus intelligents de ses ouvriers sachant un peu écrire, ont été mis par lui à la tête des six fermes qu'il fait valoir et dont l'étendue forme un ensemble de cinq cent soixante-huit hectares. Ce sont eux qui tiennent les livres auxiliaires. M. Mercier, qui a été quatre ans élève à la ferme-école du Mesnil-St-Firmin, près Breteuil (Oise), chez cet excellent M. Bazin, et qui a été ensuite chef de culture pendant deux ans dans une des fermes cultivées par mon beau-frère, M. Gibert, ancien receveur-général de l'Oise, tient depuis trois ans la comptabilité de la culture de Bresle avec une rare perfection, et gagne 1,200 fr. sans être nourri ni logé. Avec cette comptabilité on se rend compte des plus plus petites dépenses et des moindres produits. En voici quelques exemples : on répartit la dépense des attelages sur deux cent quatre-vingts jours de travail effectif.

Dans ce moment les chevaux dépensent 2 fr. par vingt-quatre heures et les bœufs 1 fr. Les attelages de Bresle ont coûté pour une année, la somme de 102,650 fr. 65 c., et par jour de travail 374 fr. 97 c., enfin par hectare 180 fr. 76. Les bœufs à l'engrais coûtent 1 fr. 48 par jour. Les moutons dépensent en moyenne, pour les saisons d'été et d'hiver, 7 c. par jour. En comptant les grands et petits porcs ensemble, la moyenne est de 16 c. Cette masse de bétail forme le cheptel de la culture de Bresle qui dans ce moment a en sus des attelages ci-dessus mentionnés, deux mille cinq cents bêtes à laine et environ cinq cents porcs ; tout cela réuni est évalué à trois cent soixante-dix têtes et a fourni dans l'année six mille sept cent cinquante-deux mètres de fumier. La sucrerie et la distillerie ont fourni deux mille deux cent quarante-huit mètres d'autres engrais, ce qui forme un total de neuf mille mètres cubes d'engrais employés à raison de quarante-cinq mètres par hectare, d'abord sur quarante en colza et cent soixante en bette-raves recevant pareille dose, ce qui consommera toute cette masse de fumier. Le guano, le superphosphate, les tourteaux, les cendres ou la charrée viennent encore au secours des terres les moins fertiles, ou des récoltes qui ont souffert pendant l'hiver.

La ration d'un cheval se compose maintenant de quatorze litres d'avoine aplatie et de neuf kilos de foin de prairie artificielle passé par le hache-paille. La paille ne devant suffire que pour la litière, on n'en fait pas entrer dans la nourriture du bétail comme cela a lieu dans d'autres années; on donne six kilos de paille comme litière par tête de cheval. Les bœufs ont trente kilos de pulpe et résidus de macération champonnoise avec balles ou menue paille de froment; on leur donne avec cela ou deux kilos de tourteaux ou bien neuf kilos de foin; ils ont cinq kilos de paille pour litière. On alloue à dix moutons dix-huit kilos de foin et deux kilos de pulpe par tête.

Les cochons n'ont dans ce moment que des résidus liquides de distillation de seigle et malt et ils sont très-bien avec cela. Les truies ayant des petits en reçoivent deux seaux le matin, autant le soir, et un seul à midi; lorsque les porcelets sont nombreux ou bien assez grands, on augmente la dose.

Je me suis rendu de Bresle chez mon beau-frère, M. Gibert, au château de Frocourt, près Beauvais. Il cultive cent quatre-vingts hectares, et tient une comptabilité pareille à celle de Bresle, à partir du commencement de sa culture qui date de dix ans. Il y a ajouté une excellente chose, c'est d'avoir pour chaque année une feuille calquée sur le cadastre où l'on marque sur chaque champ la récolte qu'il a portée dans l'année et quel engrais il a reçu. Ces tableaux, insérés dans un album, seront d'une grande utilité pour le directeur de la ferme.

M. Gibert cultive trente hectares en betteraves à sucre, pour une distillerie à la champonnois, elle lui donne habituellement quatre pour cent d'alcool et il en fait quatre hectolitres par vingt-quatre heures. Il cultive une espèce de pomme de terre violette et très-farineuse que j'ai rapportée des environs de Brioude, de chez M. le marquis de Ruolz, en 1855; cet habile cultivateur qui vient de remporter la prime d'honneur au Puy-en-Velais, la cultivait depuis trois ans parce qu'on la lui avait indiquée comme n'ayant pas encore souffert de la maladie. M. de Ruolz m'a dit qu'elle n'avait pas été atteinte de la maladie depuis qu'il l'avait, qu'elle donnait un produit plus considérable que la patraque jaune, ce que nous avions vérifié en en arrachant des deux variétés venues dans le même terrain, enfin qu'elle était encore bonne à manger en août, ce que j'ai aussi reconnu. Mon beau-frère la cultive maintenant en grand. Elle n'a pas été malade chez lui, produit beaucoup et est bonne à manger.

L'établissement d'une distillerie a permis à M. Gibert d'augmenter de beaucoup sa vacherie qui, les veaux compris, se monte à cinquante têtes. Il a un bon troupeau croisé depuis sept ans par des béliers southdown avec des brebis métis-mérinos pour environ moitié, et des brebis picardes pour le reste ; les produits de ces dernières sont plus hauts sur jambes, et ont des toisons moins estimées des marchands et payées moins cher.

Le croisement southdown et brebis métis-mérinos a donné des bêtes mieux faites, assez près de terre, ayant de bonne laine. On vient de donner à ces trois cents brebis des béliers d'Alfort pour affiner les toisons. Si j'avais un troupeau à former dans une terre saine et donnant de bonnes prairies artificielles, ainsi que des betteraves, je suivrais sans hésiter le conseil de M. Yvart, qui dit de choisir, si cela est possible, dans des troupeaux métis-mérinos, les brebis les moins mal faites. Je leur donnerais un bélier dishley ou cotswold, ou encore un lincoln : le premier donnerait les produits les mieux faits, mais les moins gros et à toisons plus légères sans être meilleures. Le cotswold donnerait le plus de poids en viande avec une lourde toison, et le lincoln beaucoup de poids de viande avec beaucoup de belle laine longue. Je réformerais toutes les antenaises les moins bien faites, et donnerais des béliers d'Alfort à celles que je conserverais. Si, au contraire, ma terre n'était pas assez fertile, je donnerais un des précédents béliers à des brebis bérichonnes ou shropshire, et aux antenaises croisées des béliers southdowns ou même de préférence des shropshire, car ces derniers pèsent plus en viande et en toison, et avec cela sont aussi plus rustiques.

On se sert à Frocourt d'une excellente charrue sans avant-train qui ne coûte que 55 fr. ; on a un rouleau Croskyll, le semoir de Pruvost de Wasemme, près Lille, la triple houe à cheval que M. Hette a si grandement perfectionnée ; il faudrait ajouter à ces bons instruments la machine à moissonner de Hussey-Dray, qui fait le meilleur ouvrage de toutes celles que j'ai vues dans bien des concours et dans un grand nombre de fermes, et qui est aussi la moins coûteuse et la plus simple ; une faneuse et le rateau à cheval de Smith et Ashby, la triple herse de Howard, très-bien faite par Legendre, de St-Jean-d'Angely, et une autre herse triangulaire, toute en fer, qui se fabrique chez M. Dervand, fabricant de ferronnerie à Condé (Nord), qui est excellente et ne coûte que 44 fr.

M. Gibert a établi dans l'ancien jardin de la ferme, qu'il a commencé par semer en gazon, une espèce de kiosque partagé en huit ou dix compartiments faits pour contenir autant d'espèces diverses de volailles choisies, afin de pouvoir les conserver pures en les séparant dans le moment où l'on se prépare à les faire couver. Chacun de ces compartiments loge une variété et a une cour séparée des voisines par des treillages en fil de fer. Il peut contenir un coq avec six ou huit poules. On y a placé des Brahma Poutra, des Crèvecœur, des poules du Mans, des Dorkings, des Houdans, etc., etc. On y fait aussi des croisements entre les meilleures variétés. Il conserve aussi une certaine quantité de poules cochin-chinoises comme couveuses, ce dont elles s'acquittent admirablement bien, car la plupart des races de volailles ne couvent pas volontiers ; on reproche généralement aux cochinchinois de s'élever difficilement et de ne pas donner une chair fine et succulente. M. Gibert a fait venir il y a quatre ans de Toulouse des œufs de la plus grande espèce d'oies qui existe, et il en a maintenant une assez grande quantité pour que son régisseur puisse en vendre. Il les fait payer 35 fr. la paire. Ce qu'il y a d'extraordinaire dans cette espèce, c'est qu'elle donne des œufs plus petits que ceux des oies ordinaires qui n'ont guère que moitié de leur taille.

J'ai vu ici avec plaisir un grand nombre de meules de froment, avoine, fèverolles et fourrages.

M. Gibert est parvenu non sans peine et avec beaucoup de patience pendant bien des années, à réunir à un grand pré qu'il possédait, mais qui était morcelé, plein de sources et de places tourbeuses, soit par échanges soit par achat, cinquante-cinq morceaux de pré ou terres qui le joignaient ou se trouvaient au milieu de ses pièces, et à compléter un bel et bon herbage après l'avoir très-bien drainé et ensuite cultivé pendant trois ans ; il est d'une étendue de vingt-cinq hectares et des fermiers des environs de Gournay, lui en ont offert 200 fr. de loyer par hectare.

On a ici une bonne espèce de truies de race anglaise, dont les petits se vendent, âgés de six semaines, 15 ou 20 fr. la pièce.

Je n'ai fait que passer par Paris en me rendant à Blois d'où je suis allé visiter M. Salvat au château de Nozieux, à deux lieues de la ville. Il était absent ainsi que sa famille, pour assister aux vendanges de son beau-père à Onzain. J'ai revu avec grand plaisir ses très belles vaches durham qui sont presque toutes bien écussonnées et par suite bonnes laitières. Son vacher m'a dit que la meilleure donnait pendant trois mois après le part, vingt-deux litres de lait. J'ai remarqué dans cette étable un jeune taureau de quatorze mois tout blanc, bien fait, ayant de petits os, une peau très fine et un fort bel

écusson, dont on demandait 800 fr.; et j'ai engagé deux
mois plus tard M. Lupin à l'acheter, ce qui a eu lieu. Il
s'y trouvait deux vèles de trois mois qu'on laissait pour
205 fr. la pièce; il y avait deux bœufs pour le concours
de Poissy dont un a été primé, et a été près de remporter
la coupe; enfin deux taureaux qui paraîtront au concours de Paris. Je suis allé de Nozieux au château de
Chissay, près Montrichard sur les bords du Cher. J'ai fait
le 29 septembre une visite au comte de Marolle au château d'Aiguevive, qui est à dix kilomètres de Montrichard. M. de Marolle possédait, il y a une douzaine
d'années, une assez grande étendue de bruyères qu'il a
défrichées et cultivées pendant une dizaine d'années. Il
y a mis son maître-valet qu'il avait bien dressé, comme
métayer; celui-ci a une bien meilleure culture que les
fermiers voisins, et ses récoltes sont aussi bien plus belles.
Le comte s'est réservé vingt-cinq hectares en terres ou
prés, qu'il cultive. Comme il avait fourni à son métayer le cheptel de sa ferme dont les bêtes à cornes
étaient de race bazadaise, il a voulu essayer la race ga-
ronnaise, et a fait venir des environs d'Agen un taureau
et deux génisses pleines. Ces deux bêtes ayant vélé allaitent leurs veaux, et sont employées à labourer ses
terres qui sont toutes légères. Il a semé un hectare en
maïs-fourrage qui lui a fourni une nourriture verte
énorme, et que les bêtes dévoraient avidement, une
fois que ces fortes tiges étaient passées par le hache-
paille. M. de Marolle achète dans les foires du voisinage des vaches et bœufs dans les plus bas prix, afin
de les engraisser, et il emploie aussi ses bœufs qui sont
à l'engrais pour aider les vaches, ne faisant faire à toutes
ces bêtes que des demi journées. Comme il a un assez
grand nombre de chevaux de voiture et de selle dans
ses écuries, le fumier, ajouté à celui de ses bêtes à l'engrais et à celui des cochons de race essex qu'il a, lui
permet de bien fumer sa réserve et même de fournir

encore du fumier à son ancien maître-valet. Il croise des coqs brahma-poutra avec des poules du Mans; des canards de Barbarie avec des cannes barbottières, et cela fournit de très beaux rôtis. Si j'étais à sa place, j'achéterais un veau de race durham à M. Salvat, et lorsqu'il aurait quinze mois, je le donnerais aux vaches garonnaises, j'engraisserais les produits mâles de ce croisement, pour les vendre à la boucherie vers l'âge de trois ans et demi; j'aurais six vaches croisées durham qui laboureraient mes terres et feraient à merveille mes travaux de culture, tout en me donnant le lait nécessaire à la consommation de mon ménage, tandis que les vaches garonnaises élèvent tout au plus leurs veaux pendant trois ou quatre mois, sans donner de lait ensuite. Cette grande et belle race marche très lentement, et s'engraisse difficilement.

Je suis allé le 6 octobre au château de la Guéritaude près Monbazon (Indre et Loire), chez M. Delaville-Leroulx. Il a acheté cette terre, il y a une trentaine d'années, et y a construit une belle habitation. Il a cultivé depuis lors fort en grand et a donné à ses environs de bons exemples en agriculture, en leur montrant la culture des récoltes sarclées et celle des prairies artificielles. Il a beaucoup de belles luzernières; il a introduit la culture des colzas, exemples qui ont été imités plus ou moins, par un certain nombre de petits cultivateurs à plusieurs lieues à la ronde. M. Delaville-Leroulx a importé, il y a une vingtaine d'années, un taureau durham acheté à la vacherie du haras du Pin, et a depuis lors fait venir des vaches durham d'Angleterre qui sont fort belles. Il a cinq taureaux de pure race durham à vendre, dont trois sont fort bien écussonnés; il demandait d'un taureau de trois ans fort beau et bien écussonné douze cents fr.; d'un autre de deux ans, bien écussonné aussi mais qui n'avait pas été assez bien nourri, 800 fr. Je le lui ai fait acheter depuis aussi par M. Lupin, et quel-

ques mois après avoir été bien nourri, cela a fait un superbe animal. Il demandait de deux taureaux âgés de
quinze à dix-huit mois 700 fr. la pièce, et enfin d'un
veau d'un an, venant d'une de ses plus belles vaches
venues d'Angleterre, 600 fr., mais personne de ses environs n'a voulu mettre des prix si élevés à un taureau.
On ne comprend pas encore dans une grande partie de
notre pays, combien les reproducteurs mâles bien choisis
peuvent rendre d'excellents services. Une autre raison
qui les empêche d'acheter des taureaux durham, est la
mauvaise réputation qu'on leur a faite sous le rapport
de la production du lait et aussi de leur inhabileté au
travail; deux assertions erronées. Lorsqu'un éleveur
prend un taureau durham bien écussonné, il peut être à
peu près sûr que les génisses qu'il en obtiendra seront
au moins aussi bonnes laitières que leurs mères, et
quant à leur capacité comme travailleurs, les bœufs croisés durham travaillent aussi bien que la plupart des
bœufs ordinaires de France : j'en ai vu souvent qui liés
au même joug que des bœufs charolais, limousins et
salers, étaient en meilleur état que leur compagnon,
ce qui prouve qu'ils ne se fatiguaient pas plus et qu'ils
n'étaient pas plus exigeants pour la nourriture. Un cultivateur qui sait calculer, fera mieux d'engraisser ses
jeunes bœufs croisés durham pour les livrer à la boucherie âgés de trois ou quatre ans, et d'acheter des bœufs
de travail âgés de cinq ou six ans pour faire ses travaux.
M. Delaville-Leroulx est en train de faire drainer cent
hectares de terres, qui ont presque toutes un sous-sol
pierreux. Un entrepreneur du département de l'Oise, a
entrepris ce drainage à raison de 210 fr. l'hectare, mais
on lui paiera la pierre arrachée à part. M. Delaville-Leroulx a monté une distillerie de betteraves à la méthode
champonnoise, qui lui rend les plus grands services pour
la nourriture de son nombreux bétail. Son troupeau
mérinos ne lui donnait pas de bénéfice net, il a acheté

un certain nombre de béliers et brebis southdown, lors de la vente du beau troupeau de M. Pioche à Neuilly-sur-Marne, et il a donné ces béliers aux brebis mérinos.

J'ai visité M. Allibert, au château de Moutchenin près Cormery (Indre et Loire). Il avait fait venir en 1856 un bélier southdown de chez M. Hutchison de Mongruy, près Péterhead, petit port de mer à dix lieues d'Aberdeen, dans le nord de l'Ecosse, qui ne lui a coûté que 200 fr. rendu chez lui, quoiqu'il provienne de béliers et brebis achetés chez Jonas Webb, et que M. Hutchison ait eu au concours de 1856 à Paris le premier prix des brebis, M. Jonas Webb n'exposant que des béliers. M. Allibert a donné ce bélier à des brebis de crevant et à des berrichonnes, et il a déjà des antenaises qui ont pris le bélier southdown. Les antenais sont bien plus gros et pesants que des bêtes du même âge, qui proviennent de béliers et brebis d'espèce crevant, et ils ont le ventre et le cou bien garnis de laine, tandis que les bêtes du crevant en sont totalement dégarnies dans ces parties. M. Allibert est décidé à acheter des brebis métis-mérinos, afin de leur donner aussi des béliers southdowns, voulant par là se faire un troupeau produisant beaucoup de viande et ayant en même temps de bonnes toisons. Il ferait mieux de commencer par donner à ses brebis métis-mérinos un bélier cotswold, et aux antenaises provenant de ce croisement des béliers southdown, ensuite de faire lutter les brebis provenant de ce triple croisement, par des mâles du même sang.

M. Allibert fait passer tous les fourrages verts ou secs par le hache-paille, et en économise ainsi une grande partie qui se trouverait gaspillée; il ajoute à ce fourrage coupé, du seigle bouilli. Pour les chevaux on met moitié avoine aplatie et du seigle demi cuit.

Il a sur sa propriété de belles luzernières, des trèfles et vesces superbes; son trèfle incarnat a été de toute beauté; ses betteraves sont énormes, malgré la sécheresse extrême qu'il a fait. Tout cela se trouve sur des terres dont les fermiers du pays n'obtenaient que de bien pauvres récoltes; mais il a fait arracher les pierres qui empêchaient les labours profonds, il a donné de bonnes demi-jachères, en a déjà marné une partie, les a bien fumées, en achetant du guano : il a défriché de mauvais bois, leur a donné cinq hectolitres de noir animal par hectare, et il y a eu de fort beaux colzas. Ses froments et avoines d'hiver ont été de toute beauté, mais ont mûri trop vite ; on n'en connaît pas encore le produit. M. Allibert a de beaux cochons noirs de race berkshire perfectionnée. Ses bœufs et vaches sont en fort bon état. Il a fait mettre six cent kilos de guano sur les champs de colza pour lesquels le fumier manquait, et trois cent cinquante pour les froments.

J'ai fait une courte visite au comte Odard. Il nous a fait voir à M. Allibert et à moi, des ceps de quatre cents variétés, et il nous a conseillé, comme très bonnes espèces produisant beaucoup, trois variétés de gamets, celui de Châtillon dans la Côte-d'Or, celui d'Adole, et celui de Liverdun, commune située en Lorraine pas loin de Nancy; il fait aussi grand cas du Cô.

Je me suis trouvé en revenant à Chissay en diligence avec un bon propriétaire de la commune de St-George qui se trouve sur la rive gauche du Cher et vis-à-vis de Chissay. Comme il fait le commerce de chevaux, il a beaucoup voyagé, et m'a paru fort intelligent; il a conduit ce printemps à Bayonne trente chevaux de gros trait, qu'un entrepreneur de travaux de chemin de fer va employer pour son travail en Espagne.

M. Raguin est propriétaire de vignes et m'a parlé de cette culture en connaisseur: voici quelques détails qu'il m'a communiqués. On cultive énormément de vignes sur les bords du Cher, et comme il y a dans ce pays beaucoup de mauvaises terres qui ont été transformées en vignes, la chose essentielle pour en tirer un bon parti, est de les fumer bien et souvent; les meilleurs vignerons fument leurs vignes en petites terres, tous les quatre ans, et les autres tous les huit. Il faut pour bien fumer un hectare de vignes pour 1200 fr. de fumier, à raison de huit à 10 fr. le mètre, les frais de transport et ceux pour l'enterrer compris dans cette somme. Le fumier manquant pour une si grande étendue de vignes, on cherche à le remplacer par d'autres engrais, tels que chair desséchée, chiffons de laine et guano. M. Raguin m'a dit que le maire de sa commune, un de ses voisins, venait d'acheter des chiffons à cet effet, et que c'est le premier essai qu'on en ait fait dans les environs. Je lui ai dit qu'on les employait avec le plus grand succès depuis plus de quarante ans dans les environs d'Orléans. Je suis toujours étonné de l'extrême lenteur avec laquelle les bonnes pratiques se répandent dans les campagnes ; en voici un autre exemple. J'ai appris à connaître le ray-grass d'Italie chez M. de Fellemberg en 1814, et cette excellente plante est encore bien peu répandue en France. M. Raguin me disait qu'il y avait dans la commune de St-George, qui est très étendue et qui a, y compris ses divers hameaux, une population dépassant deux mille âmes, un grand nombre de familles riches, dont quelques unes avaient de 300 à 500 mille francs de fortune; que la commune de Francueil était la plus riche de ce pays en proportion de sa population. Il ajoutait qu'une certaine étendue de terre s'y étant vendue il y a une couple d'années, les plus mauvais sables l'avaient été jusqu'à 1500 fr. l'hectare; les terres moins mauvaises avaient été adjugées à 3000 fr., enfin les bonnes étaient montées jusqu'à 6000 fr. l'hectare. C'est la possibilité de transformer ces très mauvaises terres en vignes, qui les fait arriver à ces prix exorbitants. Comme on vendait avec un assez long crédit, des jeunes gens nouvellement mariés, qui n'avaient que l'argent nécessaire pour donner un petit à-compte et acquitter les frais de licitation, achetaient un ou deux hectares, et s'ils sont actifs et rangés, ils sont sûrs de faire par la suite une petite fortune, pour peu que Dieu leur conserve une bonne santé. La vendange qui n'a pas été abondante cette année et n'a donné que de huit à dix pièces par hectare, au lieu d'une vingtaine, leur laissera encore de beaux bénéfices, en vendant de 80 à 100 fr. la pièce comme on l'espère.

Ce qui confirme une partie des assertions de M. Raguin, c'est ce que me dit M. de la Brousse, maire de la commune de Sivray, située aussi dans la vallée du Cher, que sur une population d'environ douze cents âmes dans la commune de Sivray, il connaissait plus de soixante familles ayant des fortunes se montant à au moins une quarantaine de mille francs, et que dans le nombre il s'en trouvait dont le chiffre s'élevait jusqu'à trois cent mille fr.

M. Raguin fait le plus grand éloge de la méthode de planter les vignes, qui a été imaginée il y a environ 25 ans par un simple ouvrier vigneron, le nommé Denys Lussandeau, qui consiste à planter des boutures de ceps en lignes séparées de six à douze mètres, en y plaçant les boutures à deux mètres les unes des autres. Si l'on a peu de terrain à sa disposition, on rapproche les lignes et dans ce cas, au bout de quelques années de plantation, lorsque la vigne sera productive, on labourera toujours à la charrue l'intervalle des lignes ; mais on ne pourra plus rien y semer. Si on a des terres en suffisante quantité pour les séparer par une douzaine de mètres, alors au bout de cinq ans, une fois la vigne devenue productive, on consacre à chaque rang deux mètres de largeur, qui sont cultivés à bras, et on conserve dix mètres entre chaque deux lignes de ceps, pour être labourés et semés après fumure en froment, dans lequel on sème un trèfle ou une autre prairie artificielle ne devant être fauchée qu'une fois, et dont le fourrage doit être enlevé avant la St-Jean afin de pouvoir labourer, herser et rouler cette partie ; on étale sur cette terre en demi-jachère les verges des deux lignes qui la joignent.

Les verges des ceps de cô, l'espèce qui convient le mieux pour ce genre de culture et qui fournit aussi le meilleur vin de ce pays, sont d'une longueur de trois à cinq mètres. Elles sont aussi supportées par des morceaux de branches fourchues d'un bout, et pointues de l'autre, ayant une longueur suffisante pour que, enfoncées en terre, elles maintiennent le sarment assez loin de terre, afin que les grappes arrivées à leur développement ne touchent point la terre ; plus elles sont près de terre, plus tôt elles mùrissent, mais il ne faut pas qu'elles soient souillées de terre lors de la vendange.

Lussandeau ayant hérité il y a environ vingt-cinq ans de quelques pièces de terres de ses parents, terres dont la valeur pouvait s'élever à 3,000 fr., sa femme ayant hérité plus tard d'environ 2,000 fr., cet homme si intelligent et actif, mais aussi des plus économes, est arrivé à se créer une fortune de plus de 80,000 fr., et ce qu'il y a de remarquable, c'est que ceux qui l'ont vu pendant quinze ans planter ses vignes de cette manière et qui se moquaient alors de lui, ont fini par l'imiter, et maintenant toutes les personnes instruites des bons produits que donne cette méthode de planter les vignes et qui savent aussi quelle grande économie de main-d'œuvre elle apporte, et aussi qu'un terrain planté en lignes si éloignées les unes des autres produit à étendue égale, au moins autant de vin que des vignes dont les ceps ne sont séparés que par deux ou trois pieds, tout en produisant des récoltes abondantes en froment et fourrage qui paient avec usure les engrais qu'on applique à ce terrain, et qui servent aussi à la production de récoltes considérables de vin, ce qui en définitive économise de grands achats de fumier, qui sont ruineux dans les années où l'abondance du vin le fait tomber à vil prix, ou bien dans celles où la gelée vient détruire ces récoltes de vin pour lesquelles on avait fait cette grande dépense.

Je suis allé trois jours de suite au village de Bone, qui est assez près de Montrichard, sans trouver Lussandeau. J'ai fini par apprendre qu'il était occupé à livrer soixante-dix pièces de vin de l'an dernier placées dans sa cave de Montrichard. Je fus l'y trouver. Il m'a dit avoir vendu 90 fr., ce vin dont il avait refusé 60 fr. l'an dernier. Lussandeau m'a fait visiter ses caves creusées dans le roc. Il y a établi deux citernes pouvant contenir chacune quatre-vingts pièces de vin de deux cent quarante-cinq litres chacune ; elles lui ont coûté de façon 230 fr. les deux, et il m'a assuré que le vin s'y conservait non seulement fort bien, mais encore qu'il s'y évaporait bien moins que dans les futailles, c'est-à-dire qu'il y avait beaucoup moins à y verser de vin pour tenir les citernes pleines, cela naturellement en proportion de la contenance des citernes et des fûts.

Lussandeau commence à récolter du vin dans la quatrième année de la plantation de ses vignes, mais elles ne sont en plein rapport que la huit ou dizième année, parce qu'il ne leur alloue point ou très-peu de fumier, car il n'en achète pas, et son bétail ne se compose que d'un cheval, de deux vaches et aussi toute l'année d'un cochon à l'engrais. Le peu de fumier sert à la culture des terres semées en céréales qui ne sont pas dans les vignes et qui reçoivent en outre, comme supplément, du guano. Il ne fume pas ses vignes parce que, dit-il, les ceps sont très éloignés les uns des autres, ce qui fait qu'ils peuvent envoyer leurs racines à une grande distance sans s'affamer les uns les autres. L'année dernière sa récolte de cent trente ares plantés à l'ancien usage et celle de deux hectares plantés à la nouvelle manière, avaient rempli les deux citernes de vin, et il avait encore un certain nombre de pièces de remplies. Cette année, ayant été fortement grêlé, il n'a pu faire que quatre-vingts et quelques pièces, ce qui n'a rempli qu'une de ses citernes.

Il arrache tous les ans des ceps pour former des intervalles de cinq mètres dans ses anciennes vignes plantées en plein, afin de les amener toutes à être cultivables à la charrue et à pouvoir se passer d'engrais, les ceps très-éloignés les uns des autres pouvant avoir leurs racines à l'aise. Il m'a assuré qu'il pouvait compter en dix années sur une récolte moyenne en vin d'au moins vingt-deux pièces de vin par hectare planté en lignes séparées par huit ou dix mètres. Quelques retardataires ou personnes qui n'ont pas encore adopté son système de plantation de vignes, et qui, par amour propre, prétendent qu'à la vérité il peut produire une aussi grande quantité de vin que les vignes plantées en plein, mais que ce genre de culture de la vigne ne peut donner que du vin de qualité inférieure. Lussandeau leur répond : Mais si mon vin est moins bon que le vôtre, pourquoi les marchands de vin qui sont des connaisseurs en dégustation, me paient-ils mon vin aussi cher que celui que vous leur vendez ?

Pendant mon séjour au château de Chissay et pendant mes nombreuses et longues promenades, j'ai questionné beaucoup de personnes sur cette manière de planter les vignes en lignes séparées par plus ou moins de distance, pouvant être cultivées à la charrue. Les personnes auxquelles je m'adressais étaient de simples vignerons, de petits propriétaires ou des gens instruits et grands propriétaires vivant à Chissay et dans plusieurs communes environnantes ou même à plusieurs lieues de distance, comme à Thenous, un des vignobles les plus renommés des bords du Cher, et toutes m'ont vanté l'invention du sieur Denys Lussandeau. M. de Ferrière, au château de la Menaudière, ayant hérité depuis peu de temps de cette terre qu'il habitait avant avec sa mère, m'avait dit, il y a plusieurs années, et m'a répété cette fois-ci, qu'il planterait une vingtaine d'hectares de vigne à la manière de Lussandeau, qui avait commencé son genre de plantation de vignes non loin de l'habitation de M. de Ferrière. M. le comte de Baillou a déjà suivi ce bon exemple.

M. Bisson, vigneron-propriétaire dans la commune de Vineuil, à deux lieues de Chissay, que je suis allé voir parce qu'on m'avait dit qu'il avait planté une assez grande étendue de vignes à la manière de Lussandeau, m'a dit, qu'ayant hérité il y a dix ans d'une petite ferme située à quatre lieues de Montrichard, sur la rive gauche du Cher, dans un pays arriéré en culture, car la commune est éloignée des routes, il avait voulu la vendre. Sa contenance était de plus de seize hectares, et de guerre lasse il avait fini par la laisser pour 4,000 fr., mais n'ayant pu les avoir, il avait fini par se décider à la garder malgré son éloignement de vingt kilomètres de son habitation. Il y planta au printemps de l'année 1853, cinq hectares vingt ares en vignes à la manière de Lussandeau, seulement un peu modifiée en ce qu'il ne laissait que des intervalles de huit mètres entre ses rangées de ceps. L'année 1857 il a récolté vingt pièces, l'année suivante cent vingt-deux pièces, et celle-ci (1859), cent pièces de vin, qu'il a vendu étant rentré dans sa grande cave creusée dans le tuf calcaire des bords du Cher, comme s'il l'avait récolté sur les lieux. Il m'a assuré n'avoir mis aucune espèce d'engrais dans ces terres qu'il n'avait pas pu vendre 250 fr. l'hectare, depuis qu'il les a plantées en vignes, et il ne vient que de commencer à remonter des terres du pied du coteau dans ces vignes, ce qu'il fait avec son cheval. Il a ajouté que son frère avait acheté une petite ferme dans la commune de St-Julien, à six kilomètres de Montrichard, et qu'il y avait planté une bonne étendue de vignes comme lui. M. Bisson m'a fait goûter de son vin rouge fait dans ses nouvelles vignes. Il m'a paru à peu près pareil aux gros vins très cuvés des bords du Cher. Il m'en a donné ensuite du blanc fait aussi sur ses nouvelles vignes qui m'a paru bon, bien sucré, aussi fort que si on y avait mis de l'alcool.

Je suis allé le 20 octobre, à la Guésardière, près de St-Aignan (Loir-et-Cher), chez M. Duquesnoy, ancien habitant de Metz, qui a acheté il y a vingt-cinq ans cette propriété, qu'il a énormément améliorée en la cultivant lui-même, en y augmentant l'étendue des vignes, et en y faisant de belles et nombreuses plantations. Je l'ai trouvé dans un champ que son métayer, car il n'a conservé depuis peu qu'une réserve de douze hectares, que son métayer, dis-je, semait en froment avec un semoir anglais attelé d'un cheval. Ce semoir est fabriqué à Rennes, par M. Bodin qui le vend 120 fr.

Le métayer, ayant vu les froments de son maître semés avec le dit semoir très-bien réussir, l'avait prié de le lui prêter pour faire sa semaille. Sa terre n'ayant pas été drainée avait été mise en planches assez larges pour recevoir trois coups du semoir qui était attelé d'un cheval conduit par un gamin pendant que le métayer dirigeait le semoir ; on n'emploie pour semence que cent cinquante litres de froment par hectare. Les lignes se trouvent à dix pouces, mais un grand mérite de cet instrument est de pouvoir mettre les lignes aux distances qu'on désire ; il sème trois lignes à la fois. M. Duquesnoy et son métayer, qui se laisse diriger par lui parce qu'il y trouve son avantage, ont planté une quantité assez considérable de topinambours, des choux, pommes de terre, et semé des betteraves et des carottes.

J'ai vu de beaux champs de trèfle incarnat et ordinaire ainsi que du fourrage très-haut et fort épais, composé de vesces d'hiver, de ray-grass d'Italie et de trèfle incarnat, qui fournira une énorme quantité et une excellente qualité de nourriture à son bétail. M. Duquesnoy cultive depuis une douzaine d'années un froment rouge anglais que je lui ai rapporté sans en connaître le nom.

Il lui a donné le mien et il le cultive de préférence à beaucoup d'autres variétés dont je lui avais aussi donné de petits échantillons. Il sème encore un froment rouge écossais qui produit beaucoup et résiste bien à la verse. Il ne compte pas distiller cette année, trouvant que ses pommes de terre, qui ont été plantées trop tard et ont beaucoup souffert de la sécheresse, sont restées petites quoiqu'abondantes en tubercules et n'en valent pas la peine. Il compte faire bouillir ses racines et pommes de terre à grande eau, et arroser avec ce bouillon les fourrages secs passés par le hache-paille. Il fait passer les racines bouillies par un cylindre, afin de les réduire en pulpe qui puisse parfaitement se mélanger avec le fourrage coupé ; on laisse ce mélange de nourriture dans des citernes où il reste le temps voulu pour qu'il soit arrivé à la fermentation vineuse, avant de le faire consommer par son bétail.

En parcourant la culture de M. Duquesnoy nous avons rencontré M. Chevallier, riche propriétaire, habitant la ville de St-Aignan. Il examinait une de ses vignes qui est plantée en lignes, et dont les sarments sont attachés à des lignes de fer au lieu d'avoir des échalas. Il nous a dit qu'il avait commencé à planter une vigne à la manière du Médoc, où les lignes de ceps sont séparées par deux mètres afin d'être cultivés à la charrue. Il aura dix hectares plantés de cette manière.

Je suis arrivé le 20 octobre à Lignières (Cher), où mon ami, M. François Durand, possède une jolie petite maison de campagne, entourée d'une trentaine d'hectares de terres et prés qu'il cultive à merveille. Il y a planté des vignes suivant la méthode de Lussandeau. Il a une assez grande étendue en ray-grass d'Italie, qui lui a donné à la première coupe cinq mille kilos d'un excellent fourrage par hectare, mais il n'a eu à la seconde que quinze cents kilos à cause de l'extrême sécheresse de l'année. Lui et ses fils, qui cultivent sa terre de Bois-d'Habert, située à deux lieues de Lignières, sur la route de St-Aimand, ont récolté cette année plus de deux mille kilos de ray-grass d'Italie, qu'ils ont introduit dans ce pays et les cultivateurs de leurs environs commençant à apprécier cette excellente plante, ils ont pu vendre toute cette graine à soixante centimes le kilo. M. Durand sème cette excellente espèce de ray-grass seule en août et septembre, soit sur une terre bien préparée, ou même sur des trèfles ordinaires en partie manqués par suite de la sécheresse extrême et alors tout simplement sur le champ de trèfle sans labour ni même de hersage, et il réussit comme cela à merveille. Il emploie de quatre-vingt-dix à cent litres de semence par hectare, l'hectolitre de cette semence pèse de vingt-cinq à trente kilos.

Les terres de Bois-d'Habert, où M. Durand possède quatre cents hectares, qui n'ont pas encore été chaulées ou marnées, donnent après avoir reçu de quatre à cinq hectolitres de noir animal par hectare, de belles récoltes de colza, de seigle, d'avoine et aussi de vesces. Cet engrais qu'on renouvelle chaque année pendant trois ou quatre ans, ne revient qu'à 60 ou 70 fr. Ces messieurs ont labouré deux fois une pièce de terre que les métayers n'avaient pas cultivée depuis longues années. Ils y ont semé du colza avec cinq hectolitres de noir venu d'une raffinerie de Paris, et ils ont une superbe pièce de colza d'environ cinq hectares. Ils ont laissé un are sans y mettre du noir, et le colza qui avait levé est mort.

Ils ont récolté cette année six mille kilos de môha par hectare. Ils ont de belles et grosses betteraves dont une partie qui a été attaquée par la maladie qui fait périr les feuilles du cœur, est restée très-petite. Ils ont de très-belles luzernières, de beaux trèfles et trèfles incarnats malgré la sécheresse ; enfin de beaux topinambours. Ces messieurs marnent à raison de quatre-vingts mètres cubes par hectare, amélioration qui leur revient à 80 ou 100 fr. suivant la distance du transport. Ils chaulent à

raison de quatre-vingts hectares ; ils vont chercher la
chaux à huit kilomètres et la paient 1 fr. l'hectolitre ;
ils chaulent les terres les plus éloignées des marnières.
Ces deux amendements transforment complétement
les terres qui manquent de calcaire et qu'une mauvaise culture a usées ; les légumineuses n'y venaient pas,
les céréales n'y prospéraient que sur de très-abondantes
fumures, et après le marnage ou le chaulage, ils obtien-
nent maintenant de très-belles récoltes avec des fumures
assez médiocres.

Leur cheptel se compose de cinq chevaux de travail,
quatorze gros bœufs, trente bêtes à cornes d'une forte
taille, deux cents moutons berrichons à l'engrais, et
trente cochons de races anglaises croisées entre elles.

Leur culture s'étend sur cent trente hectares. Ils ont
cette année vingt grosses meules de céréales. Ils espèrent
avoir six cents hectolitres de froment et à peu près autant d'avoines d'hiver et de printemps ; leurs trèfles ne
réussissent bien que sur ces dernières. Ils pensent avoir
rentré cent cinquante mille kilos de fourrages.

Nous sommes allés avec deux de ces Messieurs faire
visite à M. de St-Georges, colonel d'artillerie en retraite,
qui vient de bâtir un grand château dans la commune
d'Ineuil. Le colonel cultive une de ses fermes contenant de fort bonnes terres calcaires, mais difficiles à
cultiver à cause du grand nombre de pierres qu'elles
contiennent. Il a fait venir d'Angleterre une moissonneuse, inventée par MM. Seymour et Morgan de Brock-
port, près New-York, et qui est fabriquée par Samuelson
de Bambury (Oxfordshire). M. de St-Georges a fait sa
moisson avec cette machine, qu'il nous a dit fonctionner
très-bien, mais se déranger fréquemment, les écroux
venant à manquer souvent et les moyeux des roues
s'étant vite usés, étant en fer au lieu d'être en cuivre ; il
compte faire remédier à tous ces petits inconvénients, et

espère avoir ensuite une bonne machine, qui forme la javelle et n'a qu'un cocher pour la diriger.

Le chef de culture de M. le duc de Maillé, M. Barbillon, m'a dit qu'on avait essayé dans l'étang de Chevrier, la moissonneuse du docteur Mazier, et qu'elle avait très-bien fonctionné; cette machine est la propriété d'un habitant d'Issoudun.

Je suis allé à une grande foire qui a lieu vers la fin d'octobre à St-Amand ; il y avait une immense quantité de bêtes à cornes, parmi lesquelles se trouvaient de beaux bœufs charollais, limousins et salers; deux bœufs gras dont l'un était durham et l'autre charollais ont été admirés par tout le monde. J'y ai vu aussi de jolies vaches salers et parthenaises, des veaux de huit à dix mois de race limousine, destinés à faire des taureaux ; on laissait ces derniers à 100 fr. la pièce. M. Auclerc, excellent cultivateur et éleveur de durham croisés depuis l'année 1843, et qui a importé en 1856 d'Angleterre une vache et une génisse ayant coûté ensemble près de 7000 fr., exposait à la foire ces bêtes, pour les faire connaître, ainsi que deux jeunes taureaux dont l'un est le produit de la vache venue d'Angleterre qui lui a coûté 4200 fr. Cette belle bête donne vingt-deux litres de lait pendant trois mois après le vélage et conserve fort longtemps du lait. Le jeune taureau, âgé de quinze mois, doit être vendu 1500 fr. On demande 1000 fr. du second a l'âge d'un an. M. Auclerc a encore trois jeunes taureaux durham à vendre. Il a maintenant six vaches ou génisses pleines, durham pur sang, quinze provenant de taureaux durham, qui n'ont presque que du sang de cette excellente espèce, car M. Auclerc a acheté son premier taureau durham en 1843, à la première vente de bêtes durham du haras du Pin, pour la somme de 2800 fr. ; et il a eu depuis lors, toujours des taureaux de cette race inappréciable. Les vaches qui ont formé la souche de son étable

étaient des charollaises ou des parthenaises, et M. Auclerc
m'a dit que s'il devait former une nouvelle étable de
bêtes croisées, il ne prendrait que des parthenaises. Il a
placé un de ses taureaux durham dans une de ses nombreuses métairies, et il sert de là les vaches de ses métairies qui ne sont pas trop éloignées. Une de ses vaches
les moins grosses, dont l'arrière grand-mère était une
parthenaise, lui donne dans les trois premiers mois après
le vélage, six kilos de beurre par semaine, et elle donne
encore six litres de lait six semaines avant de vêler. Une
autre vache dont on vient de sevrer le veau, donne quatre kilos de beurre par semaine.

M. Auclerc a acheté au concours de 1855 un taureau
durham arrivant d'Angleterre qui lui a donné depuis
lors d'excellents produits et qui continue à faire la lutte
chez lui. Il a acheté de M. Adolphe Salvat, à la suite du
concours régional d'Auxerre, une vache et son veau
mâle de race durham, qui venait de remporter le second
prix, pour 1000 fr., et il m'a dit qu'il ne donnerait pas
ce veau, une fois âgé de six mois, pour moins de 500 fr.
M. Auclerc vient de mettre à l'engrais deux vaches
âgées de quatre ans de demi sang durham salers pleines
de son beau taureau ; quel dommage de les tuer ! Ses
jeunes bœufs, qui sont à leur cinquième, sixième ou
septième génération durham, travaillent aussi bien que
les bœufs salers ou les limousins, et sont toujours en
meilleur état qu'eux lorsqu'ils sont liés au même joug.
Il commence à les faire travailler à l'âge de trois ans,
mais ils ne travaillent dans la première année, qu'étant
attelés au nombre de quatre, à une charrue dombasle.
Une de ses bonnes vaches croisées durbam ayant été
hantée par un taureau limousin, a donné un bœuf qui,
âgé de deux ans, n'est guère plus fort que les bouvillons âgés d'un an, et il ne pourra être admis à l'engrais
qu'à l'âge de trois ans, au lieu de l'être à deux.

M. Auclerc a sur une ferme de 65 hectares l'équivalent de soixante-dix à quatre-vingts grosses têtes de bétail, aussi fait-il d'énormes récoltes de betteraves après les avoir très bien fumées et sarclées. J'ai vu de fort gros navets sur chaume de seigle, mais il leur avait consacré deux cents kilos de guano péruvien ; une pièce de cinq hectares de betteraves, de très beaux topinambours. J'ai admiré deux hectares couverts de sorgho de Chine, que son bétail appréciait infiniment, il avait trois mètres de hauteur ; deux hectares et demi de moutarde blanche pour les vaches, qui avait été semée après la récolte du froment ; de fort belles pommes de terre ; deux hectares et demi de colza semé en lignes à soixante-quinze centimètres, ayant des lignes de carottes intercalées entre celles du colza ; plusieurs hectares de sarrazin semé après des vesces d'hiver, qu'on récoltait en fourrage vert ; des mélanges composés de maïs, sarrazin et colza ; de beaux colzas repiqués, de belles luzernières, trèfles ordinaires et incarnats.

M. Auclerc a drainé toutes ses terres à sous-sol imperméable, et les a chaulées. Il n'a dans sa réserve que trois hectares et demi de prés qui sont irrigués et très productifs. Il est fort bien monté en instruments aratoires. Enfin, il est bon de le dire, M. Auclerc cultive depuis plus de trente ans d'une manière exemplaire, qui a servi infiniment à améliorer la culture de ses environs, où il a amené d'abord ses métayers à bien cultiver, à améliorer leur bétail par croisement, à semer des grains très propres et des meilleures espèces ; et ces bons exemples donnés par des fermiers aux métayers, sont suivis bien plus facilement que ceux donnés par les propriétaires.

Ayant rencontré à St-Amand M. Vianne, j'ai appris de lui qu'il avait entrepris le drainage de cent trente quatre hectares d'une espèce de marais, fournissant une maigre pâture et qui devront former d'excellentes terres. Comme la ferme où s'exécutait ce drainage n'est pas

très éloignée de chez M. Auclerc, je fus visiter cette très
grande amélioration commencée depuis environ deux
mois, sur une propriété de quatre cents hectares qui
appartient à un notaire de Paris; les deux fermes dont
se compose cette propriété sont louées pour 14000 fr. à
un M. Frère, cultivateur des environs de Paris, qui
avait affermé une de ces deux fermes il y a une vingtaine d'années. L'espèce de marais qu'on draine se compose d'une terre noire ayant de la consistance, dont l'é-
paisseur est de deux à trois pieds. Elle a pour sous-sol
une très belle marne blanche et onctueuse; j'ai vu couler énormément d'eau dans les rigoles qui n'étaient pas
encore bouchées, et cela après plusieurs années d'une
extrême sécheresse. Ayant rejoint le chef des ouvriers
draineurs, il m'a dit que M. Frère avait prévenu M. Demange, qu'il ne pouvait lui payer que 5 fr. par hectare
pour la pâture acide du marais, mais que s'il voulait la
drainer il lui paierait 5 p. 0/0 de l'argent dépensé pour
l'assainissement de cette terre inerte, ainsi que le même
prix convenu pour les autres terres. Cette proposition
ayant été agréée par M. Demange, il chargea M. Vianne
de l'exécution du plan de drainage, qui avait été tracé
par un des ingénieurs des ponts et chaussées du département. Les rigoles sont séparées par quatorze mètres
dans certaines parties et par dix-sept dans les autres; si
elles se trouvaient trop distantes on en ferait une entre
deux. Les rigoles m'ont paru bien faites et les tuyaux,
fabriqués à St-Amand, de bonne qualité. Les plus petits
ont un diamètre de 0^m 03 et coûtent 25 fr. le mille; on
n'emploie point de manchons dans ce drainage, le contraire a lieu partout en Angleterre. On remplit ici les rigoles sans même mettre de tuilots sur les joints des
tuyaux; les rigoles principales se déchargent dans un
canal de trois mètres de largeur, qui a quatre ou cinq
pieds de profondeur. On a payé 1 fr. par mètre pour le
creuser: les rigoles ordinaires ont au moins un mètre

vingt-cinq de profondeur, et on paie 20 centimes de façon par mètre courant.

Je suis persuadé que le bon exemple donné par M. Demange sera très profitable à cette partie du Berry, qui contient une assez grande étendue de terres marécageuses où le drainage fera des miracles, et aussi dans des terres en culture, dont le produit sera au moins augmenté de dix pour cent par le drainage.

FIN.

TABLE DES MATIÈRES

PREMIÈRE PARTIE. — FRANCE.

SECONDE PARTIE. — ANGLETERRE.

TROISIÈME PARTIE. — RENTRÉE EN FRANCE.

ERRATA.

Page   6, *au lieu de* : paquet, *lisez* : poquet.
    14,   —   moutons, *lisez :* brebis.
    29,   —   Trevelant, *lisez :* Treuland.
   148,   —   Pnuttlewort, *lisez :* Chuttleworth.
   152,   —   de bouts de plantoirs à grand diamètre, *lisez :* de
                 bouts de plantoirs ayant 0^m 10 de longueur ;
                 ils sont placés de manière.
   154,   —   contenant 5 ou 6 mille âmes, *lisez :* entre 5 ou
                 6 cent mille âmes.
   156,   —   comme cultivée, *lisez :* comme bien cultivée.
160 et suiv. — Dervand, *lisez :* Dervaud.
173, 204, —   près du port Patrick, *lisez :* de Port-Patrick.
   180,   —   le fils aîné, *lisez :* son fils aîné.
   183,   —   mille ares, *lisez :* mille acres.
   187,   —   par hectare, 33 hecto. 78, *lisez :* 42 hecto.
   190,   —   convenait pour la culture, *lisez :* convenait sur-
                 tout à la.
   191,   —   l'île d'Airan, *lisez :* d'Arran.
   204.   —   Anchnes, *lisez :* Auchnes.
   207,   —   Heusnest, *lisez :* Hensnest.
   215,   —   Leyrig, *lisez :* Seyrig.
   220, *après* sa profondeur est de, *ajoutez :* 0^m 70.
   240, *au lieu de* tous les six ans, *lisez :* 16 ans.
   248,   —   Wilham, *lisez :* Witham.
   252,   —   Mardstone, *lisez :* Maidstone.
   255,   —   Delerne, *lisez :* Delerue.
   259,   —   un des précédents béliers à des brebis béri-
                 chonnes ou shropshires, *lisez :* un des précé-
                 dents béliers, ou un de l'espèce shropshire,
                 à des brebis bérichonnes.

Page 264, *au lieu de* seigle demi cuit, *lisez* : seigle cuit.

    267,   —   Denys Lussandeau, *lisez* : Lussandeau.

    270,   —   Thénous, *lisez* : Thenais.

    271,   —   de Baillou, *lisez* : de Baillon.

    274,   —   St Aimand, *lisez* : St Amand.

    274,   —   2 mille k. de ray-grass, *lisez* : 2 mille k. de semence de ray-grass.

    274,   —   400 hectares, qui n'ont pas encore été chaulées ou marnées, *lisez* : les terres qui n'ont pas encore été chaulées ou marnées.

    275,   —   ils chaulent à raison de 80 hectares, *lisez* : 80 hectolitres.